大学计算机基础

主　编　张光南　关存丽　王克刚
副主编　李亚峰　张雪亚　钟　琦　张　伟

航空工业出版社
北　京

内 容 提 要

本书紧跟计算机新技术的发展，参考2023版《新时代大学计算机基础课程教学基本要求》，从新时代计算机人才的素养要求和办公人员日常应用的角度出发，在阐述计算机理论的基础上，以计算思维讲解程序和算法，同时探索智能化时代各种数据的处理和应用，使学生能够利用计算机技术提高学习和工作效率，为后续的学习和工作奠定基础。本书包括理论篇和实训篇两部分，实训篇以数字教材的形式呈现，以便及时更新实训内容，满足广大院校的实训需求。本书可作为普通高等院校“大学计算机基础”通识课程的教学用书，也可作为相关办公人员和培训机构的参考用书。

图书在版编目（CIP）数据

大学计算机基础 / 张光南，关存丽，王克刚主编
.— 北京：航空工业出版社，2024.3
ISBN 978-7-5165-3695-7

Ⅰ. ①大… Ⅱ. ①张… ②关… ③王… Ⅲ. ①电子计算机—高等学校—教材 Ⅳ. ① TP3

中国国家版本馆 CIP 数据核字（2024）第 048896 号

大学计算机基础
Daxue Jisuanji Jichu

航空工业出版社出版发行
（北京市朝阳区京顺路 5 号曙光大厦 C 座四层　100028）
发行部电话：010-85672666　010-85672683

北京荣玉印刷有限公司印刷　　全国各地新华书店经售
2024 年 3 月第 1 版　　2024 年 3 月第 1 次印刷
开本：889 毫米 ×1194 毫米　1/16　　字数：380 千字
印张：14.5　　定价：45.00 元

前言

2024年1月31日，习近平总书记在中共中央政治局第十一次集体学习时强调，加快发展新质生产力，扎实推进高质量发展。新质生产力的核心是科技创新，特别是在计算机科学和信息技术领域。通过颠覆性技术和前沿技术的应用，计算机产业能够推动产业创新，形成新的产业模式和商业模式。例如，人工智能、大数据、云计算等技术的发展，不仅提升了计算机行业的技术水平，也为其他行业提供了强大的支持和服务。

本书紧跟计算机领域的新技术、新趋势，参照2023版《新时代大学计算机基础课程教学基本要求》，从新时代计算机人才的素养要求以及办公人员日常应用的角度出发，力求构建一套全面、系统的计算机基础课程体系。在阐述计算机基本原理和理论的同时，我们特别注重培养学生的计算思维，通过深入浅出的方式讲解程序和算法，使学生能够在理解计算机内部运行机制的基础上，更好地运用计算机技术解决实际问题。

在智能化时代，数据处理和应用能力成了不可或缺的技能。本书不仅关注传统计算机技术的传授，更积极探索大数据、人工智能等前沿技术的应用，帮助学生掌握数据处理的基本方法，提升数据驱动的决策能力。

本书分为理论篇和实训篇两部分。

理论篇包括走进信息时代、探秘计算机、打开网络世界、探索程序与算法、畅游数据海洋、深入办公软件6章。从信息表现方式和新一代信息技术，到计算机的基本原理、技术和使用方法，再到网络的功能、技术和发展，全面拓宽学生的计算机基础知识面；从计算思维下的程序与算法表示，到数据的获取、存储、管理、分析和可视化展现，全面培养学生的计算思维和数据处理能力；最后介绍办公软件的基本功能，帮助学生建立办公软件的基本操作意识，为后续的实训篇做好准备。同时，理论篇的每章内容均为独立的模块，没有明确的前后之分，各院校可根据教学需要进行自由组合与调整。

实训篇包括操作系统使用、办公软件应用、低代码开发、在线题库练习4个模块。操作系统使用模块介绍了Windows操作系统和麒麟等国产操作系统的使用；办公软件应用模块介绍了WPS Office和MS Office的具体操作，同时介绍文心一言、文心一格、腾讯智影、Midjourney、一帧秒创、剪映等智能工具的使用；低代码开发模块介绍了利用宜搭平台开发应用程序的方法；在线题库练习模块参考计算机等级考试要求和企业办公人员要求，设置了大量练习题，进一步提高学生的实践技能。

本书的特色如下。

1. 立德树人，提升素养，课程思政，有机融入

本书以党的二十大精神为指引，贯彻《高等学校课程思政建设指导纲要》，认真落实立德树人的根本任务。通过“探古寻今”“普法课堂”“科技强国”等模块，讲述古代的智慧创造、先进人物事迹、信息技术在各行各业的应用，以及我国在高精尖领域的突破等案例，培养学生的专

业精神、职业精神和工匠精神，激发学生的爱国情怀，引导学生践行社会主义核心价值观。

2. 纸质教材 + 数字教材，适应出版融合发展要求

习近平总书记指出，教育数字化是我国开辟教育发展新赛道和塑造教育发展新优势的重要突破口。教育数字化是赋能教育高质量发展、建设教育强国的重要途径。本书以《关于推动出版深度融合发展的实施意见》为指引，考虑各院校实训条件不一，以及随着新技术发展，实训要求和内容需要不断更新、调整的现实，特将实训部分的内容以数字教材的形式呈现，以方便实训内容不断更新完善，各院校可根据自身实训条件选择实训内容。

3. 精心规划，资源丰富，线上线下一体化学习

本书是国家一流本科课程“大学计算机基础”的配套教材，除实训篇以数字教材的形式呈现外，还配有教学课件、电子教案、在线题库等丰富的教学资源，有需要者可致电 13810412048 或发邮件至 2393867076@qq.com 领取。

科技腾飞势如虹，创新引领时代风。在这个充满变革和挑战的新时代，我们期望，学生不仅能够掌握传统的学科知识，更能紧跟时代的步伐，适应科技发展的潮流，掌握新技术、新方法，以便在未来的学习和工作中取得更大的成功。希望通过本书的学习，学生能建立自我学习和自我管理的意识，为后续的专业学习和职业发展奠定坚实的基础。

由于编者水平和时间有限，书中存在的不足之处，恳请读者批评指正。

理论篇

实训篇

理论篇

数字时代，算力是极具活力和创新力的新生产力。计算产业成为驱动全面数字化变革的关键力量，并正在创造中国发展新优势。大数据、人工智能、先进计算、区块链、元宇宙等构成的新技术体系，及其所形成的迥异于传统的生产力，正成为推动新一轮产业变革、促进全球经济增长的核心引擎。

第 1 章 走进信息时代

当前，中华民族伟大复兴战略全局、世界百年未有之大变局与信息革命的时代潮流发生历史性交汇，信息化丰富了中国式现代化的时代背景、实践路径、驱动力量和建设目标，为全面建设社会主义现代化国家、全面推进中华民族伟大复兴带来了千载难逢的机遇。

西方发达国家发展是一个“串联式”的发展过程，按照工业化、城镇化、农业现代化、信息化（简称“四化”）顺序发展，发展到目前水平用了二百多年时间。我们要后来居上，把“失去的二百年”找回来，这决定了我国发展必然是一个“并联式”的过程，工业化、城镇化、农业现代化、信息化是叠加发展的。推动新型工业化、城镇化、农业现代化、信息化同步发展，是事关现代化建设全局的重大战略课题，信息化是“四化”同步发展的加速器、催化剂。

随着我国社会加速向数字时代转型，数字技术正以新理念、新业态、新模式全面融入人类经济、政治、文化、社会、生态文明建设的各领域和全过程，给人类生产生活带来广泛而深刻的影响。本章将从相关概念和技术出发，介绍当前大数据、云计算、人工智能等相关技术，并对信息安全的常见威胁和安全技术进行讲解，最后讲解信息法律与法规和相关道德规范。

知识目标

1. 了解信息的相关概念。
2. 了解信息的编码和压缩技术。
3. 认识大数据、云计算、人工智能等新一代信息技术。
4. 了解常见的安全威胁和防范技术。
5. 了解信息相关法律法规和道德规范。

能力目标

1. 能够对各种数制进行转换。
2. 能够识别网络安全威胁，合理设置网络环境，防范网络安全风险。

素质目标

1. 从新一代信息技术中体会科技创新、自立自强的意义，激发学习新技术的热情。
2. 遵守相关信息法律与法规，树立网络道德意识，养成良好的上网习惯。

1.1 信息与编码

自 20 世纪 90 年代以来，人类社会进入信息时代的高速发展时期。社会进入信息时代的主要标志是信息技术的飞速发展和广泛应用。那么什么是信息？信息在计算机领域又是怎么传播的呢？

1.1.1 信息与信息技术

信息指音讯、消息、通信系统传输和处理的对象。从广义上讲，信息可以理解为消息、数据、通知、情报、知识等传输和处理的对象，可以泛指人类社会获取并传播的一切内容。信息是指经过一定的加工后对人们有用的数据，对不同的人而言有不同的价值。信息通常依附于文字、符号、图像与图形、声音、动画、视频等上呈现出来，而它们被称为信息的载体。

信息特征即信息的属性和功能。主要包括依附性、扩充性、可传递性、可储存性、可压缩性、可共享性、可预测性、有效性和无效性等。

思考

我们都知道，在计算机中数据都是以二进制的形式传播的，那么为什么要采用二进制呢？

信息技术（Information Technology，IT）是主要用于管理和处理信息所采用的各种技术的总称。它主要是应用计算机科学和通信技术来设计、开发、安装和使用信息系统及应用软件。它也常被称为信息和通信技术（Information and Communications Technology，ICT）。

信息技术主要包括传感技术、计算机与智能技术、通信技术和控制技术。也就是说，信息技术包括信息传递过程中的各个方面，即信息的产生、收集、交换、存储、传输、显示、识别、提取、控制、加工和利用等相关技术。

1.1.2 数制及其转换

1. 进位计数制

数制是指用一组固定的符号和统一的规则来表示数值的方法。数制按进位的方法进行计数，也称进位计数制。在日常生活中，人们最常用的是十进位计数制，即按照逢十进一的原则进行计数。

一种进位计数制包含一组数码符号和两个基本因素。

（1）数码：一组用来表示某种数制的符号。例如，十进制的数码是 0、1、2、3、4、5、6、7、8、9；二进制的数码是 0、1。

（2）基数：某数制可以使用的数码个数。例如，十进制的基数是 10；二进制的基数是 2。

（3）位权：指数制中每一固定位置对应的单位值。位权与数码所在的位置有关，对于 R 进制数，整数部分第 i 位的位权为 $R^{(i-1)}$，而小数部分第 j 位的位权为 $R^{(-j)}$。例如：十进制第 2 位的位权为 10^1，第 3 位的位权为 10^2。

任一 R 进制数按位权展开，都可以表示为各位数码与其所在位位权的乘积之和。例如，十进制数 256.16 的位权展开式为 $(256.16)_{10} = 2\times10^{2} + 5\times10^{1} + 6\times10^{0} + 1\times10^{-1} + 6\times10^{-2}$；二进制数 101.01 的位权展开式为 $(101.01)_{2} = 1\times2^{2} + 0\times2^{1} + 1\times2^{0} + 0\times2^{-1} + 1\times2^{-2}$。

2. 常用进位计数制

1）十进制

十进制使用十个不同的数字符号（0、1、2、3、4、5、6、7、8、9）表示数字，基数为 10，进位规则是“逢十进一”，十进制各位的权值是 10 的整数次幂。十进制的标志是在数字尾部加“D”或缺省。

2）二进制

计算机技术中广泛使用的进制是二进制。即使用 0 和 1 两个数码来表示数字，基数为 2，进位规则是“逢二进一”，二进制的标志是在数字尾部加“B”或将数字用括号括起来，在括号的右下角写上基数 2，写成如 $(10101)_2$ 的形式。

计算机的硬件基础是数字电路，所有的器件只有两种状态，恰好可以对应“1”和“0”这两个数码。二进制具有运算规则简单、逻辑判断方便、机器可靠性高等特点。

3）八进制

八进制使用八个不同的数字符号（0、1、2、3、4、5、6、7）表示数字，基数为 8，进位规则是“逢八进一”，八进制各位的权值是 8 的整数次幂。八进制的标志是在数字尾部加“O”或将数字用括号括起来，在括号的右下角写上基数 8，写成如 $(126)_8$ 的形式。

八进制数 $(126.47)_8$ 的位权展开式

$$(126.47)_8 = 1\times8^{2} + 2\times8^{1} + 6\times8^{0} + 4\times8^{-1} + 7\times8^{-2}$$

4）十六进制

十六进制使用十六个不同的符号（0、1、2、3、4、5、6、7、8、9、A、B、C、D、E、F）表示数字（其中 A、B、C、D、E、F 分别表示十进制数里的 10、11、12、13、14、15），基数为 16，进位规则是“逢十六进一”，十六进制各位的权值是 16 的整数次幂。十六进制数的标志是在数字尾部加“H”或将数字用括号括起来，在括号的右下角写上基数 16，写成如 $(456AB)_{16}$ 的形式。

十六进制数 $(3AB.4C)_{16}$ 的位权展开式

$$(3AB.4C)_{16} = 3\times16^{2} + 10\times16^{1} + 11\times16^{0} + 4\times16^{-1} + 12\times16^{-2}$$

二进制与十进制、八进制、十六进制数的对应关系如表 1-1 所示。

表 1-1　二进制与不同进制数的对应关系

二进制（B）	十进制（D）	八进制（O）	十六进制（H）
0000	0	0	0
0001	1	1	1
0010	2	2	2
0011	3	3	3

续表

二进制（B）	十进制（D）	八进制（O）	十六进制（H）
0100	4	4	4
0101	5	5	5
0110	6	6	6
0111	7	7	7
1000	8	10	8
1001	9	11	9
1010	10	12	A
1011	11	13	B
1100	12	14	C
1101	13	15	D
1110	14	16	E
1111	15	17	F

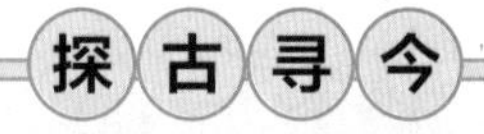

中国古代的计算神器——算盘

算盘的功能在于计数和运算。中国古代以十进制计数，这一方法确定了满十进一的计数规则，并且用位值决定数字的大小。十进制的优越性在于计数简便和应用广泛。古罗马只有 7 个数字符号，数字稍大就计数繁缛。古巴比伦和古玛雅分别采用 20 位制和 60 位制，计数运算相当困难。难怪马克思在《数学手稿》中称赞十进制是“最妙的发明之一”。十进制在算盘上得到了完美地应用，不仅可以加减任意的数字，还能用位值标示数字的大小。

正因如此，算盘在古代堪称“宝藏工具”。宋代数学家谢察微编写的儿童启蒙读物《谢察微算经》，是现存最早的珠算书，书中提及：“中，算盘之中；上，脊梁之上，又位之左；下，脊梁之下，又位之右；脊，盘中横梁隔木。”表明算盘不但在形制上和现在更接近，还说明算盘在宋朝已经相当普及。

2 开 12 次方的 25 位根是多少？即便在当下这也是一道难题，古代算盘应用达人朱载堉首次找到了答案。万历十二年（公元 1584 年），朱载堉用自制的双排八十一档大算盘得出了准确结果：1.059463094359295264561825。其中算盘发挥了极为重要的作用，朱载堉的成果比欧洲人早了数十年。算盘深入商业、数学、教育等领域，突显出独具匠心的非凡智慧。

3. 数制之间的相互转换

1）非十进制数转换成十进制数

将非十进制数转换成十进制数时，将其按位权展开式展开，然后相加即可。

【例 1-1】将二进制数 101.01 转换成十进制数。

$(101.01)_2 = 1 \times 2^2 + 0 \times 2^1 + 1 \times 2^0 + 0 \times 2^{-1} + 1 \times 2^{-2} = (5.25)_{10}$

【例 1-2】将八进制数 163 转换成十进制数。

$(163.4)_8 = 1 \times 8^2 + 6 \times 8^1 + 3 \times 8^0 + 4 \times 8^{-1} = (115.5)_{10}$

【例 1-3】将十六进制数 B7E 转换成十进制数。

$(B7E.4)_{16} = 11 \times 16^2 + 7 \times 16^1 + 14 \times 16^0 + 4 \times 16^{-1} = (2942.25)_{10}$

2）十进制数转换成二进制数

十进制数转换为二进制数采用“除 2 取余，逆序排列”法。即用 2 整除十进制整数，可以得到一个商和余数；再用 2 去除商，又会得到一个商和余数，如此进行，直到商小于 1 时为止，得到的余数逆序排列；小数采用“乘 2 取整，顺序排列”法，即用十进制小数不断乘以 2 取整数，直到小数部分为 0 或达到指定的精度为止，所得整数顺序排列。

【例 1-4】将十进制数 24.625 转换为二进制数。

转换过程如下：

		余数	逆
2	24		
2	12	0	↑
2	6	0	序
2	3	0	读
2	1	1	
	0	1	取

	整数部分	顺
0 . 6 2 5		
× 2		
1 . 2 5	1	序
× 2		
0 . 5	0	读
2		
1	1	取 ↓

则：$(24.625)_{10} = (11000.101)_2$。

3）二进制数与八进制数的相互转换

（1）二进制数转换成八进制数时，从低位到高位每 3 位分成一组，不足 3 位的，整数部分在左侧补 0，小数部分在右侧补 0。

【例 1-5】将二进制数 11011110100 转换为八进制数。

$(0 1 1\ 0 1 1\ 1 1 0\ 1 0 0)_2 = (3364)_8$

3　3　6　4

【例 1-6】将二进制数 1110110101.0101 转换为八进制数。

$(0 0 1\ 1 1 0\ 1 1 0\ 1 0 1 . 0 1 0\ 1 0 0)_2 = (1665.24)_8$

1　6　6　5 . 2　4

（2）八进制数转换为二进制数时，每 1 位八进制数对应 3 位二进制数。

【例 1-7】将八进制数 547 转换为二进制数。

$(547)_8 = (101\ 100\ 111)_2$

5　4　7

【例 1-8】将八进制数 623.5 转换为二进制数。

$(623.5)_8 = (\underline{110}\ \underline{010}\ \underline{011}\ .\ \underline{101})_2$

6 2 3 5

4）二进制数与十六进制数的相互转换

（1）二进制数转换成十六进制数时，从低位到高位每 4 位分成一组，不足 4 位的，整数部分在左侧补 0，小数部分在右侧补 0。

【例 1-9】将二进制数 11011110100 转换为十六进制数。

$(\underline{0110}\ \underline{1111}\ \underline{0100})_2 = (6F4)_{16}$

6 F 4

【例 1-10】将二进制数 1110110101.011 转换为十六进制数。

$(\underline{0011}\ \underline{1011}\ \underline{0101}\ .\ \underline{0110})_2 = (3B5.6)_{16}$

3 B 5 . 6

（2）十六进制数转换为二进制数时，每 1 位十六进制数对应 4 位二进制数。

【例 1-11】将十六进制数 EA2.B 转换为二进制数。

$(EA2.B)_{16} = (\underline{1110}\ \underline{1010}\ \underline{0010}\ .\ \underline{1011})_2$

E A 2 . B

1.1.3 二进制数的基本运算

二进制数的基本运算包括算术运算和逻辑运算两种。

1. 二进制数的算术运算

二进制数的算术运算包括加、减、乘、除四则运算。

1）二进制数的加法

根据“逢二进一”的规则，二进制数加法的运算法则为 0 + 0 = 0；0 + 1 = 1；1 + 0 = 1；1 + 1 = 10。

【例 1-12】计算 $(110)_2$ 和 $(101)_2$ 的和。

$$\begin{array}{r} 110 \\ +\ 101 \\ \hline 1011 \end{array}$$

则：$(110)_2 + (101)_2 = (1011)_2$。

2）二进制数的减法

根据“借一当二”的规则，二进制数减法的运算法则为 0 - 0 = 0；1 - 1 = 0；1 - 0 = 1；0 - 1 = 1（向高位借 1，借 1 当 2）。

【例 1-13】计算 $(1101)_2$ 减去 $(1011)_2$。

$$\begin{array}{r} 1101 \\ -\ 1011 \\ \hline 0010 \end{array}$$

则：$(1101)_2 - (1011)_2 = (10)_2$。

3）二进制数的乘法

由于二进制数只有 0 或 1 两个乘数位，其运算法则更为简单：$0 \times 0 = 0$；$0 \times 1 = 0$；$1 \times 0 = 0$；$1 \times 1 = 1$。

【例 1-14】计算 $(1001)_2$ 乘以 $(1010)_2$。

$$
\begin{array}{r}
1001 \\
\times\ 1010 \\
\hline
0000 \\
1001 \\
0000 \\
1001 \\
\hline
1011010
\end{array}
$$

则：$(1001)_2 \times (1010)_2 = (1011010)_2$。

计算过程中，由低位到高位，用乘数的每一位去乘被乘数，当乘数的某一位为 1，则此部分乘积结果为被乘数；当乘数的某一位为 0，则此部分乘积结果为 0。每次相乘时，部分积的最低位必须与本位乘数对齐，所有部分积相加的结果就为最后两数相乘的乘积。

4）二进制数的除法

二进制数的除法与十进制数除法类似，从被除数的最高位开始，将被除数与除数相比较，如果被除数大于除数，则用被除数减去除数，商为 1，得出相减后的中间余数；若商为 0，再将被除数的下一位移下补充到中间余数的末位，重复以上操作，可得到两数相除后的商和余数。

【例 1-15】计算 $(1001110)_2$ 除以 $(110)_2$。

$$
\begin{array}{r}
1101 \\
110\,\overline{)1001110} \\
110 \\
\hline
111 \\
110 \\
\hline
110 \\
110 \\
\hline
0
\end{array}
$$

则：$(1001110)_2 \div (110)_2 = (1101)_2$。

2.二进制数的逻辑运算

二进制数的逻辑运算包括逻辑加法（“或”运算）、逻辑乘法（“与”运算）、逻辑否定（“非”运算）和“异或”运算。在逻辑运算中，逻辑变量只有“0”“1”，它们不表示数值的大小，只表示事物的性质或状态。二进制数的逻辑运算规则如表 1-2 所示。

表 1-2　二进制数的逻辑运算规则

分类	运算符	运算规则
与	& 或 ∧	0∧0 = 0；0∧1 = 0；1∧0 = 0；1∧1 = 1
或	| 或 ∨	0∨0 = 0；0∨1 = 1；1∨0 = 1；1∨1 = 1
非	! 或 ~	~0 = 1；~1 = 0
异或	⊕	0⊕0 = 0；0⊕1 = 1；1⊕0 = 1；1⊕1 = 0

1.1.4 信息编码

1. 数据编码

1）数值的原码、反码和补码

（1）原码。原码是最简单的机器数表示法。用最高位表示符号位，“1”表示负号，“0”表示正号。其他位存放该数的二进制的绝对值。例如，用 8 位的二进制表示 $[+41]_{原码}$ = 00101001，$[-41]_{原码}$ = 10101001。

（2）反码。正数的反码与原码相同，负数的反码是除符号位外，对其原码逐位取反。例如，用 8 位的二进制表示 $[+41]_{反码}$ = 00101001，$[-41]_{反码}$ = 11010110。

（3）补码。正数的补码与原码相同，负数的补码是在其反码的基础上加 1。在计算机系统中，数值一律采用补码表示，原因是使用补码可以将符号位和其他位统一处理。同时，补码的减法也可以按加法来处理。例如，用 8 位的二进制表示 $[+41]_{补码}$ = 00101001，$[-41]_{补码}$ = 11010111。

2）西文字符编码

西文是由拉丁字母、数字、标点符号和一些特殊符号组成。在微机中，通常采用 ASCII 码（American Standard Code for Information Interchange，美国标准信息交换码）和 Unicode 编码对字符进行编码。ASCII 码适用于所有拉丁文字母。

标准 ASCII 码采用 7 位二进制数进行编码，在计算机中使用 1 个字节存储 1 个 ASCII 字符，每个字节中的最高位保持为“0”。ASCII 码字符集共有 128 个字符，其中包含 96 个可打印字符和 32 个控制字符，常用字符的 ASCII 码：空格（32）；A（65）、B（66）、……、Z（90）；a（97）、b（98）、……、z（122）；数字 0（48）、1（49）、……、9（57）。括号中的值为 ASCII 码值。ASCII 码字符集如表 1-3 所示。

表 1-3　ASCII 码字符集

低4位	高3位							
	000	001	010	011	100	101	110	111
0000	NUL	DLE	Space	0	@	P	`	P
0001	SOH	DC1	!	1	A	Q	a	q
0010	STX	DC2	“	2	B	R	b	r

续表

低4位	高3位							
	000	001	010	011	100	101	110	111
0011	ETX	DC3	#	3	C	S	c	s
0100	EOT	DC4	$	4	D	T	d	t
0101	ENQ	NAK	%	5	E	U	e	u
0110	ACK	SYN	&	6	F	V	f	v
0111	BEL	ETB	‘	7	G	W	g	w
1000	Backspace	CAN	(	8	H	X	h	x
1001	HT	EM	)	9	I	Y	i	y
1010	LF	SUB	*	:	J	Z	j	z
1011	VT	ESC	+	;	K	[	k	{
1100	FF	FS	,	〈	L	\	l	|
1101	CR	GS	-	=	M	]	m	}
1110	SO	RS	.	〉	N	^	n	~
1111	SI	US	/	?	O	_	o	Delete

表 1-3 中的每个字符对应一个二进制编码，其数值称为 ASCII 码的值。由表 1-3 可以看出，数字 0~9、大写字母 A~Z、小写字母 a~z 的 ASCII 码值的范围分别是 48~57、65~90、97~122。对于同一个字母而言，小写字母的 ASCII 码值 = 大写字母的 ASCII 码值 +32。

由于标准 ASCII 字符集字符数目有限，在实际应用中往往无法满足要求。为此，国际标准化组织（ISO）又制定了 ISO 2022 标准，它规定了在保持与 ISO 646 兼容的前提下将 ASCII 字符集扩充为 8 位代码的统一方法。ISO 陆续制定了一批适用于不同地区的扩充 ASCII 字符集，每种扩充 ASCII 字符集分别可以扩充 128 个字符，这些扩充字符的编码均为高位为 1 的 8 位代码（即十进制数 128~255 ），称为扩展 ASCII 码。

2.汉字编码

计算机对汉字的处理过程包括输入、处理和输出三个阶段。输入汉字可以用数字、拼音或是字形编码，然后转换为国标码、汉字内码，最后使用相应的字形码显示或打印汉字。

1）计算机中常用的字符集

（1）GB/T 2312—1980 字符集是国家标准字符集，简称国标码。收入汉字 6763 个（包括 3755 个一级常用汉字，按拼音字母顺序排列；3008 个二级次常用汉字，按部首 / 笔画排列），符号 682 个，总计 7445 个字符。

（2）Big-5 字符集又称大五码，是台湾地区的繁体字字符集，收入 13053 个繁体汉字，808 个符号，总计 13861 个字符，普遍使用于台湾、香港等地区。

（3）GBK 字符集是国家标准扩展字符集，收入 21003 个汉字，883 个符号，共计 21886 个字符，包括了中日韩（CJK）统一汉字 20902 个、扩展 A 集（CJK Ext-A）中的汉字 52 个。

（4）GB 18030—2022字符集，于2023年8月1日强制实施，共收录汉字87887个、228个汉字部首。肃清"一字多码"乱象，打破中文信息交换传输壁垒。

2）计算机中的汉字编码

计算机中汉字的表示也是采用二进制编码，同样是人为编码的。根据应用目的的不同，汉字编码分为外码、交换码、机内码、字形码和地址码。

（1）外码（输入码）。外码也叫输入码，是用来将汉字输入到计算机中的一组键盘符号。常用的输入码有拼音码、五笔字型码、自然码、表形码、认知码、区位码和电报码等，一种好的编码应有编码规则简单、易学好记、操作方便、重码率低、输入速度快等优点，每个人可根据自己的需要进行选择。

（2）交换码（国标交换码，也称国标码）。计算机内部处理的信息都是用二进制代码表示的，汉字也不例外。而二进制代码使用起来是不方便的，于是需要采用信息交换码。中国标准总局1981年发布了中华人民共和国国家标准GB/T 2312—1980《信息交换用汉字编码字符集—基本集》，即国标码。

（3）机内码。根据国标码的规定，每一个汉字都有确定的二进制代码，在微机内部的汉字代码都用机内码，不管用什么样的形式进行输入，汉字的机内码都是唯一的。

（4）字形码。字形码是汉字的输出码，每个汉字的字形信息事先保存在汉字库中，和机内码一一对应。输出汉字时，首先根据机内码在汉字库中查找其字形信息，然后进行显示和打印。描述汉字字形的方法主要有点阵字形和轮廓字形。输出汉字时都采用图形方式，无论汉字的笔画多少，每个汉字都可以写在同样大小的方块中。汉字字形点阵有16×16简易型、24×24普通型、32×32提高型和48×48精密型。其中每个点的信息用一位二进制数表示，汉字的存储空间=点阵行数×点阵列数÷8。例如：对于32×32点阵的字形码需要用32×32÷8=128 B表示。

（5）地址码。汉字地址码是指汉字库中存储汉字字形信息的逻辑地址码。它与汉字内码有着简单的对应关系，以简化内码到地址码的转换。

铭记历史

计算机"接纳"汉字，永远要感谢一个光辉的名字

20世纪70年代的中国，采用的仍是"以火熔铅、以铅铸字"的铅字排版印刷。在排版车间，捡字工人需在铅字架间来回走动，把排版印刷所需要的铅字一个个从架子上找出来。一个熟练工人每天要托着铅盘来来回回走上十几里路，双手总会因捡字而变得漆黑。这种方式能耗大、劳动强度高、环境污染严重，且出版印刷能力极低，出书一般要在出版社压上一年左右。

据不完全统计，当时我国铸字耗用的铅合金达20万吨，铜模200多万副，价值人民币60亿元。而彼时，西方已率先采用"电子照排技术"，即利用计算机控制实现照相排版。

要跟上世界信息化发展步伐，汉字急需与计算机相结合，否则中国将难以进入信息化时代。

为改变这种落后状况，1974 年，我国设立“汉字信息处理系统工程”，即“748 工程”。这让当时在北京大学无线电系任助教、已病休 10 多年的王选，找到了奋斗方向。

当时，国外流行的是第二代、第三代照排机，但王选通过反复分析比较，认为它们都不具前途，且当时中国存在巨大技术困难。他决定直接研制世界尚无成品的第四代激光照排系统，即在计算机控制下将数字化存储的字模用激光束在底片上感光成字、制版印刷。这个重要决定，使日后的中国印刷业从铅板印刷直接步入激光照排阶段，跨越了国外照排机 40 年的发展历史。

研究汉字激光照排系统的首要难题，就是要将庞大的汉字字形信息存储进计算机中。然而，要让计算机接纳汉字，谈何容易。英文仅 26 个字母，但汉字的常用字就好几千个，印刷中还有多种字体和大小不同的字号变化，要想在计算机中建立汉字字库，储存量巨大，与当时计算机水平完全不符。

如何用最少的信息描述汉字笔画？ 1975 年，基于计算数学的研究背景，王选绞尽脑汁，最终想到用“轮廓加参数”的数学方法来描述字形。这一方法可使字形信息压缩 500 倍至 1000 倍，并实现了变倍复原时的高速和高保真。利用计算机存储和复原汉字字形信息的世界性难题终被攻克。

1976 年，王选的技术方案得到了国家支持，“汉字精密照排系统”研制任务下达北大，王选成为技术总负责人。

如今，在北大西门附近的勺园，过去的佟府乙 8 号，仿佛还能看到 38 岁的王选正坐在柿子树下，拿着一柄放大镜，一遍遍地研究字模笔画，找寻让“汉字进入计算机”的秘密。过往的年轻学子们，很少有人知道，一项震惊世界、刷新中国出版业历史的发明就诞生于此。

“当时人们很难想象，日本第三代还没有过关，忽然有个北大的小助教要搞第四代，还要用数学的办法来描述字形，压缩字形信息，都讽刺我是在玩弄骗人的数学游戏。”多年后，回想当初，王选仍很感慨。但他始终坚信：“搞应用研究，必须着眼于未来科技发展方向，否则成果出来就已落后于时代，只能跟在外国先进技术后面亦步亦趋。”

2001 年，中国工程院颁发“二十世纪我国重大工程技术成就”评选结果，“汉字信息处理与印刷革命”仅以一票之差位居“两弹一星”之后。2002 年，65 岁的王选荣获国家最高科学技术奖。

——摘自（新华网，《计算机“接纳”汉字，永远要感谢一个光辉的名字》，2019 年 11 月 1 日）

3.汉字编码的转换

计算机处理汉字信息的前提条件是对每个汉字进行编码，这些编码统称为汉字编码。汉字信息在系统内传送的过程就是汉字编码转换的过程。

国标码：将 GB/T 2312—1980 字符集中每个汉字的区号和位号分别加上 32（即十六进制的 20H）即可转换为该汉字的“国标码”，如“大”字的国标码为 3473H，国标码的计算公式：国标码 = 区位码 + 2020H。

区位码：国标码的另一种表现形式，把国标 GB/T 2312—1980 中的汉字、图形符号组成一个 94×94 的方阵，分为 94 个“区”，每区包含 94 个“位”，其中“区”的序号由 01 至 94，“位”的序号也是从 01 至 94。每个汉字或符号在码表中都有各自的位置，由区号和位号来表示，如“大”字的区号是 20，位号是 83，则“大”字的区位码为 2083。对应的二进制编码为 0001010001010011B，转换成十六进制为 1453H。

机内码：又称内码，是供计算机系统存储、处理和传输汉字使用的代码。把汉字看作两个扩展的 ASCII 码，也就是将表示 GB/T 2312—1980 汉字国标码两个字节的最高位都设置为“1”（即将汉字的国标码加上 8080H）。如“大”字的机内码为 B4F3H。机内码的计算公式：机内码 = 国标码 + 8080H。

4.ASCII码的规律技巧

1）内在规律

ASCII 码表有以下三个内在规律：ASCII 表的构造为 16 行 8 列；整张表可以分为两部分，靠近左侧的 3 列为不常用字符，右侧 4 列为常用字符；英文字母本身只有 26 个，因此需要在两列展示。

2）记忆规律

对于常用的部分，只要记住几个字母或数字的 ASCII 码值：大写字母 A 的 ASCII 码值为 65，小写字母 a 的 ASCII 码值为 97，0 的 ASCII 码为 48。由于在字母或数字中 ASCII 码的大小按字母或数字的顺序递增，因此由这三个字符可以推算出其余字母或数字的 ASCII 码。且相应的大小写字母之间的差为 32。

对于不常用部分，只要简单地记住几个 ASCII 码即可，如 <Enter> 的 ASCII 码值为 13，<ESC> 的 ASCII 码值为 27，空格的 ASCII 码值为 32。

虽然标准 ASCII 码是 7 位编码，但由于计算机基本处理单位为字节（1 byte = 8 bit），所以一般仍以一个字节来存放一个 ASCII 字符。每一个字节中多余出来的一位（最高位）在计算机内部通常保持为 0。

1.1.5 信息压缩

一千多年前的中国学者就知道用“班马”这样的缩略语来指代班固和司马迁，这种崇尚简约的风俗一直延续到了今天的网络时代，如用“88”表示“拜拜”等，这其实就是一种最简单的“信息压缩”。在当前的“海量信息”时代，要提高存储和传输的效率，对传输的数据进行压缩是必然的选择。

1.无损压缩及其方法

所谓无损压缩就是数据或文件压缩前与解压后完全一样，没有任何失真。比如，待压缩的原始文件包含一整本书的文本，那么在压缩后再解压，得到的文件包含完全相同的文本——不会有一个字、空格或标点符号差异，但压缩比不高。这就是无损压缩，与之对应的是有损压缩，稍后介绍。

1）游程编码

游程编码（Run Length Coding，RLC）又称“行程长度编码”或“行程编码”，是一种统计编码。其基本原理：用一个符号值或串长代替具有相同值的连续符号，使符号长度小于原始数据的长度，从而实现数据的压缩。

例如，对于如下数据：

AAAAAAAAAAAAABCBCBCBCBCBCBCBCBCBCAAAAAADEFDEFDEF

可观察到：先是 13 个 A，然后是 10 个 BC，接着是 6 个 A，最后是 3 个 DEF。可写作“13A 10BC 6A 3DEF”。这样就将包含 48 个字母的原始数据（字符串）压缩成了只有 16 个字母的字符串（包含中间的空格）。

游程编码只在压缩非常特殊的数据方面上有用，它的主要问题是，数据中的重复片段必须相邻——换句话说，重复部分之间不能有其他数据信息。比如，使用该方法压缩 ABABAB 很容易（即 3AB），但要压缩 ABXABYAB 就行不通了。

2）词典编码

词典编码是根据数据本身包含有重复的内容这一特性来编码。词典编码的种类很多，归纳起来分为两类。

第一类词典编码的思想是企图查找正在压缩的符号序列是否在前面的数据中出现过，如果曾出现，则用指向早期出现过的字符串的“指针”替代重复的字符串。这里的“词典”是隐含的，指用以前处理过的数据信息。

第二类词典编码的思想是企图从输入的数据中创建一个“短语词典”。编码数据过程中，当遇到已经在词典中出现的“短语”时，编码器就输出这个词典中的短语的“索引号”，而不是短语本身。

例如，对于如下数据：

生，容易。活，容易。生活，不容易。

一共有 17 个汉字和标点符号。通常，一个汉字相当于两个英文字母（全角标点符号也一样），因此，上述例子相当于由 34 个英文字母组成的句子。

我们发现此句中有三个“容易。”，第二个“容易。”可表示为回退 10 个字符然后复制后面的 6 个字符，用“ b10c6”表示，以此类推，只要发现待编码的数据可在已编码的数据中找到，就可用这种方式进行编码。词典编码过程如图 1-1 所示。

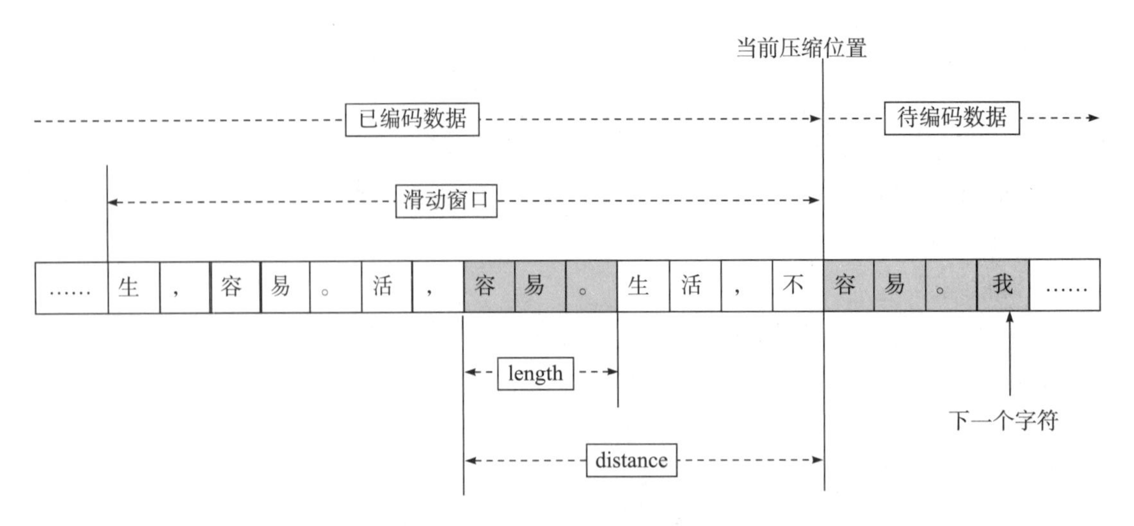

图 1-1　词典编码过程

3）哈夫曼编码

哈夫曼编码（Huffman Coding）又称霍夫曼编码，是一可变字长编码。哈夫曼编码效率高，运算速度快，实现方式灵活，从 20 世纪 60 年代至今，在数据压缩领域得到了广泛的应用。哈夫曼编码的总体思路很简单：对于使用频率高的字母分配较短的编码；反之，对于使用频率较低的字符分配较长的编码，从而提高压缩效率。下面以一个简单的实例予以说明。

【例 1-16】假设要压缩的符号串为“EAEBAECDEA”，符号串中总共有 5 个字母，即 A、B、C、D、E。现假定这 5 个字母的使用频率分别为 17%、12%、12%、27%、32%。

首先，以每个字符的使用频率作为权值构造一棵哈夫曼树。

（1）将每个字符排成一排，并标注其权值。现在它们都是哈夫曼树的最底层节点。

（2）找出权值最小的两个节点，把它们合并成一个新的节点，就产生了一棵二叉树。新节点的权值是合成它的两个节点的权值的和。该新节点可以与其余节点相结合。

（3）重复步骤（2），直至所有节点结合成一棵二叉树。

哈夫曼树的构造过程如图 1-2 所示。

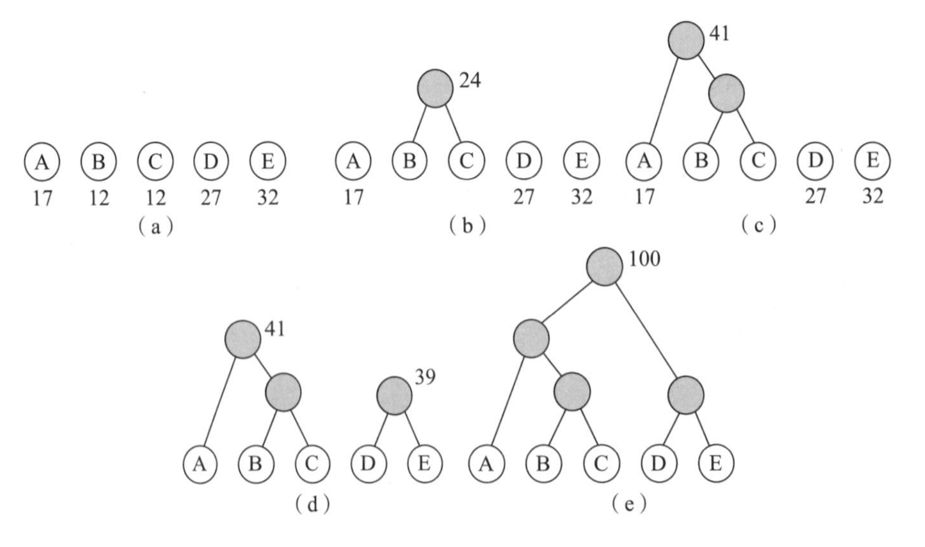

图 1-2　哈夫曼树的构造过程

其次，利用哈夫曼树进行编码。方法是给哈夫曼树的每个分支分配一个二进制位。从根节点开始，给左分支分配 0，给右分支分配 1，直至整棵二叉树分配完毕。从根节点开始，沿着各分支到达某个字母所经过的路径上，各分支的二进制位值顺序排列就是该字母的编码。哈夫曼编码如图 1-3 所示（二叉树的形状略做调整，使之看起来更像一棵倒着的树）。

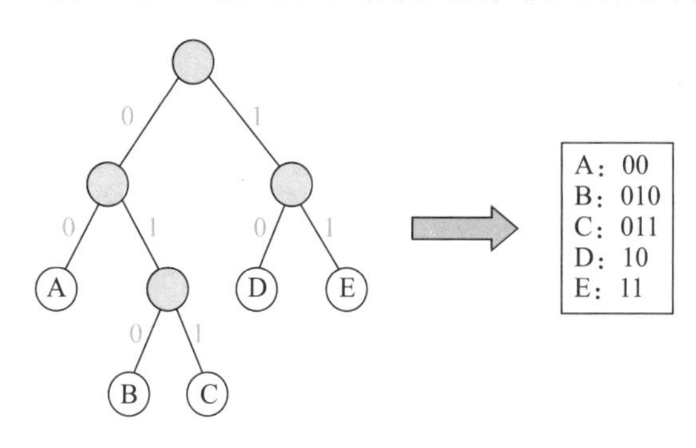

图 1-3 **哈夫曼编码**

接收方译码十分容易。当接收方收到前两位位值（11）的时候，它不必等到收到下一个位值就可以知道译码为 E（见图 1-4）。因为这两位不是任何 3 位编码的字首 (没有 11 开头的编码字首)。这就是哈夫曼编码也被称为即时码的原因。

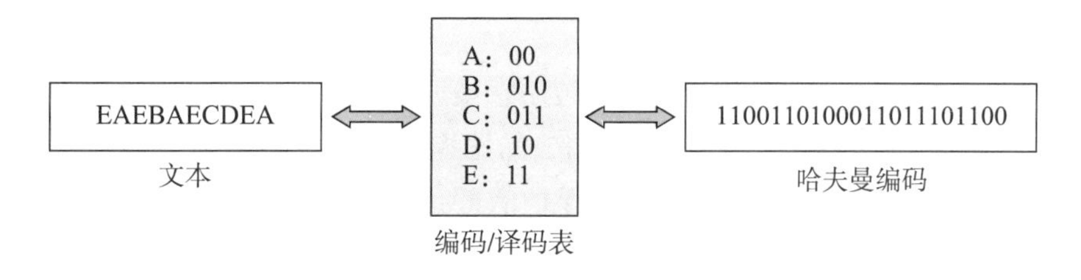

图 1-4 **哈夫曼编码与译码**

2.有损压缩

有损压缩是利用了人类对图像或声波中的某些频率成分不敏感的特性，允许压缩过程中损失一定的信息，虽然不能完全恢复原始数据，但是所损失的部分对理解原始图像的影响很小，却换来了大得多的压缩比。有损压缩广泛应用于语音、图像和视频数据的压缩。

在待压缩的数据分布比较均匀时，无损压缩算法往往不能达到很高的压缩率，但是在很多多媒体数据的应用场合，较高的压缩率的确是需要的，这个时候就需要用到有损压缩算法了。一个图像经过有损压缩之后，不会和原图完全一样，但是人眼很难感知到原图和压缩后的图像之间的区别。例如，对于一幅树林的照片，如果其中某些树叶的颜色稍微变深了一些，看照片的人通常是察觉不到的。

在图像压缩领域，比较典型的是 JPEG 标准，对于照片等连续变化的灰度或彩色图像，JPEG 在保证图像质量的前提下，一般可以将图像压缩到原大小的十分之一到二十分之一。如果不考虑图像质量，JPEG 甚至可以将图像压缩到“无限小”。

在音视频压缩领域，比较典型的是 MPEG 系列标准。MP3 和 MP4 就是我们常见的利用 MPEG 标准压缩的音视频格式。

本书不对具体的有损压缩技术进行详细解释，感兴趣的同学可以参考相关资料进行学习。

1.2 信息安全

当今世界，互联网已经融入人类社会的方方面面，万物互联一定程度上也意味着风险互联，给人类社会、生活带来了不少安全隐患。比如，网络偷窥、非法获取个人信息、网络诈骗等违法犯罪活动，侵害个人财产和隐私安全；网络攻击、网络窃密等行为，给社会治理、国家安全带来挑战。习近平总书记强调：“没有网络安全就没有国家安全，就没有经济社会稳定运行，广大人民群众利益也难以得到保障。”如今的网络安全，内涵和外延不断拓展，不仅关乎个人安全、企业安全，也关乎国家安全，已经成为社会治理、国家治理的重要议题。建设数字中国，必须筑牢数字安全屏障。

1.2.1 信息安全与网络安全

1.信息安全

从发展趋势上看，信息安全一词是最早被用来概述安全体系的，那时还没有像现在这样众多的细分领域，如 Web 安全、渗透、逆向、漏洞挖掘、安全防御、体系建设等，但信息安全一词很好地概括了安全的目标，也就是保护信息的机密性、完整性和可用性。

信息不一定存在于网络空间中，因此，信息安全的外延非常大，一切可能造成信息泄露、信息被篡改、信息不可用的场景，都包含在信息安全的范围之内，除了常见的网络入侵窃密，也包括网络空间之外的场景，比如社会工程对人性弱点的利用、间谍 / 卧底等。

2.网络安全

网络安全这个概念也是不断演化的，最早的网络安全是 Network Security，是基于“安全体系以网络为中心”的立场，主要涉及网络安全域、防火墙、网络访问控制、抗 DDoS（分布式拒绝服务攻击）等场景，特别是以防火墙为代表的网络访问控制设备的大量使用，网络安全域、边界、隔离、防火墙策略等概念深入人心。

后来，网络安全的范围越来越大，往云端、网络、终端等各个环节不断延伸，发展为网络空间安全（Cyberspace Security），甚至覆盖到陆、海、空领域，但这个词太长了，念起来没有网络安全方便，后来就简化为网络安全（Cyber Security）了。

所以，我们现在所说的网络安全，一般是指广义的网络安全（Cyber Security），仍基于“安全体系以网络为中心”的立场，泛指整个安全体系，侧重于网络空间安全、网络访问控制、安全通信、防御网络攻击或入侵等。

1.2.2 常见的安全威胁

近年来，智能手机、计算机和互联网已经成为现代生活的基本组成部分。我们很难想象没有它们的工作和生活状态。但是随着技术的快速发展和互联网的大范围普及，网络攻击变得越来越复杂，攻击者使用的策略种类也越来越多。他们通常“神出鬼没”，针对特定的漏洞进行攻击，这给被攻击者造成了巨大的损失。当前互联网中的网络威胁主要有以下 6 种。

1.恶意软件

恶意软件是一个广义术语，包括损害或破坏计算机的任何文件或程序。例如，勒索软件、僵尸网络软件、间谍软件、木马、病毒和蠕虫等，它们会为黑客提供未经授权的访问，从而对计算机造成损坏。比较常见的恶意软件攻击方式是恶意软件将自己伪装成合法文件，从而绕过检测。

1）计算机端存在恶意软件的迹象

（1）操作系统无法正常启动或运行缓慢。

（2）计算机经常死机或突然重新启动。

（3）磁盘存储空间不足。

（4）程序无法正常运行或闪退。

（5）频繁弹出广告。

（6）文件丢失、文件被破坏或出现新文件。

（7）计算机出现了不需要的工具或程序。

（8）计算机出现感染警告，需支付赎金来恢复对数据的访问。

2）移动端存在恶意软件的迹象

（1）应用程序无法正常运行或运行缓慢。

（2）频繁出现弹窗。

（3）移动设备过热，电池使用时长突然变短。

（4）无法关机或重启。

（5）出现可疑的应用。

提示

不访问未知的网站，不点击未知链接或可疑的弹出窗口，不下载可疑的文件，不打开来自陌生地址的电子邮件附件。

2.分布式拒绝服务攻击

分布式拒绝服务（DDoS）攻击是通过大规模互联网流量淹没目标服务器或其周边基础设施，从而破坏目标服务器、服务或网络正常流量的恶意行为。它利用多台受损计算机系统作为攻击流量来源以达到攻击效果。利用的机器包括计算机、其他联网资源（如 IoT 设备）。

3.网络钓鱼

网络钓鱼是一种社会工程形式，它诱使用户提供他们自己的 PII（Personal Identifiable Information，个人可识别信息）或敏感信息。比如，我们熟悉的网络诈骗，很多就是将自己伪装成正规合法公司的电子邮件或短信，并在其中要求用户提供银行卡、密码等隐私信息。电子邮件或短信看似来自正规合法公司，要求用户提供敏感信息，如银行卡数据或登录密码，但是实际上只要完成输入，用户的个人信息就会被盗走。

防诈小知识

防范电信诈骗十守则

（1）手机短信内的链接都别点。虽然手机短信中也有银行等机构发来的安全链接，但不少用户难以通过对方短信号码、短信内容、链接形式等辨别真伪，所以建议用户尽量不要点击短信中自带的任何链接。

（2）凡是索要“短信验证码”的全是骗子。银行、支付宝等发来的“短信验证码”是极其隐秘的隐私信息，且通常几分钟之后会自动过期，所以不要向任何人和机构透露该信息。

（3）凡是“无显示号码”来电的全是骗子。目前，除极少数军政方面的人士还拥有“无显示号码”电话之外，任何政府、企业、银行、运营商等机构均没有“无显示号码”的电话，所以今后再见到“无显示号码”来电，直接挂断即可。

（4）闭口不谈卡号和密码。无论电话、短信、QQ、微信对话中都绝不提及银行卡号、密码、身份证号码、医保卡号码等信息，以免被诈骗分子利用。

（5）不信“接的”，相信“打的”。为了防止遇上诈骗分子模拟银行等客服号码行骗，遇上不明来电可选择挂断，然后再主动拨打相关电话（切勿使用回拨功能），这样可以保证号码的准确性。

（6）钱财只进不出，做“貔貅”。任何要求自己打款、汇钱的行为都要小心，如需打款可至线下银行柜台办理，如心中有疑惑，可向银行柜台工作人员咨询。

（7）陌生证据莫轻信。由于个人隐私泄露泛滥，诈骗分子常常会掌握用户的一些个人信息，并以此作为证据，骗取用户信任，此时切记要多加小心——绝不轻易相信陌生人，即使是朋友、家人，如果仅仅是在网上，也不可轻信。

（8）钓鱼网站要提防。切不可轻易信任那些看上去与官方网站长得一模一样的钓鱼网站，中病毒不说，还可能被直接骗走钱财，所以在登录银行等重要网站时，要养成核实网站域名、网址的习惯。

（9）新鲜事要注意。诈骗分子常常利用最新的时事热点设计骗局内容，如房产退税、热播电视节目等都常常被骗子利用。如果不明电话中提及一些你从未接触过的新鲜事也切莫轻易当真。

（10）一旦难分假和真，拨打110最放心。如果真有拿不准的事，拨打110无疑是最可靠的咨询手段。

4.高级持续性威胁——APT

APT攻击，也称定向威胁攻击，指某组织对特定对象展开的持续有效的攻击活动。这种攻击具有极强的隐蔽性和针对性，通常会运用受感染的各种介质、供应链和社会工程等多种手段实施先进、持久且有效的威胁和攻击。

5.中间人攻击

中间人攻击是一种窃听攻击，黑客通过拦截正常的网络通信数据，并进行数据篡改和嗅探，而通信的双方却毫不知情。例如，在不安全的 Wi-Fi 网络上，攻击者可以拦截在访客设备和网络之间传递的数据。

6.内部威胁

现任及前任员工、业务合作伙伴、外包服务商或曾访问过系统或网络的任何人，如果滥用其访问权限，都可以被视为内部威胁。内部威胁对专注于外部威胁的传统安全解决方案（如防火墙和入侵检测系统）来说可能是隐形的，但也是不容忽视的。

1.2.3 信息安全技术

从信息系统的角度来看，信息安全主要包括 4 个层面：设备安全、数据安全、内容安全和行为安全。设备安全指的是保护网络上的设备，包括服务器、计算机、路由器和交换机等；数据安全指的是保护网络上的数据，包括受保护的数据库和文件；内容安全指的是确保网络上传播的内容安全，包括网站内容和电子邮件；行为安全指的是防止网络上的恶意行为，包括网络攻击和病毒传播。

保证信息安全的主要技术有以下 5 方面。

1.防火墙技术

防火墙是建立在内外网络边界上的过滤机制，内部网络被认为是安全和可信赖的，而外部网络被认为是不安全和不可信赖的。防火墙可以监控进出网络的流量，仅让安全、核准的信息进入，同时抵制对企业构成威胁的数据。防火墙的主要实现技术有数据包过滤、应用网关和代理服务等。

2.信息加密技术

信息加密的目的是保护网内的数据、文件、口令和控制信息，以及保护网上传输的数据。数据加密技术主要分为数据存储加密和数据传输加密。数据存储加密是指数据被存储在服务器、数据库或存储设备上之前，对数据进行加密处理。数据传输加密主要是对传输中的数据流进行加密。加密是一种主动安全防御策略，用很小的代价即可为信息提供相当大的安全保护，是一种限制网络上传输数据访问权限的技术。

3.身份认证技术

身份认证是系统核查用户身份证明的过程，其实质是查明用户是否具有所请求资源的使用权。身份认证至少应包括验证协议和授权协议。当前身份认证技术，除传统的静态密码认证技术以外，还有动态密码认证技术、IC 卡技术、数字证书、指纹识别认证技术等。

4.安全协议

安全协议的建立和完善是安全保密系统走上规范化、标准化道路的基本因素。一个较为

完善的内部网和安全保密系统，至少要实现加密机制、验证机制和保护机制。目前使用的安全协议有加密协议、密钥管理协议、数据验证协议和安全审计协议等。

5.入侵检测系统

入侵检测系统是一种对网络活动进行实时监测的专用系统。该系统处于防火墙之后，可以和防火墙及路由器配合工作，用来检查一个 LAN 网段上的所有通信记录和禁止网络活动，可以通过重新配置来禁止从防火墙外部进入的恶意活动。入侵检测系统能够对网络上的信息进行快速分析或在主机上对用户进行审计分析，并通过集中控制台来管理、检测。

1.3 信息伦理与法律

随着现代社会的快速发展、信息化的快速膨胀和互联网的迅速传播，各种海量的数据化信息被不停地生产、收集、存储、处理与利用，大数据时代随之来临。这不仅带来了全方位的社会变革，同时也带来了新的安全挑战，数据泄露、数据滥用、隐私安全等问题日渐成为明患。

1.3.1 新时代的中国网络法治建设

中国网络立法随着互联网的发展经历了从无到有、从少到多、由点到面、由面到体的发展过程。第一阶段从 1994 年至 1999 年，是接入互联网阶段。上网用户和设备数量稳步增加。这一阶段网络立法主要聚焦于网络基础设施安全，即计算机系统安全和联网安全。第二阶段从 2000 年至 2011 年，是 PC 互联网阶段。随着计算机数量逐步增加、上网资费逐步降低，用户上网日益普遍，网络信息服务迅速发展。这一阶段网络立法转向侧重网络服务管理和内容管理。第三阶段从 2012 年至今，是移动互联网阶段。这一阶段网络立法逐步趋向全面涵盖网络信息服务、信息化发展、网络安全保护等在内的网络综合治理。在这一阶段，中国制定出台网络领域立法 140 余部，基本形成了以宪法为根本，以法律、行政法规、部门规章和地方性法规、地方政府规章为依托，以传统立法为基础，以网络内容建设与管理、网络安全和信息化等网络专门立法为主干的网络法律体系，为网络强国建设提供了坚实的制度保障。

党的十八大以来，全国人大及其常委会落实党中央关于建设网络强国、数字中国的决策部署，积极推进网络立法工作，不断完善相关法律制度规范，初步形成了相对完备的网络法律体系，网络立法取得了显著成就，为推动互联网持续健康发展提供了法律保障。从 2012 年至 2022 年，先后制定了 5 部专门法律。

（1）2016 年制定《中华人民共和国网络安全法》，落实网络实名制，确立了维护网络产品和服务安全、网络运行安全、关键信息基础设施安全等制度措施，保障网络和信息安全。

（2）2018 年制定《中华人民共和国电子商务法》，全面规范电子商务经营行为，明确电子商务平台经营者和平台内经营者责任，维护公平市场竞争秩序，加强消费者权益和知识产权保护。

（3）2021 年制定《中华人民共和国数据安全法》，这部法律针对数据安全存在的风险隐患，建立完善数据分类和分级管理、风险监测预警与应急处理、数据安全审查制度。同时，支持促进数据安全与发展、推动政务数据开放利用，提升国家数据安全保障能力，促进数据依法合理有效利用。

（4）2021 年制定《中华人民共和国个人信息保护法》，聚焦人民群众，在有关法律的基础上进一步细化、完善个人信息保护应遵循原则和个人信息处理规则，明确个人信息处理活动中的权利、义务边界，健全个人信息保护工作体制机制，切实维护公民个人信息权益。

（5）2022 年制定《中华人民共和国反电信网络诈骗法》，这部法律全面构建电信、金融、互联网等行业的综合治理制度，是一部专门为打击治理电信网络诈骗活动的法律，是一部“小切口”法律，为预防、遏制和惩治电信网络诈骗活动提供了法律支撑。

除以上 5 部专门法律以外，全国人大常委会还持续推进传统法律规范向网络领域延伸。近年来，陆续修改了一些法律，包括《中华人民共和国消费者权益保护法》《中华人民共和国食品安全法》《中华人民共和国广告法》《中华人民共和国未成年人保护法》《中华人民共和国反不正当竞争法》《中华人民共和国反垄断法》等，针对网络交易的消费者权益保护、网络平台的食品安全责任、互联网广告、未成年人网络保护、互联网领域的不正当竞争和垄断等，完善了相关制度规范。同时，通过编纂《中华人民共和国民法典》，制定《中华人民共和国刑法修正案》，对网络新业态下的民事权利保护、打击新型网络犯罪等作出专门规定。

网络道德与行为规范

网络道德是指以善恶为标准，通过社会舆论、内心信念和传统习惯来评价人们的上网行为，调节网络时空中人与人之间以及个人与社会之间关系的行为规范。

网络道德是时代的产物，与信息网络相适应，人类面临新的道德要求，于是网络道德应运而生。网络道德是人与人、人与群体关系的行为法则，它是一定社会背景下人们的行为规范，赋予人们在动机或行为上的是非善恶判断标准。

网络道德的基本原则是诚信、安全、公开、公平、公正、互助。

网络道德的 3 个斟酌原则是全民原则、兼容原则和互惠原则。

1.全民原则

网络道德的全民原则：一切网络行为必须服从于网络社会的整体利益。个体利益服从整体利益，不得损害整个网络社会的整体利益，它还要求网络社会决策和网络运行方式必须以服务于社会一切成员为最终目的，不得以经济、文化、政治和意识形态等方面的差异为借口把网络仅仅建设成只满足社会一部分人需要的工具，并使这部分人成为网络社会新的统治者和社会资源占有者。网络应该为一切愿意参与网络社会交往的成员提供平等交往的机会，它应该排除现有社会成员间存在的政治、经济和文化差异，为所有成员所拥有并服务于社会全体成员。

全民原则包含以下两个基本道德原则。

（1）平等原则。每个网络用户和网络社会成员享有平等的社会权利和义务，从网络社会结构上讲，每个用户都被给予某个特定的网络身份，即用户名、网址和口令，网络所提供的一切服务和便利用户都应该得到，而网络共同体的所有规范用户都应该遵守，并履行一个网络行为主体所应该履行的义务。

（2）公正原则。网络对每一个用户都应该做到一视同仁，它不应该为某些人制订特别的规则并给予某些用户特殊的权利。作为网络用户，既然与别人具有同样的权利和义务，那么就不要强求网络能够给你与别人不一样的待遇。

2.兼容原则

网络道德的兼容原则：网络主体间的行为方式应符合某种一致的、相互认同的规范和标准，个人的网络行为应该被他人及整个网络社会所接受，最终实现人们网络交往的行为规范化、语言可理解化和信息交流的无障碍化。其中最核心的内容就是消除网络社会由各种原因造成的网络行为主体间的交往障碍。

3.互惠原则

网络道德的互惠原则：任何一个网络用户必须认识到，自己既是网络信息和网络服务的使用者和享受者，也是网络信息的生产者和提供者，享有网络社会交往的一切权利时，也应承担网络社会对其成员所要求的责任。信息交流和网络服务是双向的，网络主体间的关系是交互式的，用户如果从网络和其他网络用户得到什么利益和便利，也应同时回馈利益和便利。

普法课堂

规范网络行为，杜绝网络暴力

今天，我们身处“人人都有麦克风”的网络时代，享受更多元的表达、聆听更丰富的声音，但同时也出现了无序的情绪宣泄和肆意的网络暴力。看到体育赛场偶发的失误，有人蜚短流长、强带节奏；面对社会热点事件的争议，有人言论过激、跟风起哄。更不用说，人肉搜索、辱骂攻击等网络暴力行为。一场场“言语风暴”的背后，是个别人“键对键”时挑拨是非、施放“冷箭”的结果。长此以往，不仅毒化网络风气、污染精神家园，而且极易给当事人带来精神压力和心灵创伤，甚至导致不可挽回的悲剧。

2022 年 11 月，中央网信办出台了《关于切实加强网络暴力治理的通知》，对建立健全网暴预警预防机制、强化网暴当事人保护、严防网暴信息传播扩散等作出要求。截至 2023 年 3 月，拦截清理网络暴力信息 2875 万条，提示网民文明发帖 165 万次，向 2.8 万名用户发送一键防护提醒，从严惩处施暴者账号 2.2 万个。

2023 年 9 月，最高人民法院、最高人民检察院、公安部联合印发《关于依法惩治网络暴力违法犯罪的指导意见》，进一步明确了网络暴力违法犯罪的惩处。部分规定如下。

在信息网络上制造、散布谣言，贬损他人人格、损害他人名誉，情节严重，符合刑法第二百四十六条规定的，以诽谤罪定罪处罚。

在信息网络上采取肆意谩骂、恶意诋毁、披露隐私等方式，公然侮辱他人，情节严重，符合刑法第二百四十六条规定的，以侮辱罪定罪处罚。

组织“人肉搜索”，违法收集并向不特定多数人发布公民个人信息，情节严重，符合刑法第二百五十三条之一规定的，以侵犯公民个人信息罪定罪处罚；依照刑法和司法解释规定，同时构成其他犯罪的，依照处罚较重的规定定罪处罚。

基于蹭炒热度、推广引流等目的，利用互联网用户公众账号等推送、传播有关网络暴力违法犯罪的信息，符合刑法第二百八十七条之一规定的，以非法利用信息网络罪定罪处罚；依照刑法和司法解释规定，同时构成其他犯罪的，依照处罚较重的规定定罪处罚。

广大网民是网络空间治理的主人翁和主力军，在遵守道德、文明守法、理性表达中既要把控自己的“言论边界”，又要保护自己的“权利边界”，不断涵养适应互联网发展的网络道德、网络伦理、网络素养。可以说，只有人人有责、人人尽责，才能壮大网络正能量版图，提升治理网络暴力的成效、建设网络文明的质量。

数字版权与开源规范

党的二十大报告指出，要加快实施创新驱动发展战略，加强知识产权法治保障。数字化网络世界的快速发展，带来了许多便利和机遇，但同时也催生了许多亟待解决的问题，其中之一就是数字版权保护。

1.数字版权

数字版权是指各类出版物、信息资料的网络出版权，包括制作和发行各类电子书、电子杂志、手机出版物等的版权。

数字版权可分为社交媒体版权、软件版权、数字音乐版权、数字图像版权、数字视频版权等多个种类。其中，数字音乐版权和数字视频版权是数字版权保护的热点领域。

数字版权保护主要由数字签名、数字水印、访问控制、加密等技术构成。其中数字水印作为数字版权保护技术中比较常用的一种技术，可以嵌入于音视频或图像文件中，无需额外的存储空间，可以提供不同强度的版权保护，以保障作者的版权。

2023 年 4 月，最高人民检察院印发了《关于加强新时代检察机关网络法治工作的意见》，要求聚焦数字经济健康发展，依法保护和规范数字技术、数字产业和数字市场，依法加强对计算机软件、数据库、网络域名、数字版权、数字内容作品等网络知识产权的司法保护。

数字版权成为司法保护重点的背后，是数字经济时代来临，版权产业的蓬勃发展。据统计，2021 年我国版权产业的行业增加值为 8.48 万亿元，占全国 GDP 的 7.41%。在 2021 年至

2022年，国家版权局、全国打击侵权假冒工作小组办公室、全国“扫黄打非”工作小组办公室、公安部、文化和旅游部、最高人民检察院等部门联合挂牌督办4批共155起重大侵权盗版案件，涉及网络小说、网络游戏、软件APP、网络音视频等数字版权案件超过案件总数的三分之一。

通过盗版网络小说、歌曲、视频，架设游戏“私服”谋取不正当利益等都是违法行为，作为新时代网民，要将尊重知识、崇尚创新、诚信守法、公平竞争的知识产权文化理念深入心底。

2.开源规范

《中华人民共和国国民经济和社会发展第十四个五年规划和2035年远景目标纲要》明确提出，支持数字技术“开源”发展。其中，深度学习框架等开源算法平台构建被列入新一代人工智能科技前沿领域攻关内容，支持数字技术开源社区等创新联合体发展，完善开源知识产权和法律体系，鼓励企业开放软件源代码、硬件设计和应用服务被列为加强关键数字技术创新应用的重要举措。

经过近40年的实践发展，开源逐渐成长为一种强大的技术创新模式，并从最初的软件行业走向了硬件、芯片等多个领域。开源商业模式也在逐渐成熟。如今，新技术在开源、新架构在开源、新平台也在开源，就连顶尖的研究成果很多也都以开源形式发布。开源逐渐成为全球科技进步至关重要的创新渠道。红帽公司发布的《2022年企业开源状况报告》显示“开源比以往任何时候都重要”。

目前知名度较高的开源协议分为5种：BSD、Apache、GPL、LGPL、MIT。

1）BSD开源协议

BSD开源协议是一个给予使用者很大自由的协议。使用者可以自由地使用，修改源代码，也可将修改后的代码发布。但当使用者发布使用了BSD协议的代码，或者以BSD协议代码为基础做二次开发产品时，需要满足以下3个条件。

（1）如果再次发布的产品中包含源代码，则在源代码中必须带有原来代码中的BSD协议。

（2）如果再次发布的只是二进制类库/软件，则需要在类库/软件的文档和版权声明中包含原来代码中的BSD协议。

（3）不可以用开源代码的作者/机构名字和原来产品的名字做市场推广。

2）Apache开源协议

Apache开源协议是著名的非盈利开源组织Apache采用的协议。该协议和BSD类似，同样鼓励代码共享和尊重原作者的著作权，同样允许代码修改、再发布（作为开源或商业软件）。需要满足的条件也和BSD类似。

（1）需要给代码的用户一份Apache许可证。

（2）如果修改了代码，需要在被修改的文件中说明。

（3）在延伸的代码中需要带有原来代码中的协议、商标、专利声明和其他原来作者规定需要包含的说明。

（4）如果再发布的产品中包含一个Notice文件，则在Notice文件中需要带有Apache许可证。可以在Notice中增加自己的许可，但不可以表现为对Apache许可证构成更改。

3）GPL开源协议

GPL 开源协议在自由软件所使用的各种协议中是引人注意的。

GPL 协议主要的原则如下。

（1）确保软件自始至终都以开放源代码形式发布，保护开发成果不被窃取用作商业发售。任何一套软件，只要其中使用了受 GPL 协议保护的第三方软件的源程序，并向非开发人员发布时，软件本身也就自动成为受 GPL 保护并且约束的实体。也就是说，此时它必须开放源代码。

（2）GPL 用户可以去掉所有原作的版权信息，只要保持开源，并且随源代码、二进制版本附上 GPL 的许可证，即可让其他用户很明确地得知此软件的授权信息。GPL 精髓就是，软件在完整开源的情况下，尽可能让使用者得到自由发挥的空间，使软件得到更快更好的发展。

（3）无论软件以何种形式发布，都必须同时附上源代码。例如，在 Web 上下载软件，就必须在二进制版本（如果有的话）下载的同一个页面，清楚地提供源代码下载的链接。如果以光盘形式发布，就必须同时附上源文件的光盘。

（4）开发或维护遵循 GPL 协议开发的软件公司或个人，可以对使用者收取一定的服务费用。但必须无偿提供软件的完整源代码，不得将源代码与服务做捆绑或任何变相捆绑销售。

4）LGPL开源协议

LGPL 是 GPL 的一个主要为类库使用而设计的开源协议。和 GPL 要求任何使用、修改、延伸于 GPL 类库的软件必须采用 GPL 协议不同，LGPL 允许商业软件通过类库引用（link）方式使用 LGPL 类库而不需要开源商业软件的代码。这使得采用 LGPL 协议的开源代码可以被商业软件作为类库引用并发布、销售。

但是如果修改 LGPL 协议的代码或者延伸，则所有修改的代码，涉及修改部分的额外代码和延伸的代码都必须采用 LGPL 协议。因此 LGPL 协议的开源代码很适合作为第三方类库被商业软件引用，但不适合希望以 LGPL 协议代码为基础，通过修改和延伸的方式做二次开发的商业软件采用。

5）MIT开源协议

MIT 是和 BSD 一样宽泛的许可协议，作者只想保留版权，而无任何其他限制。也就是说，用户必须在其发行版里包含原许可协议的声明，无论是以二进制发布的，还是以源代码发布的。

拓展阅读

我国的开源发展

在经历过“破土”期、“萌芽”期后，中国开源在 2019 年迎来“拐点”，并由此开启了一个新时代——加速阶段，大量国产开源项目茁壮成长，本土开源社区也随之繁荣发展。

2022年，中国开源开发者的新增数量排名全球第二，部分中国开源项目已进入全球开源项目排行榜前列；以华为、阿里为代表的一大批国内大企业以及 PingCAP 为代表的部分中国创新企业，已进入世界开源领跑者之列；开源社区、开源人才、开源组织的数量和质量也都在持续提升。同时，随着国家支持开源发展的政策力度不断加大和深化，开源技术在关键领域和行业得到了更深入和广泛地应用，中国开源以及国际开源界的交流合作也在不断深入推进，让开源从单纯的代码开源，逐步扩展到数据开源、算力开源等范畴。

2023年，中国开源组织的数量和质量不断提升，中国开源产业链也不断完善。各类型开源组织，包括开源基金会、综合型产业联盟、专业型开源组织、地区型开源组织、开源推广型社会组织等不断涌现，对完善中国开源生态建设发挥着积极贡献。

2023年6月15日，由中国开源软件推进联盟（COPU）牵头，联合中国开发者网络（CSDN）、中国科学院软件研究所、开放原子开源基金会、北京开源创新委员会、开源社、开源中国、北京大学、华东师范大学、国防科技大学等106家单位，以及120多位开源专家和志愿者，携手重磅发布《2023中国开源发展蓝皮书》，呈现2023年中国开源产业生态全貌、中国开源在技术创新、产业发展方面的真实图谱。

1.4 新一代信息技术

随着新一代信息技术迈上新台阶，行业竞争力持续提升，新一代信息技术行业继续优化升级，产业链不断完善。党的二十大报告明确指出，推动战略性新兴产业融合集群发展，构建新一代信息技术、人工智能、生物技术、新能源、新材料、高端装备、绿色环保等一批新的增长引擎。那么新一代信息技术都是如何影响我们日常生活的呢？

1.4.1 云计算

云计算是信息时代的一个大飞跃，它为用户提供了全新的体验，其核心是将很多的计算资源协调在一起，从而使用户通过网络，不受时间和空间的限制获取到无限的资源。

云计算把许多计算资源集合起来，通过软件实现自动化管理，只要很少的人工参与，就能快速、安全地提供云计算服务与数据存储，让每一个使用互联网的人都可以使用网络上的庞大计算资源与数据中心。计算能力作为一种商品，可以在互联网上流通，就像水、电、煤气一样，可以方便地取用，且价格较为低廉。

与传统的网络应用模式相比，云计算具有使用虚拟化技术、动态可扩展、按需部署、灵活性高、可靠性高、性价比高、可扩展性等特点。

云计算技术已经广泛融入了社会生活，例如以下几个方面。

（1）存储云。存储云是一个以数据存储和管理为核心的云计算系统，提供存储容器、备份、归档和记录管理等服务，大大方便了使用者对资源的管理。用户将本地资源上传云端后，即可在任何地方连入互联网来获取云上的资源。国际上，谷歌、微软等大型网络公司均有云存储服务。在国内，阿里云、腾讯云、华为云是市场占有量较大的存储云。

（2）医疗云。医疗云是结合医疗技术，使用“云计算”来创建医疗健康服务云平台，实现了医疗资源的共享和医疗范围的扩大。像医院的预约挂号、电子病历、医保等，都是云计算与医疗领域结合的产物，医疗云还具有数据安全、信息共享、动态扩展、布局全国的优势。

（3）金融云。金融云是指利用云计算模型，将信息、金融和服务等功能分散到庞大分支机构构成的互联网“云”中，旨在为金融机构提供互联网处理和运行服务，同时共享互联网资源，以达到高效率、低成本的目标。阿里巴巴推出了阿里金融云服务，即已普及的快捷支付，只需在手机上简单操作，即可完成银行存款、购买保险和基金买卖。苏宁金融、腾讯等企业也推出了自己的金融云服务。

（4）教育云。教育云将所需要的任何教育硬件资源虚拟化，然后传入互联网中，向教育机构和学生、老师提供一个方便、快捷的平台。现在流行的慕课（MOOC）就是教育云的一种应用。国际上，Coursera、edX 和 Udacity 是三大优秀的慕课平台。在国内，国家智慧教育公共服务平台（见图 1-5）、中国大学 MOOC、学堂在线也是非常好的平台。

图 1-5 国家智慧教育公共服务平台

基于云计算技术打造的云直播平台可以为用户带来画面稳定、防抖动以及高清画质的直播画面。云直播平台支持教师网络授课与学生在线听课，支持多平台终端使用，让授课方式与听课方式更加灵活与全面，适合不同的教学场景，满足清晰与实时的远程直播授课要求。

 1.4.2 物联网

物联网（IoT）不是对现有技术的颠覆性革命，而是通过对现有技术的综合运用，实现全新的通信模式转变。同时，通过融合也必定会对现有技术提出改进和提升要求，以及催生出一些新的技术。

世界因物联网更智慧，生活因物联网更精彩。从技术上讲，物联网通过射频识别、红外感应器、全球定位系统、激光扫描器等装置，把任何物品与互联网相连接，并采集声、光、热、电、力学、化学、生物信息等，从而实现对物体的智能化识别和管理。

物联网有两层含义：一是其核心是在互联网基础上的延伸和扩展；二是它的用户端延伸和扩展到任何物品与物品之间、人和物品之间，并进行信息交换和通信，即物物相连。

可以想象这样一个场景：当人们下班回家，一推开房门，灯就亮了，空调打开，窗帘打开，喜欢的音乐响起，洗澡水已经烧好，咖啡也在准备着。这些都是物联网和智能家居的体现，智能万物互联改变生活。

常见的物联网应用场景主要包括以下几个方面。

（1）智能汽车。智能汽车是在普通车辆上增加了先进的传感器、控制器、执行器等装置，通过车载传感系统和信息终端实现与人、车、路的智能信息交换，使车辆具备智能的环境感知能力，能够自动分析车辆行驶的安全及危险状态，并使车辆按照人的意愿到达目的地，最终实现替代人来操作的目的。2024 年，北京首批 L4 级无人驾驶环卫车（见图 1-6）在经济技术开发区投入运营，这也是北京无人驾驶环卫车首次实现昼夜覆盖的服务。

图 1-6　北京首批 L4 级无人驾驶环卫车

（2）无人驾驶飞行器。石油和天然气勘探公司、矿业公司和农业企业等配备了物联网传感器的无人驾驶飞行器，完成远程监控难以进入的区域以及绘制图表，测量如土壤成分和水分含量等指标。

（3）物流跟踪。现在主流的物流载体是配备了传感器的卡车，这样就可以追踪运送情况、选择最佳运送路线、追踪时间等。在某些情况下，传感器还用于追踪驾驶员的速度、刹车习惯等，确保最安全、最环保的驾驶行为。

（4）智能医疗。智能医疗也是物联网技术应用的新领域。利用最先进的 IoT 技术，联通各种诊疗仪器、硬件设备，实现患者与医务人员、医疗机构、医疗设备之间的互动，逐步达到信息化，构建一个有效的医疗信息平台。

（5）智能穿戴产品。智能手表、智能手环等穿戴式产品一经问世引起了众多消费者的关注，其功能体现在语音关怀、健康监测等方面。用户不仅可以记录自己的健康实时数据，还可以上传数据同步指导健康。

1.4.3 区块链技术

从应用视角来看，区块链是一个去中心化的数据库，集合了分布式数据存储、点对点传输、共识机制、加密算法等技术，具备去中心化、数据不可篡改、信息公开透明、同步更新、数据库安全可靠等优点。这些特点保证了区块链的“诚实”与“透明”，为区块链创造信任奠定了基础。区块链丰富的应用场景，基本上都基于区块链能够解决信息不对称问题，实现多个主体之间的协作信任与一致行动。

典型区块链以“块 - 链”结构存储数据。系统各参与方按照事先约定规则共同存储信息，并达成共识。为防止共识信息被篡改，系统以区块为单位存储数据，区块之间按照时间顺序，结合密码学算法构成链式数据结构，通过共识机制选出记录节点，由该节点决定最新区块数据，其他节点共同参与最新区块数据的验证、存储和维护。数据一经确认，就难以删除和更改，只能授权进行查询操作。

区块链的核心技术包括分布式账本、非对称加密、共识机制、智能合约等。

下面以个人转账为例说明区块链的工作原理。

假设 A 账户里有 400 元，B 账户里有 100 元。A 准备给 B 转账 100 元。在传统银行业务中，当 A 要转账时，A 向银行提交转账申请，银行验证通过后，就从 A 账户上扣除 100 元，在 B 账户中增加 100 元。

如果使用区块链技术，转账的步骤：A 在网络上把要转账的这个信息告诉大家，大家会去查看 A 的账户上是否有足够的钱完成转账。验证通过后，大家就把这个信息都记录到自己计算机的区块链中，且每个人记入的信息都同步一致。这样，A 就顺利将 100 元转移到了 B 的账户上，区块链转账示意如图 1-7 所示。

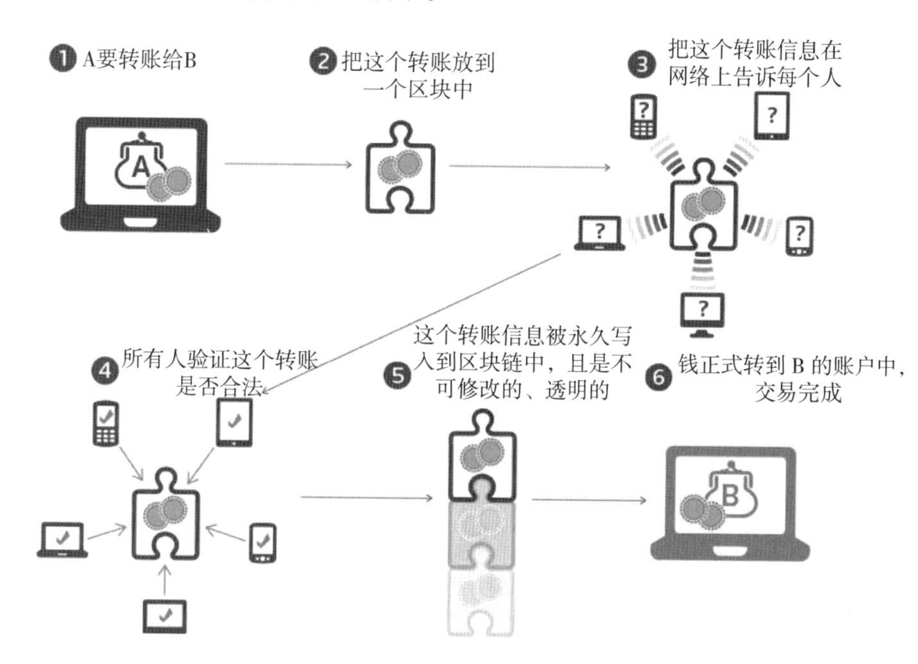

图 1-7 **区块链转账示意**

将区块链技术应用在金融行业中，能够省去第三方中介环节，实现点对点的直接对接，从而在大大降低成本的同时，快速完成交易支付。

在数字版权领域，区块链技术可以对作品进行鉴权，证明文字、视频、音频等作品的存在，保证权属的真实、唯一性。作品在区块链上被确权后，后续交易都会进行实时记录，实现数字版权全生命周期管理，也可作为司法取证的技术保障。

拓展阅读

数字人民币赋能更多场景领域

2021年7月16日，中国人民银行发布《中国数字人民币的研发进展白皮书》，首次确认部分使用区块链技术。

2023年以来，数字人民币发展驶入“快车道”，在多个维度实现提速发展。截至2024年2月，数字人民币试点范围已扩展至17个省市的26个试点地区，包括深圳市、苏州市、上海市、海南省、长沙市、大连市，以及山东济南、广西南宁和防城港、云南昆明和西双版纳等。截至2023年年末，深圳市数字人民币钱包累计开立3733.93万个，较年初增长36.2%；累计流通金额840.34亿元，较年初增长123%。截至2023年12月末，江苏省镇江市全市开通数字人民币应用的商户门店数达8.64万个，开立数字人民币个人钱包数81.2万个，对公钱包数5.23万个，累计交易129.05万笔，交易金额达143.9亿元。

1.4.4 人工智能

人工智能的定义可以分为“人工”和“智能”两部分。“人工”是指由人设计，为人创造、制造。“智能”是指个体对客观事物进行合理分析、判断及有目的地行动和有效地处理周围环境事宜的综合能力，包括感知能力、思维能力、行为能力。

人工智能的研究目的是促使智能机器会听（语音识别、机器翻译等）、会看（图像识别、文字识别等）、会说（语音合成、人机对话等）、会思考（人机对弈、定理证明等）、会学习（机器学习、知识表示等）、会行动（机器人、自动驾驶汽车等）。

近年来，《新一代人工智能发展规划》《关于加快场景创新以人工智能高水平应用促进经济高质量发展的指导意见》等文件相继出台，传递出我国高度重视人工智能发展应用的强烈信号。随着数字化向数智赋能的新阶段演进，人工智能呈现出大数据驱动、人机协同、跨界融合、群智开放等新特征，将持续对经济发展、社会治理、国际格局产生重大而深远的影响，为人类带来前所未有的便利和革新。人工智能在智能家居、智能交通、智慧医疗、智能物流和智慧教育等方面的应用尤其广泛深刻。

随着ChatGPT的横空出世，基于大模型的生成式AI使人类向着人工智能时代迈进了一大步。“大模型的未来在于行业应用”，这在业界已经达成共识。经过一年的快速发展，AI技术进入实用阶段，正在切实地改变人们的生产生活。2023年中国已经成为AI大模型专利最多产出国。华为通过盘古气象大模型预报台风“玛娃”的路径；荣耀、OPPO、vivo等厂商纷纷宣布70亿参数的AI大模型在手机端落地；联想发布了10余款AI PC。包括百度、阿里巴巴、科大讯飞等也将大模型植入APP中，覆盖办公、学习、娱乐、医疗等生活场景。

讨论

你在学习和生活中都接触到了哪些AI应用场景？

在当前的数智化时代，大力发展的人工智能离不开两个基础技术——机器学习和深度学习。

1.机器学习

机器学习通俗理解就是机器从一系列数据中学习到一些规则或者决策方法，然后进行自主决策，从而变得智能。我们可以从下面训练小狗的例子中理解机器学习。

想象一下，在教小狗识别球的时候，你可能会把球放在它的面前，然后多次地告诉它这个东西名字叫作“球”，然后不断重复，并给予小狗奖励机制。在一段很长时间的教学下，当你说出“球”的时候，它就能准确知道你在谈论的物品是什么。

为了让小狗更加聪明，你可能会拿出不同种类的球，包括乒乓球、足球、篮球，不断地告知它，这些东西叫作“球”，在长时间的锻炼下，它可能就会明白，圆圆的、可以滚动的物品就叫作“球”，当你拿出网球的时候，它也会给你反馈，表明这个东西叫作“球”。

机器学习就是我们在教计算机如何学习，给小狗展示多次的教学行为，在计算机中叫作训练数据，并且需要让计算机从这些数据中找到规律和模式。我们拿出一个新的网球让小狗识别的过程，在机器学习上被称为预测或者决策。

机器学习（ML）是人工智能的一个分支，它使计算机能够从训练数据中“自学习”并随着时间的推移而改进，无须进行显式编程。机器学习算法能够检测数据模式并从中学习，以便做出自己的预测。简而言之，机器学习算法和模型通过经验进行学习。

机器学习的工作原理是模仿人类的学习方式。机器识别数据模式，并根据其编程方式处理某些类型的数据来确定操作。机器学习有可能通过一组有组织的规则、指南或协议来自动化处理任何事情。

2.深度学习

深度学习是机器学习的一个子领域，它专注于使用人工神经网络解决复杂问题。深度学习技术在语音识别、计算机视觉和自然语言处理等领域取得了显著的成果，极大地推动了人工智能的发展。

深度学习是一种基于人工神经网络的机器学习方法，通过多层神经网络对输入数据逐层抽象和表示学习，从而实现对复杂数据结构和非线性关系的建模。下面以识别图片中的汉字为例来说明深度学习的过程。

深度学习假设模型如图 1-8 所示。要处理的信息是“水流”，而处理数据的深度学习网络是一个由管道和阀门组成的巨大水管网络。网络的入口是若干管道开口，网络的出口也是若干管道开口。这个水管网络有许多层，每一层由许多个可以控制水流流向与流量的调节阀。根据不同任务的需要，水管网络的层数、每层的调节阀数量可以有不同的变化组合。对复杂任务来说，调节阀的总数可以成千上万甚至更多。水管网络中，每一层的每个调节阀都通过水管与下一层的所有调节阀连接起来，组成一个从前到后、逐层完全连通的水流系统。

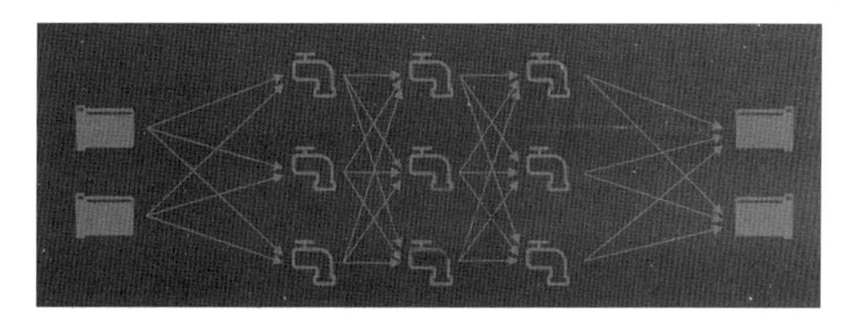

图 1-8　深度学习假设模型

那么，计算机该如何使用这个庞大的水管网络来识字呢?

当计算机看到一张写有“田”字的图片，就简单地将组成这张图片的所有数字（在计算机里，图片的每个颜色点都是用“0”和“1”组成的数字来表示的）全都变成信息的水流，从入口灌进水管网络。

我们预先在水管网络的每个出口都插一块字牌，对应每一个我们想让计算机认识的汉字。这时，因为输入的是“田”这个汉字，等水流流过整个水管网络，计算机就会跑到管道出口位置去看一看，是不是标记“田”字的管道出口流出来的水流最多。如果是这样，就说明这个管道网络符合要求；如果不是这样，就调节水管网络里的每一个流量调节阀，让“田”字出口“流出”的水最多。

显然，调节的过程是有一定方法的，不同的方法效率也不同，这对应的就是深度学习算法。

下一步，学习“申”字时，我们就用类似的方法，把每一张写有“申”字的图片变成一大堆数字组成的水流，灌进水管网络，看一看是不是写有“申”字的那个管道出口的水流最多，如果不是，还得再调整所有的阀门。这一次，既要保证刚才学过的“田”字不受影响，也要保证新的“申”字可以被正确处理。学习“申”字的效果如图 1-9 所示。

图 1-9　学习“申”字的效果

如此反复进行，直到所有汉字对应的水流都可以按照期望的方式流过整个水管网络。这时，我们就认为这个水管网络是一个训练好的深度学习模型了。当大量汉字被这个管道网络处理，所有阀门都调节到位后，整套水管网络就可以用来识别汉字了。

深度学习大致就是这么一个用人类的数学知识与计算机算法构建起来的整体架构，再结合尽可能多的训练数据，以及计算机的大规模运算能力去调节内部参数，尽可能逼近问题目标的半理论、半经验的建模方式。

3.人工智能、机器学习、深度学习的关系

人工智能是一个宏大的愿景，目标是让机器像我们人类一样思考和行动，既包括增强人类脑力的研究领域，也包括增强体力的研究领域。而学习只是实现人工智能的手段之一，并且只是增强人类脑力的方法之一。人工智能包含机器学习，而机器学习又包含了深度学习，它们三者之间的关系如图 1-10 所示。

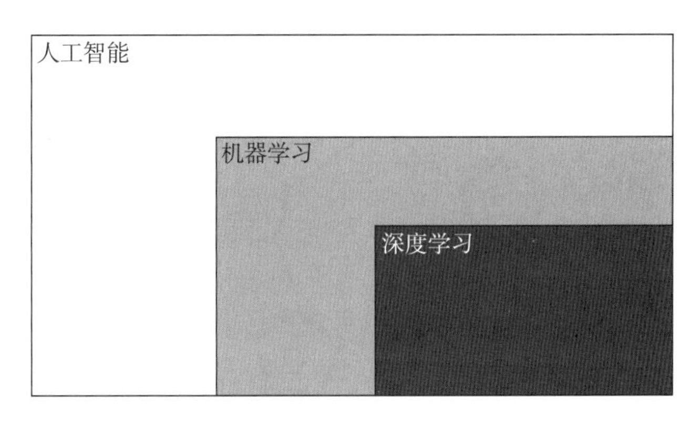

图 1-10 **人工智能、机器学习、深度学习的关系**

一般来说，机器学习往往需要人工提取特征，这一过程称为特征工程（Feature Engine）。人工提取特征在部分应用场景中可以较为容易地完成，但是在一部分应用场景中却难以完成，比如图像识别、语音识别等场景。自然而然地，我们希望机器能够从样本数据中自动地学习，自动地发现样本数据中的“特征”，从而能够自动地完成样本数据分类。这便是深度学习的意义。经典的机器学习过程和深度学习过程如图 1-11 所示。

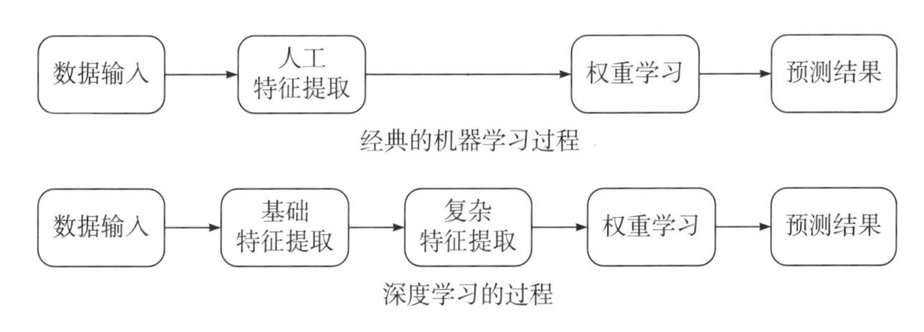

图 1-11 **经典的机器学习过程和深度学习过程**

可以这样说，正是深度学习的出现，才有了人工智能发展的可能。

1.4.5 大数据

大数据是指无法在一定时间范围内，用常规软件工具进行捕捉、管理和处理的数据集合，是需要新的处理模式才能具有更强的决策力、洞察发现力和流程优化能力的海量、高增长率和多样化的信息资产。

从技术上看，大数据与云计算就像一枚硬币的正反面一样密不可分。大数据无法用单台计算机进行处理，必须采用分布式架构。对海量数据进行分布式数据挖掘时，必须依托云计算的分布式处理、分布式数据库和云存储、虚拟化技术。

大数据主要具有 5V 特征：大体量（Volume）、高速（Velocity）、多样化（Variety）、真实性（Veracity）、低价值密度（Value），如图 1-12 所示。

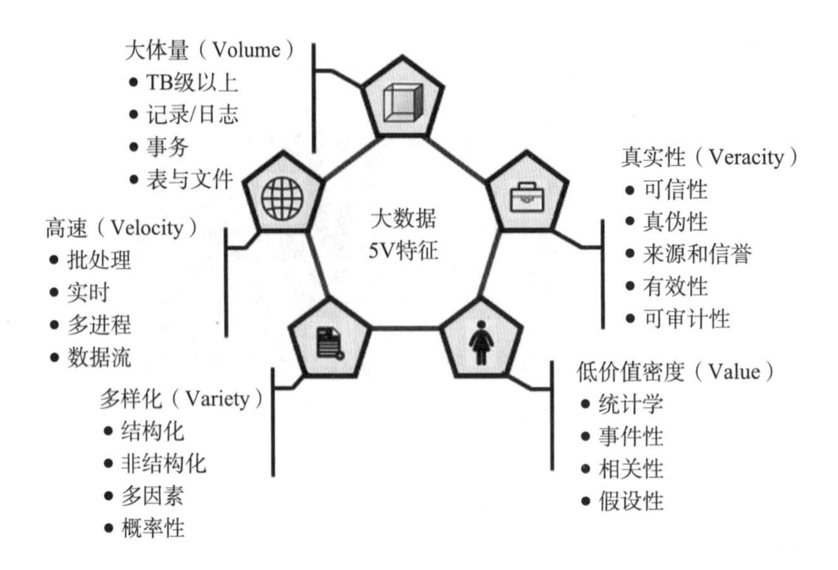

图 1-12　**大数据的特征**

大数据不仅是一次技术革命，同时也是一次思维革命。大数据时代最大的转变就是思维方式的 5 种转变：全面而非抽样、效率而非精确、相关而非因果、以数据为中心，以及“我为人人，人人为我”。

大数据无处不在，包括电商、医疗、餐饮、电信、能源、体育和娱乐等在内的社会各行各业都已经融入大数据的印迹。在电商领域，商家借助大数据通过对客户的订单信息进行分类整理，根据客户的购买习惯、年龄、喜好、地域等进行产品推荐，进行个性化的页面展示；还可以根据以往数据，来决定库存数量和物流资源的动态调整。医疗行业借助于对大量患者、病情、病症等详细数据统计，不仅有助于患者的治疗，还有助于将治疗数据整理为治疗方案帮助后续的患者精准治疗。可以预见，当数据足够多、足够丰富后，看病难、治病难的问题将会得到巨大的缓解。

城市的人口越来越多，衣食住行等方方面面都成为需要重点考虑的问题。当然，还有极端天气等带来的影响。想要应对这些难题，大数据似乎成了唯一的解决方法。无论是租房、住房、交通、路灯、天气等方面，大数据都能够给出合理的解决方案。

日常生活中，人们往往将具有相同特征的人群进行统一归纳，如“跑步达人”“环保卫士”……也因为有了这样的标签，构成了群体“用户画像”的一部分。对于移动互联网来说，用户画像在产品设计、个性化运营、精准营销等众多环节担任着关键角色。

下面通过用户典型画像的方式体现大数据的行业应用。

用户画像是建立在一系列真实数据之上的目标群体的用户模型，即根据用户的属性及行为特征，抽象出相对应的标签，拟合成虚拟画像。构建用户画像流程主要包括以下步骤。

（1）明确目的。要了解构建用户画像期望达到什么样的运营或营销效果，从而在标签体系构建时对数据深度、广度及时效性方面做出规划，确保底层设计科学合理。

（2）数据采集。在采集数据时，需要考虑多种维度，如行业数据、全用户总体数据、用户属性数据、用户行为数据、用户成长数据等，并通过行业调研、用户访谈、用户信息填写及问卷、平台前台后台数据收集等方式获得。

（3）数据清洗。一般来说，数据清洗是指发现不准确、不完整或不合理的数据，并对这些数据进行修补或移除以提高数据质量的过程。数据清洗框架一般由定义错误类型，搜索并标识错误实例，改正错误，文档记录错误实例、错误类型，修改数据录入程序5个步骤构成。

（4）特征工程。特征工程能够将原始数据转化为特征，是转化与结构化的工作。在这个步骤中，需要剔除数据中的异常值（如电商APP中，用户用秒杀的手段以几分钱的价格获得一部手机，但用户日常购物的单价都在千元以上），并将数据标准化和判断的标签标准化。

（5）数据标签化。在这一步将得到的数据映射到构建的标签中，并将用户的多种特征组合到一起。标签的选择直接影响最终画像的丰富度与准确度。例如，可以从用户标签、消费标签、行为标签和内容分析4个维度对电商平台的用户进行标签划分。

（6）生成画像。数据在模型中运行后，最终生成的画像可以进行可视化展示，如图1-13所示。对于APP来说，用户画像并非是一成不变的，因而模型需要具有一定灵活性，可根据用户的动态行为修正与调整画像。

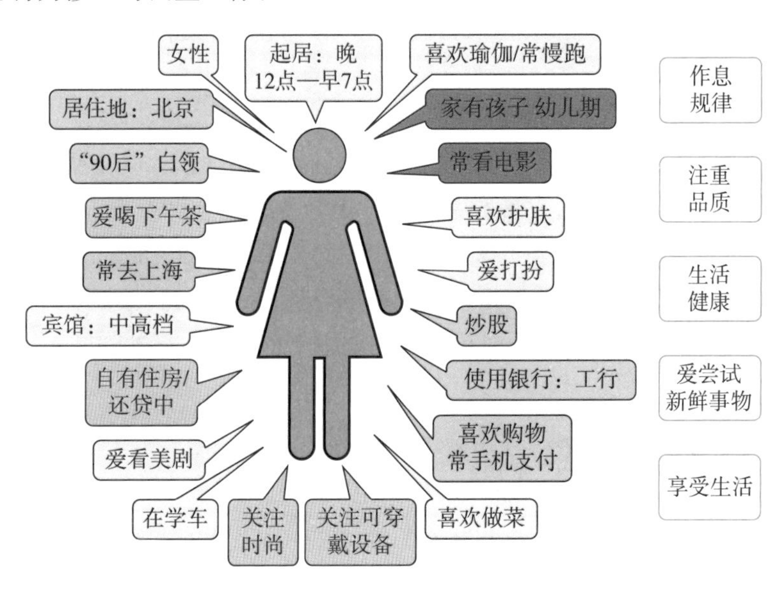

图1-13 **用户画像**

大数据的发展也推动了人工智能发展，从日常生活中人脸识别的广泛应用，到街上行驶的无人驾驶汽车，再到工厂内相互配合的机器人……类似的智能场景在生产生活中并不少见。作为数字经济时代的重要基础设施、关键技术、先导产业以及赋能引擎，人工智能（AI）已在自动驾驶、智慧城市等领域广泛应用，成为提高生活质量、推动产业优化升级的重要驱动力。

1.大数据、大模型、大算力推动人工智能发展

当前人工智能已发展到大模型时代，出现了ChatGPT、文心一言等大模型产品。大模型是一个智能载体，智能来自海量的数据。计算机具有超强算力，能够从海量的数据中提炼出智能模型。加上人工智能算法的进步，能够训练出智能水平比较高的模型。

出现自然语言生成的AI产品的根本原因在于大数据、大模型、大算力发生了“化学反应”。通过计算的手段可以把人类语言以一种可计算的数字方式建立联系，让其相互作用，从而产生更加复杂的行为，这就产生了一系列AI产品。AIGC（人工智能技术生成内容）降低了制作成本和进入门槛，提高了生产效率和产品质量，提升了产品的多样化和个性化。

当前，云计算有了长足发展，不仅是单台服务器的计算能力突飞猛进，而且可以把成千上万的服务器有效地连接起来，组成一个超级计算机，为模型的发展提供了坚实基础。此外，模型本身越来越复杂，在一定程度上能捕捉很多知识细节。模型训练的范式也发生了变化，可以通过自监督学习的方式，从海量数据里自动进行数据标注，为人工智能在更多场景的应用发展提供了可能性。

2.共建开源开放生态让人工智能更普惠

近年来，我国人工智能产业在技术创新、产业生态、融合应用等方面取得了积极进展。根据中国信通院的数据，2022 年我国人工智能核心产业规模达 5080 亿元，同比增长 18%。

未来智能时代，整个社会构造是一套智力基础设施，成千上万的企业在不同的环节给公众提供服务。构造这样的基础设施和智力服务，需要多方共同努力建设开源、开放的大模型技术体系，让更多人的聪明才智以开放的方式汇聚在一起，推动智能社会更快到来。

3.人工智能赋能经济社会高质量发展

近年来，数字经济领跑作用不断显现，人工智能成为稳增长、促转型的重要引擎。2023 年的政府工作报告提出，要大力发展数字经济，提升常态化监管水平，支持平台经济发展。可以预见，作为数字经济时代的重要基础设施、关键技术、先导产业以及赋能引擎，人工智能将在“十四五”期间为我国产业转型升级和数字经济发展提供核心驱动力。作为当代大学生，了解和应用人工智能已成为紧跟时代发展的重中之重。

1.4.6 5G 和 6G 通信技术

第五代移动通信技术（5th Generation Mobile Communication Technology，5G）是一种具有高速率、低时延和大连接特点的新一代宽带移动通信技术，5G 通信设施是实现人机物互联的网络基础设施。

国际电信联盟（ITU）定义了 5G 的三大类应用场景，即增强移动宽带（eMBB）、超高可靠低时延通信（uRLLC）和机器类通信（mMTC）。增强移动宽带主要面向移动互联网流量爆炸式增长，为移动互联网用户提供更加极致的应用体验；超高可靠低时延通信主要面向工业控制、远程医疗、自动驾驶等对时延和可靠性具有极高要求的垂直行业应用需求；机器类通信主要面向智慧城市、智能家居、环境监测等以传感和数据采集为目标的应用需求。

从 2020 年开始，许多国家开始采用 5G 技术，中国同样加速 5G 网络建设，为物联网、大数据和更高速的移动宽带应用拓展新空间。华为是全球领先的信息和通信技术（ICT）解决方案提供商，在 5G 技术领域作出了突出贡献。根据相关数据，华为在过去的十年中投入了至少 40 亿美元用于 5G 技术研究，这使得华为在 5G 领域的技术和专利方面具有强大的竞争力。华为在 5G 领域拥有众多核心专利。华为 Massive MIMO（多用户多输入多输出）和高频毫米波技术也在基站设备中得到广泛应用，显著提升了网络质量和传输速率。总之，华为在 5G 技术研发、专利贡献、基站设备生产、终端设备创新、国际合作，以及行业应用方面作出了重大贡献，成为全球 5G 技术的领跑者之一，这也是我国首次在全球化移动互联网发展中开始处于领先地位的标志性事件之一。

2024年1月19日，国务院新闻办就2023年工业和信息化发展情况举行发布会，截至2023年底，我国5G基站总数达337.7万个，网络底座进一步夯实，网络应用不断丰富。

2024年1月，工业和信息化部等七个部门发布关于推动未来产业创新发展的实施意见。其中提出，强化新型基础设施。深入推进5G、算力基础设施、工业互联网、物联网、车联网、千兆光网等建设，前瞻布局6G、卫星互联网、手机直连卫星等关键技术研究，构建高速泛在、集成互联、智能绿色、安全高效的新型数字基础设施。

6G将在传输速率、时延、覆盖范围、智能性等方面带来革命性的提升。我国政府高度重视6G技术研究，已制定系列政策和规划来鼓励和支持相关研究。2019年，我国正式启动了6G研究，建立了多个专门的研究团队和政策协调机构，组织各界专家共同探讨未来网络发展方向。

多家中国科技巨头如华为、中兴、联想和小米等，在6G技术研究领域也发挥着重要作用。这些企业投入巨资进行自主研发，并与国内外院校、研究机构建立紧密合作，力求取得突破性成果。政府和企业在科研和教育领域共同努力，培养下一代通信领域的顶尖人才。例如，加强产学研合作，鼓励创新型人才投身于6G技术领域研究，为中国6G时代的发展提供有力的人才支持。

元宇宙世界

2021年，Roblox以元宇宙理念成功在纽交所上市，同年，Facebook公司宣布成立元宇宙子公司，并将公司更名为Meta，元宇宙（Metaverse）成为全球科技巨头追逐的焦点。在国内，腾讯、网易、字节跳动等互联网大厂已悉数入局元宇宙赛道。

2023年初，工信部提出将前瞻布局未来产业，加快布局元宇宙等前沿领域。2023年3月，北京市科学技术委员会（简称“市科委”）等部门联合印发《关于推动北京互联网3.0产业创新发展的工作方案（2023—2025年）》，提出推动北京率先建成具有国际影响力的互联网3.0科技创新和产业发展高地。北京市通州区、石景山区也相继印发相关文件，构建互联网3.0产业发展体系。

2023年6月，上海市科委发布《上海市“元宇宙”关键技术攻关行动方案（2023—2025年）》，提出了以沉浸式技术和Web 3.0技术为两大主攻方向，加快推进元宇宙关键技术攻关突破。合肥、武汉、杭州、成都、青岛、广州等地政府相继布局元宇宙，各地主要从新一代互联网、数字经济、未来产业等视角编制元宇宙发展政策。

那么什么是元宇宙呢？

元宇宙象征着一个永恒且去中心化的在线三维虚拟世界，它以实时且持久的方式承载着各种事件和互动。尽管对于“元宇宙”仍无统一的定义，但一般认为它是指通过虚拟增强现实技术构建的基于未来互联网的3D空间，这个空间具备互联、感知、共享、融合、持久等特征。许多人认为元宇宙将成为互联网的下一次重大革新，然而，各方对于元宇宙的最终形态尚未达成明确的共识。目前，公认的元宇宙核心属性如图1-14所示。

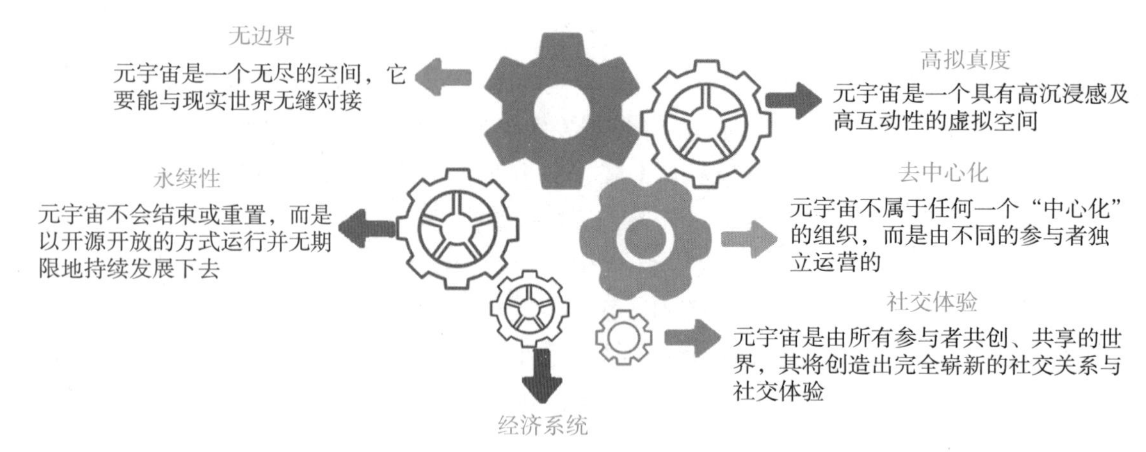

图 1-14　**元宇宙核心属性**

元宇宙不是某项“新的技术”，而是现有技术（如区块链、虚拟现实、宽带通信、人工智能等）发展到一定阶段后的“新的组织聚合方式”，并由此衍生出的互联网新业态。与当前互联网业务相比，元宇宙具备一些关键特征，包括 3D 沉浸式用户体验、实时永续的网络访问、多重互操作性等。

拓展实践

利用AIGC相关工具制作短视频

随着人工智能技术的持续进化和AI大模型的迅速落地，AIGC（AI-Generated Content，人工智能生成内容）作为其中的一种技术手段，正在展现出自身的多维特性。通过训练好的神经网络模型，AIGC可以自动化地生成各种形式的内容，如文章、视频、音乐等。这种技术的应用，既可以提高生产效率，又可以降低制作成本，可以为我们的日常学习和生活提供帮助。

下面请结合多个AIGC工具，以“科技强国”为主题，制作一个30s的短视频。

提示：

（1）利用“文心一言”生成视频脚本，对于脚本可根据需要做多轮对话，调整为自己需要的格式。

（2）利用“剪映”或“一帧秒创”的文生视频模式，将之前生成的视频脚本制作短视频。

（3）其中有些视频画面可能不符合我们的要求，可以利用“美图AI”或“文心一格”生成需要的图片素材。

（4）利用“剪映”替换图片素材完善之前制作的短视频。

第2章 探秘计算机

2023 年 2 月，中共中央、国务院印发的《数字中国建设整体布局规划》提出，建设数字中国是数字时代推进中国式现代化的重要引擎。数字产业化是数字经济发展的核心动能。提倡推动数字技术和实体经济深度融合，在农业、工业、医疗、教育等重点领域加快数字技术创新应用。作为数字中国的基础之一，计算机及其相关软硬件的突破和发展至关重要。

中国计算机产业从一穷二白发展到今天，经历了 70 多年的发展历史，其中的酸甜苦辣只有参与的科研人员才明白。正如曹雪芹在《红楼梦》中所言："满纸荒唐言，一把辛酸泪，都云作者痴，谁解其中味？"

面对国外的技术封锁，我们从1953 年华罗庚建立的中国第一个电子计算机科研小组，到 2000 年的"曙光 2000-II"，到 2016 年首次完全用"中国芯"制造的"神威 · 太湖之光"夺得全世界运算速度第一名，再到 2023 年量子计算原型机"九章三号"的问世，我们的科学家艰苦奋斗、披荆斩棘，突破了一个个技术难题。当前，我们在高性能芯片、操作系统等基础领域和世界先进水平仍存在差距，这也是我们新一代大学生努力奋斗的方向。

本章将从计算机的起源与发展出发，介绍计算机的组成、结构、工作原理、软硬件系统等知识，重点从计算思维的角度讲解计算的本质，为我们今后的学习和生活提供帮助，最后对操作系统的功能和应用进行说明，关于操作系统的具体使用将在实训手册中讲解。

知识目标

1. 了解计算机的发展历史和我国所取得的成就。
2. 掌握计算机的分类和应用领域。
3. 掌握计算机的体系结构和工作原理。
4. 熟悉操作系统的功能和应用。
5. 了解国产操作系统发展和面临的困境。

能力目标

1. 对计算机的软硬件有基本的认识，能够处理常见的计算机故障。
2. 能够安装和使用操作系统。

素质目标

1. 从计算机的发展中体会科技自立自强的意义，树立科技强国的意识。
2. 从计算机的计算过程中体会计算思维的应用，养成用计算思维解决实际问题的习惯。

2.1 计算机概述

长期以来，人类的文明史就像一部工具进化史。人类借助计算机，把自己从单调重复、复杂枯燥的思维活动中解放出来。展望我们正处于的计算时代和未来的计算时代，人的思维将借助计算工具的发展，无处不在地开创和融入更智能、更自主的新世界。

2.1.1 计算机的起源与发展历程

1.原始计算技术

最初，人类用手指、石子和木棍等随处可得的东西作为记数和计算的工具。

1）结绳计数法

在我国古代的甲骨文中，数学的“数”，它的右边表示一只右手，左边则表示一根打了许多绳结的木棍。这是因为那时的人们采取结绳计数法统计每个人每天打了多少猎物，结绳计数法如图 2-1 所示。

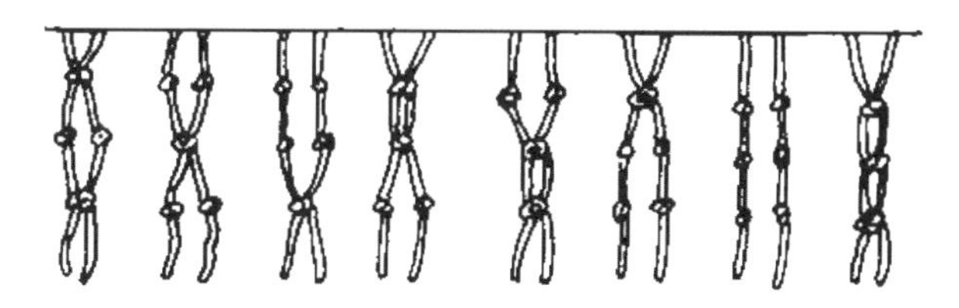

图 2-1 结绳计数法

2）算筹

据《汉书 · 律历志》记载：算筹是圆形竹棍，它长 23.86 cm、横截面直径是 0.23 cm，“运筹帷幄中，决策千里外”中所说的“筹”，就是指算筹。在计算的时候摆成纵式和横式两种数字，按照纵横相间的原则表示自然数。算筹及其计数方法如图 2-2 所示。

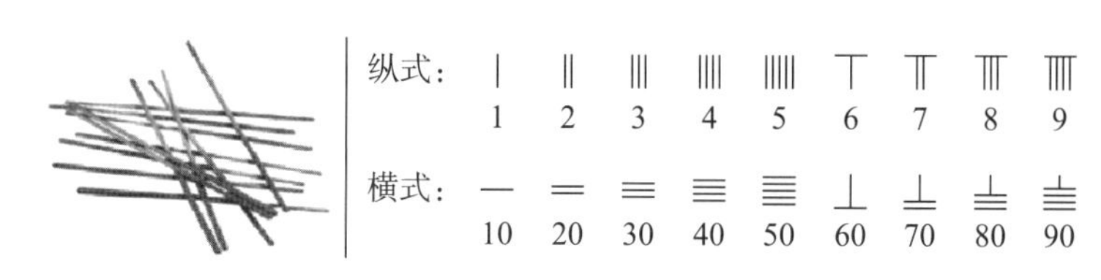

图 2-2 算筹及其计数方法

3）算盘

算盘结合了十进制计数法和一整套计算口诀，使用起来非常方便，一直沿用至今。珠算被称为我国“第五大发明”，在人类计算工具史上具有重要的地位。

20 世纪 60 年代，在“两弹一星”的研制过程中，我国由于缺少电子计算机的支持，就大量使用了算盘进行计算。

4）计算尺

计算尺在欧洲广泛使用，在科学和工程计算中，曾占据统治地位，辉煌了三百余年。第二次世界大战中，需要进行快速计算的轰炸者和航行者经常使用专用计算尺。美国海军的一个办公室设计了一个通用计算尺“底盘”，它由一个铝主体和塑料游标组成，可以把塑料卡片（两面印刷）插到里面以进行特定的计算。计算尺可用于计算射程、燃料使用情况和飞行高度等，也可用于其他目的。

2.机械计算技术

伴随着大工业生产的出现，诞生了机械式计算机。第一台实际制造出来能做加、减法的“计算机”的发明者是法国数学家帕斯卡。他的机器完成于1642年。这台计算机能做8以内的加、减法。机器由系列齿轮组成，外壳用黄铜材料制作，是一个长约50.8 cm、宽约10.2 cm、高约7.6 cm的长方体盒子，面板上有一列显示数字的小窗口，旋紧发条后才能转动，需要用专用的铁笔来拨动转轮以输入数字，如图2-3所示。

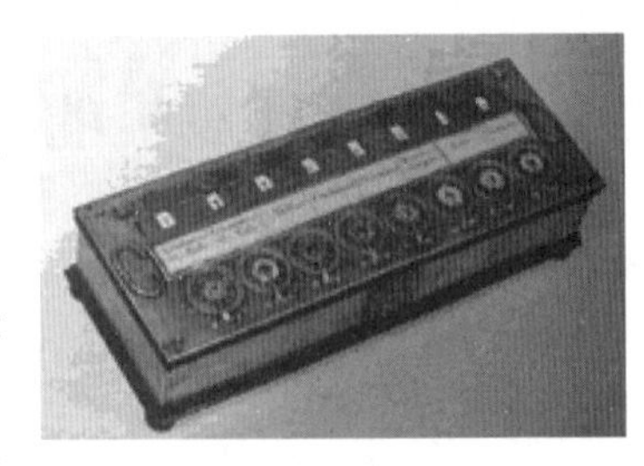
图2-3　帕斯卡发明的计算机

1674年，德国数学家莱布尼兹（Leibniz）发明了乘法器，这是第一台可以运行完整四则运算的计算机。机器长100 cm、宽30 cm、高25 cm，主要由不动的计数器和可动的定位机构两部分组成，整个机器由一套齿轮系统传动，如图2-4所示。

图2-4　莱布尼兹发明的乘法器

3.机电计算技术

进入19世纪后，人类对自然界中的电磁现象进行着探索和研究，并且掌握了电能和各种能量之间的转化技术。人们开始用电力代替人力作为计算机的动力。1890年，第一台电动制表机是由美国人赫尔曼·霍勒里斯（Herman Hollerrith）制成。1991年，根据英国剑桥大学数学家查尔斯·巴贝奇提出的带有程序控制的完全自动的计算机的设想，并以蒸汽机为动力，驱动大量的齿轮机构运转，伦敦科学博物馆制作了“差分机”。巴贝奇后期设计的分析机除了“程序内存”外，已经具备现代计算机的主要特点。差分机和分析机模型如图2-5所示。

图 2-5 差分机和分析机模型

4.电子计算技术

随着社会的发展，人们对计算速度的要求越来越高，要提高计算机的速度，关键是要有高速的运算部件。于是真空电子管和半导体晶体管开始应用于计算机。计算机进入电子计算机时代。本书之后出现的计算机均指电子计算机。

1）计算机的诞生

1946 年 2 月，世界上第一台现代电子数字计算机 ENIAC（Electronic Numerical Integrator And Computer，电子数字积分计算机）在美国宾夕法尼亚大学莫尔学院研制成功，被美国国防部用来进行弹道计算，如图 2-6 所示。ENIAC 是个庞然大物，使用了 18000 个电子管，70000 个电阻器，有 500 万个焊接点，耗电 160 千瓦，运算速度为 5000 次 / 秒，总重量 30 吨，采用十进制进行计算。ENIAC 的问世，标志着电子计算机时代的开始。

同一时期，著名数学家冯 • 诺依曼（见图 2-7）及其同事建造了电子离散变量自动计算机（Electronic Discrete variable Automatic Computer ，EDVAC)，其体系结构具有长期记忆程序、数据、中间结果及运算最终结果的能力；能够完成各种算术和逻辑运算，具有数据传送能力；能够根据需要控制程序的走向，以及根据指令控制计算机各部件协调工作；能够按照要求将处理结果输出给用户。这种体系结构与现代计算机的结构基本一致，故人们将现代电子计算机称为冯 • 诺依曼结构计算机，称冯 • 诺依曼为“现代电子计算机之父”。

图 2-6 世界上第一台电子计算机 ENIAC

图 2-7 冯 • 诺依曼

2）计算机发展历史

根据计算机使用电子元器件的不同，计算机的发展大致分为四代，如表 2-1 所示。

表 2-1　电子计算机发展的各个阶段

类别	起止年份	主要元器件	速度（次/秒）	代表机型	应用
第一代	1946—1957年	电子管	5千~1万	ENIAC、EDVAC	科学和工程计算
第二代	1958—1964年	晶体管	几万~几十万	TRADIC、IBM 1401	数据处理、事务管理、工业控制领域
第三代	1965—1970年	中小规模集成电路	几十万~几百万	PDP-8、PDP-11系列机、VAX-11系列机	拓展到文字处理、企业管理、自动控制等方面
第四代	1971—至今	大规模和超大规模集成电路	几千万~数十亿	IBM PC、Pentium系列、Core系列、APPLE iMac G5	广泛应用于社会生活的各个领域

1965 年，戈登·摩尔（Intel 公司的创始人之一）提出了著名的“摩尔定律”。摩尔预言：当价格不变时，集成电路上可容纳的元器件的数目，约每隔 18~24 个月便会增加一倍，性能也将提升一倍。不过随着晶体管的集成度越来越高，晶体管数量的翻倍速度已经变成每 2~3 年，同时在集成电路上放置更多的晶体管需要更小的尺寸和更高的能量密度，这可能会导致电路的稳定性和可靠性问题。因此，科学家们开始寻找新的发展方向，如生物计算机、量子计算机等。

时代印记

中国计算机的开端

中国是一个具有悠久历史的文明古国，在计算方法和计算工具方面曾处于世界领先地位。例如：商代发明的十进制计数法领先世界 1000 多年；周朝发明了算筹；中国是较早发明算盘的国家之一，采用相当于“软件”的口诀作为控制指令来操作算盘珠进行计算的珠算法，使中国的算盘独具一格，堪称“手工计算机”。

1949 年新中国刚成立时，计算机学科、计算机专业人才、计算机研制均为空白。这时，大批海外科学家和留学生回国为新中国的建设助力。其中就包括我国计算机事业的奠基人、著名数学家华罗庚，他对我国计算机事业做出了巨大贡献。

1952 年，华罗庚担任中国科学院数学研究所所长（以下简称“数学所”），他提出设立当时还是空白的计算数学方向，并开始酝酿计算机研究方向。

1953 年 1 月，华罗庚从清华大学调来闵乃大、夏培肃、王传英，在数学所成立了我国最早的计算机研究团队——计算机组，闵乃大任组长。

1953 年 3 月，闵乃大执笔写出了我国第一个《电子计算机研究的设想和规划》。4 月，计算机组大胆提出要制造一台电子管串行计算机，这拉开了我国研制计算机的序幕。

1956 年是我国计算机发展史上的一个重要里程碑。周恩来总理亲自主持制定了第一个科技发展规划，即《1956—1967 年科学技术发展远景规划纲要》，将“计算技术的建立”列为 57 项重大科技任务之一，并将电子计算机确定为电子计算机、半导体、无线电学和自动化技术四大紧急措施之首。

1958 年，我国研制成功第一台通用数字电子计算机 103 机，这标志着我国第一台现代电子计算机的诞生。

1964 年 11 月，我国研制成功第一台晶体管通用电子计算机 441-B 机。441-B 机是在当时外部条件十分困难的情况下使用国产半导体元器件研制的。1965 年又研制成功我国第一台大型晶体管通用数字计算机 109 乙机，广泛应用于国民经济和国防部门。

为服务“两弹一星”工程，在 109 乙机的基础上，1967 年又推出在技术上更加先进、更加成熟的 109 丙机。这台机器服务国防事业长达 15 年，为我国核武器研制做出了卓越贡献，被誉为“功勋计算机”。

计算机的基础认知与发展

计算机问世之初主要被用于数值计算。但随着计算机技术的迅速发展，它的应用范围已扩展到自动控制、信息处理、智能模拟等各个领域。这基于计算机具有的一些共性特点和不同分类，下面简要介绍计算机的特点和分类。

1.计算机的特点

（1）运行速度快，计算能力强。运算速度是指计算机每秒能执行的指令条数，一般用 MIPS（Million Instructions Per Second，百万条指令 / 秒）来描述，它是衡量计算机性能的重要指标。例如，主频为 2 GHz 的 Pentium 4 微机的运算速度为每秒 40 亿次，即 4000 MIPS。

（2）计算精度高，数据准确度高。计算机的可靠性很高，差错率极低。在一般的科学计算中，经常会算到小数点后几百位或者更多。2011 年，日本计算机奇才近藤茂利用家中计算机将圆周率计算到小数点后 10 万亿位，刷新了去年 8 月由他自己创下的 5 万亿位吉尼斯世界纪录。

（3）超强的记忆力。计算机的存储器类似于人的大脑，能够记忆大量的信息。它能够存储数据和程序，并进行数据处理和计算，保存计算的结果。存储器不但能够存储大量的信息，而且能够快速准确地存入或取出这些信息。

（4）超强的逻辑判断能力。逻辑判断是计算机的一个基本能力，借助于逻辑运算，计算机可以分析命题是否成立。例如，近代三大数学难题之一的“四色问题”，在 1976 年，两位美国数学家凭借计算机“不畏重复、不惧枯燥、快速高效”的优势证明了四色问题。

（5）自动化程度高，通用性强。计算机具有存储能力，人们可以将指令预先输入其中。工作开始后，计算机从存储单元中依次取出指令以控制流程，从而实现了操作的自动化。通用性是计算机能够应用于各种领域的基础。任何复杂的任务都可以分解为大量的基本的算术运算和逻辑操作，计算机程序员可以把这些基本的运算和操作按照一定规则写成一系列操作指令，将运算所需要的数据形成适当的程序，就可以完成各种任务。

讨论

除了鼠标外，我们还可以通过哪些方式与计算机进行交互？

（6）支持人机交互。计算机具有多种输入输出设备，搭配上适当的软件后，可以很方便地与用户进行交互。以广泛使用的鼠标为例，当用户手握鼠标，只需将手指轻轻一点，计算机便随之完成某种操作，真可谓“得心应手”。

2.计算机的分类

计算机的分类方法较多，根据处理对象、用途和规模不同可有不同的分类方法。

（1）按处理对象划分，计算机可分为模拟计算机、数字计算机和混合计算机。

模拟计算机是指专用于处理连续的电压、温度、速度等模拟数据的计算机。其特点是参与运算的数值由不间断的连续量表示，其运算过程是连续的。由于受元器件质量影响，其计算精度较低，应用范围较窄。

数字计算机是指处理数字数据的计算机。其特点是数据处理的输入、输出都是数字量，参与运算的数值由非连续的数字量表示，具有逻辑判断等功能。数字计算机是以近似人类大脑的“思维”方式进行工作，所以又被称为“电脑”。

混合计算机是指将模拟技术与数字计算灵活结合的电子计算机。输入和输出既可以是数字数据也可以是模拟数据。

（2）按用途划分，计算机分为专用计算机和通用计算机。

专用计算机用于解决某一特定方面的问题，配有为解决某一特定问题而专门开发的软件和硬件，主要在某些专业范围内应用。控制轧钢过程、计算导弹弹道的计算机都属于专用计算机。专用计算机针对某类问题能显示出最有效、最快速、最经济的特性，但其适应性较差，不适于其他方面的应用。

通用计算机是指用于一般科学计算、工程设计和数据处理等领域的计算机，即通常所说的计算机，主要应用于商业、工业、政府机构和家庭个人。

（3）按规模划分，计算机分为超级计算机、大型机、小型机和微型机。

超级计算机也称巨型机，是目前运算速度最快、容量最大、体积最大、处理能力最强的计算机，通常由数百、数千甚至更多的处理器组成，主要用于战略武器开发、空间技术、石油勘探、天气预报等高精尖领域，是彰显综合国力的重要标志。我国自行研制的超级计算机“天河二号”的持续计算速度为 3.386×10^{16} 次 / 秒，在 2014 年 11 月 17 日公布的全球超级计算机 500 强榜单中，“天河二号”以比第二名美国“泰坦”快近一倍的速度连续第四次获得冠军。在 2017 年 11 月 13 日公布的新一期全球超级计算机 500 强榜单中，使用中国自主芯片制造的“神威 · 太湖之光”（见图 2-8）以 9.3×10^{16} 次 / 秒的浮点运算速度超过“天河二号”夺冠。2023 年 11 月公布的全球超级计算机 500 强榜单中，中国占据了 162 台，比欧洲多 31 台、比美国多 36 台，在数量上位居世界第一。值得注意的是，这些数据是建立在中国 2020 年开始已停止向全球超级计算机 500 强榜单委员会提交最先进的超算系统信息的基础上的，这也是近几年中国相关数据有所降低的原因。

图 2-8 “神威 • 太湖之光”超级计算机

大型机具有极强的综合处理能力和极大的性能覆盖面，一般用于大型事务处理系统。主要应用于政府部门、银行、大型公司的中央主机。现代大型计算机并非主要通过每秒运算次数 MIPS 来衡量性能，而是以可靠性、安全性、向后兼容性和极其高效的 I/O 性能来衡量。主机通常强调大规模的数据输入输出，着重强调数据的吞吐量。

小型机是指采用 8~32 位处理器，性能和价格介于微型机和大型机之间的一种高性能 64 位计算机。相对于大型机而言，小型机的软件、硬件系统规模比较小，但价格低、可靠性高、操作灵活方便，便于维护和使用，非常适合于中小企事业单位使用。

微型机简称微机，又称个人计算机，是应用最普及、产量最大的机型，其体积小、功耗低、成本少、灵活性大、性价比高。广泛应用于个人用户，是目前使用最广的机型。微机按结构和性能可划分为单片机、单板机、个人计算机（Personal Computer，简写 PC，包括台式机、一体机、笔记本计算机和平板计算机)、工作站和服务器等。工作站是一种高端的通用微型计算机，以个人计算机和分布式网络计算为基础，主要面向专业应用领域，具备强大的数据运算与图形、图像处理能力，是为满足工程设计、动画制作、科学研究、软件开发、金融管理、信息服务、模拟仿真等专业领域而设计开发的高性能计算机。服务器是为客户端计算机提供各种服务的高性能的计算机，其高性能主要表现在高速的运算能力、长时间的可靠运行、强大的外部数据吞吐能力等方面。

3.计算机的应用领域

计算机的应用领域已渗透到社会的各行各业，正在改变着传统的工作、学习和生活方式，推动着社会的发展。计算机的主要应用领域如下。

（1）科学计算，是指完成科学研究和工程技术中数学问题的过程。科学计算是计算机最早的应用领域。主要应用于航天、军事、气象等领域。

（2）信息处理，是指对各种原始数据进行收集、存储、整理、分类、加工、利用和传播等活动。据统计，世界上 80% 以上的计算机主要用于数据处理。办公自动化、情报检索、图书管理、人口统计、银行业务都属于该范畴。

（3）计算机辅助系统，是指利用计算机自动或半自动地完成相关的工作，包括计算机辅助设计（Computer Aided Design，CAD)、计算机辅助制造（Computer Aided Manufacturing，CAM)、计算机辅助教学（Computer Aided Instruction，CAI)、计算机辅助工程（Computer Aided Engineering，CAE)、计算机辅助质量管理（Computer Aided Quality，CAQ）等。

（4）自动控制，是指及时采集检测数据，按最优值迅速地对受控对象进行自动控制。该领域涉及的范围很广，如工业、交通运输的自动控制，对导弹、人造卫星的跟踪与控制等。

（5）多媒体应用，是指利用计算机对文本、图形、图像、声音、动画、视频等多种信息进行综合处理，建立逻辑关系和人机交互作用。目前，多媒体技术在知识学习、电子图书、视频会议中得到了极大地应用。

（6）网络通信，是指利用计算机技术、网络技术和远程通信技术，使人际交流跨越空间限制。新闻浏览、信息检索、收发电子邮件、电子商务等都属于该范畴。

（7）人工智能（Artificial Intelligence，AI），是指研究使用计算机来模拟人的某些思维过程和智能行为（如学习、推理、思考、规划等）的学科。在当前的人工智能时代，算力已是最宝贵和重要的国家资源之一，而算力离不开计算机的支持。

（8）虚拟现实，是一种可以创建和体验虚拟世界的计算机仿真系统。它利用计算机生成一种模拟环境，是一种多源信息融合的、交互式的三维动态视景和实体行为的仿真系统，使用户沉浸到该环境中。虚拟现实在医学、娱乐、航天、设计、文物古迹、游戏、教育等领域得到了广泛应用。

4.计算机的发展趋势

未来的计算机将实现超高速、超小型、并行处理和智能化，具有感知、思考、判断、学习以及一定的自然语言能力。

一方面，计算机将向巨型化、微型化、网络化、智能化的方向发展。

（1）巨型化。巨型化是指计算机的运算速度更高、存储容量更大、功能更强。

（2）微型化。随着超大规模集成电路和微电子技术的发展，计算机的体积趋于微型化。现在笔记本计算机、掌上计算机、智能手机已广泛应用于人们的生活中。

（3）网络化。计算机网络是计算机技术和通信技术相结合的产物，现代信息社会将世界上各个地区的计算机连接起来，形成一个规模巨大、功能强大的计算机网络，使信息得以快速高效地传递。

> **讨论**
> 你见过哪些智能化在计算机上的体现?

（4）智能化。计算机智能化就是要求计算机能模拟人的感觉和思维能力，这也是第五代计算机要实现的目标。智能化的研究领域很多，其中最有代表性的领域是专家系统和机器人。

另一方面，在新技术的支持下，计算机将突破传统计算机的形式，呈现出更令人振奋的趋势。

（1）量子计算。量子计算作为一项颠覆性的技术，有望在解决某些特定问题上展现出巨大的优势。量子比特的并行计算特性，使得在一些复杂问题的求解中速度可能大幅提升。

（2）生物计算。生物计算将借鉴生物系统的结构和运作原理，设计出更高效、能耗更低的计算系统。生物计算可能成为未来绿色计算的一个重要方向。

（3）混合现实与增强现实。混合现实（MR）与增强现实（AR）技术有望在未来改变人机交互方式，为用户提供更丰富、沉浸式的体验。从智能眼镜到虚拟现实头盔，这些设备将进一步融入我们的日常生活。

2.2 计算机组成原理

计算机已经融入我们日常生活的各个方面，那么计算机究竟是由哪些部件组成的？是如何工作的呢？

2.2.1 计算机的组成与结构

计算机种类繁多、用途各异，但无论这些计算机的功能有多强大，在使用过程中仅靠计算机是不能完成工作的。完整的计算机系统由 4 部分组成：硬件、软件、数据与用户，如图 2-9 所示。硬件是构成计算机系统的设备实体，它包括运算器、控制器、存储器、输入设备和输出设备 5 大部件；软件是各类程序和文件，它包括系统软件和应用软件；数据是计算机能够处理的各种信息；用户就是计算机系统的使用者。

硬件是计算机的“躯壳”，软件是计算机的“灵魂”，硬件只有通过软件才能发挥其应有的作用；而数据是计算机要加工处理的对象，没有数据，计算机也就无法工作；用户是整个计算机系统的关键组成部分，负责安装软件、运行程序、管理文件、维护系统等工作，扮演了多种角色。因此，这 4 部分是相互渗透、相互依存、相互配合、相互促进的关系，缺一不可，共同构成了计算机系统的整体。

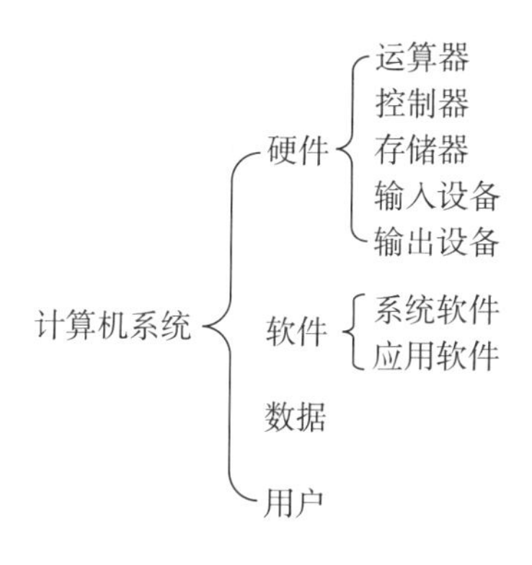

图 2-9 计算机系统的组成

2.2.2 计算机的工作原理

要讨论计算机的工作原理，就离不开图灵机。如果说冯·诺依曼结构是计算机的骨架，那么图灵机就是计算机的灵魂，在此之后的计算机发展都是在丰满血肉罢了。有趣的是，图灵机本来不是为了计算机提出的，而是为了解决希尔伯特在数学上的终极之问——数学是万能的吗？图灵机给出了否定的回答，也恰好框定了计算机的能力边界：

（1）数学能解决的问题，计算机就能解决。数学解决不了的，计算机也无能为力；

（2）数学不是万能的，所以计算机也不是万能的。

1.图灵机的工作原理

艾伦·麦席森·图灵（Alan Turing）是英国著名的数学家和逻辑学家，被称为“计算机科学之父”“人工智能之父”，是计算理论的奠基者，提出了“图灵机”和“图灵测试”等重要概念。人们为纪念其在计算机领域的卓越贡献而设立了“图灵奖”。

图灵认真观察、分析和研究人类自身如何运用纸和笔等工具进行数学计算的全过程，把该过程大致描述如下：

（1）根据计算需求在纸上写下相应的公式或符号；

（2）根据眼睛所观察到的纸上的符号，在脑中思考相应的计算方法；

（3）用笔在纸上写上或擦去一些符号；

（4）改变自己的视线，又会有新的发现；

（5）重复第（2）步，如此继续，直到认为计算结束为止。

基于此，图灵于1936年发明了图灵机，它由以下几个部分组成：一条无限长的纸带，一个读写头以及一个可控制读写头工作的控制器，如图2-10所示。

图2-10　图灵机实体模型

图灵机的纸带被划分为一系列均匀的方格，每个方格中可填写一个符号。读写头可以沿纸带方向左右移动（一次只能移动一格）或停留在原地（也可以理解成读写头固定不动，纸带在移动），并可以在当前方格上进行读写。控制器是一个有限状态自动机，它拥有预定的有限个互不相同的状态并能根据输入改变自身的状态（即从一种状态转换成另一种状态）。但任何时候它只能处于这些状态中的一种。控制器还可控制读写头左右移动并读写。抽象的图灵机理论模型如图2-11所示。

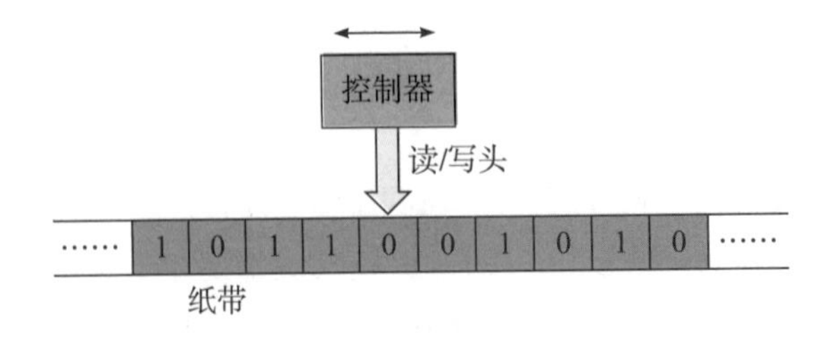

图2-11　抽象的图灵机理论模型

尽管纸带可以无限长，但写进纸带方格里面的符号不可能无限多，通常是一个有穷的字母表，可设为{C_0，C_1，C_2，…，C_n}。控制器的状态有若干种，可用集合{Q_0，Q_1，…，Q_m}来表示。控制器的状态也就是图灵机的状态，通常将图灵机的初始状态设为Q_0，在每一个具体的图灵机中还要确定一个结束状态 Q′ 。

仔细体会一下，我们平时用笔在纸上做乘法运算的过程，跟一台图灵机的运转是非常相似的——在每个时刻，我们只将注意力集中在一个地方，根据已经读到的信息移动笔尖，在纸上写下符号；而指示我们写什么、怎么写的，则是早已背好的乘法表，以及简单的加法。如果将一个用纸笔做乘法的人看成一台图灵机，纸带就是用于记录的纸张，读写头就是这个人和他手上的笔，读写头的状态就是大脑的精神状态，而状态转移表则是用笔做乘法运算的规则，包括乘法表、列算式的方法等等。

正如图灵本人所言："一个有纸、笔、橡皮擦并且坚持严格的行为准则的人，实质上就是一台通用图灵机。"

仅从模型来说，图灵机并不复杂，但其计算能力很强。理论上，现代电子计算机能进行的计算，图灵机都能做到；反过来却不一定。事实上，现代计算机的核心模型（见图 2-12）与图灵机几乎一模一样。

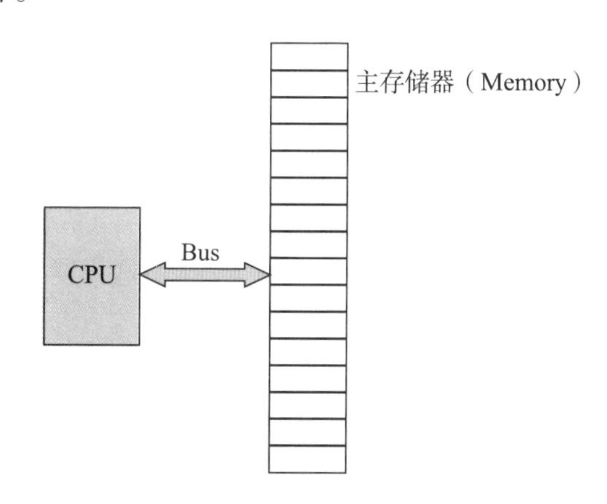

图 2-12 **现代计算机的核心模型**

2.冯・诺依曼机工作原理

图灵机的出现为现代计算机的发明提供了重要的思想。在图灵等人工作的影响下 ,1946 年 6 月，冯・诺依曼及其同事完成了《电子计算机装置逻辑结构初探》的研究报告，具体介绍了制造电子计算机和程序设计的新思想，确定了现代存储程序式电子数字计算机的基本结构与工作原理。

冯・诺依曼体系结构的计算机可以概括为以下 3 个方面。

（1）计算机硬件系统由运算器、存储器、控制器、输入设备、输出设备 5 大部件组成。5 大部件的关系如图 2-13 所示。

（2）采用二进制形式表示数据和指令。

（3）在执行程序和处理数据时必须将程序和数据从外存储器装入主存储器中，然后才能使计算机在工作时能够自动地从存储器中取出指令并加以执行。

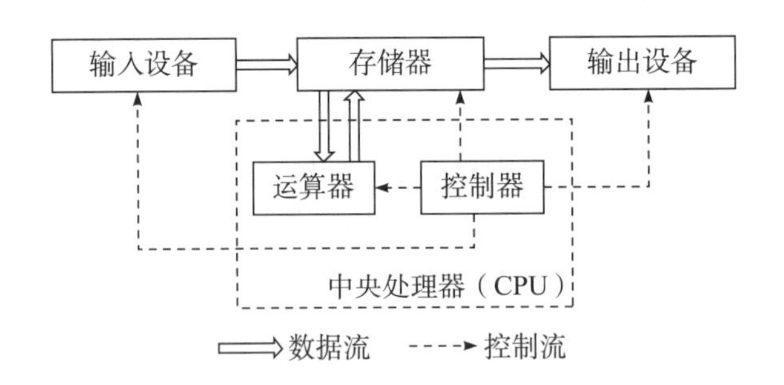

图 2-13　**计算机 5 大部件的关系**

指令是计算机能够识别和执行的一些基本操作，通常包含操作码和操作数两部分。操作码规定计算机要执行的基本操作类型，如加法、减法、乘法、除法等操作；操作数告诉计算机哪些数据参与操作。计算机系统中所有指令的集合称为计算机的指令系统。每种计算机都有一套自己的指令系统，它规定了计算机所能完成的全部基本操作。

计算机在运行时，先从内存中取出第一条指令，通过控制器的译码，按指令的要求，从存储器中取出数据进行指定的运算和逻辑操作等加工，然后再按地址把结果送到内存中去。接下来，再取出第二条指令，在控制器的指挥下完成规定操作。重复执行，直至遇到停止指令。程序与数据一样存取，按程序编排的顺序，一步一步地取出指令。自动完成指令规定的操作是计算机最基本的工作原理，这一原理最初是由冯・诺依曼于 1945 年提出来的，故称为冯・诺依曼原理。冯・诺依曼体系结构的计算机的工作原理可以概括为八个字：存储程序、程序控制。

程序是由若干条指令构成的指令序列。计算机运行程序时，就是顺序执行程序中所包含的指令，不断重复“取出指令、分析指令、执行指令”的过程，直到构成程序的所有指令全部执行完毕，就完成了程序的运行，实现了相应的功能。

2.2.3 计算机的软硬件系统

我们对计算机的组成和工作原理做了介绍，那么具体到一台计算机上是怎么体现的呢？下面我们以日常生活中常见的台式计算机为例，对计算机的软硬件系统进行说明。

1.硬件系统

我们已经知道计算机硬件系统由运算器、存储器、控制器、输入设备、输出设备 5 大部件组成，而具体到台式计算机，其硬件系统可以分为主机、输入设备、输出设备 3 大部分，如图 2-14 所示。

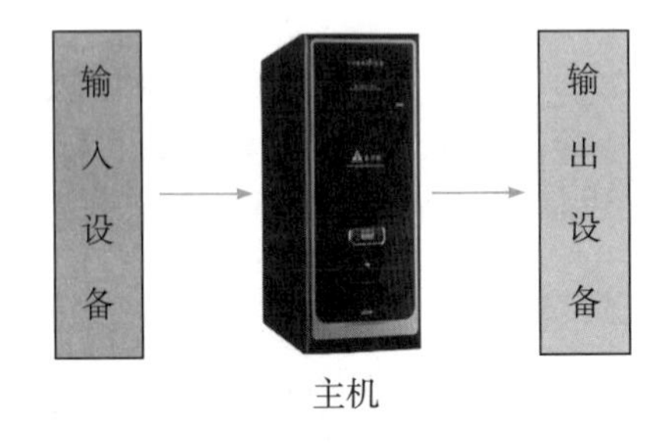

图 2-14　**台式计算机的硬件系统**

主机内部包括CPU、主板、内存条、硬盘等，其中硬盘也可以放在主机外部。主机内的核心部件如图2-15所示。

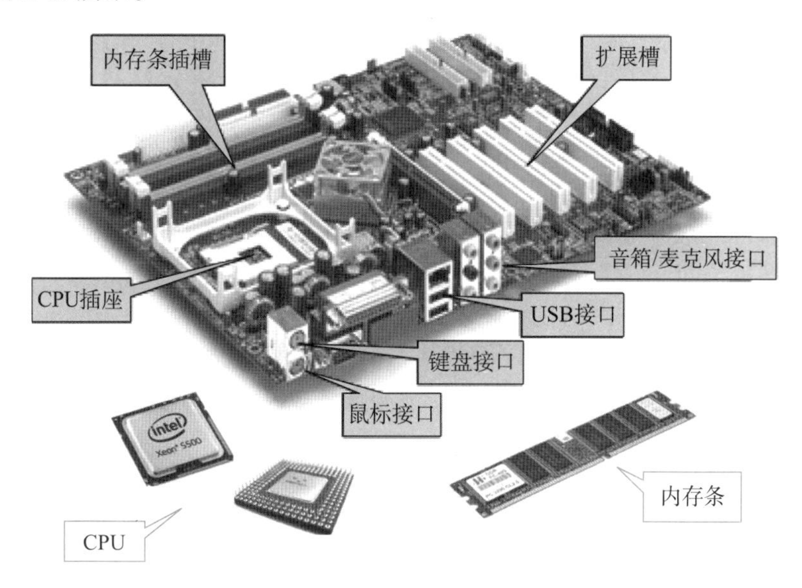

图2-15 主机内的核心部件

1）中央处理器

中央处理器（CPU）由运算器（Arithmetic and Logic Unit，ALU）和控制器（Control Unit）构成。

运算器是执行各种算术运算、关系运算和逻辑运算的部件，又称算术逻辑单元，它包括寄存器、执行部件和控制电路3部分。操作时，控制器控制运算器从存储器中取出数据，进行算术或逻辑运算，并把处理后的结果送回到存储器，或者暂时存放在运算器中的寄存器里。

控制器的主要作用就是使得整个计算机能自动地执行程序，并控制计算机各个功能部件协调一致地工作。执行程序时，控制器先从存储器中按照特定的顺序取出指令，解释该指令并取出相关的数据，然后向其他功能部件发出执行该指令的所需要的时序控制信号，然后再从存储器中取出下一条指令执行，依次循环，直至程序执行结束。计算机自动工作的过程就是逐条执行程序中各条指令的过程。

中央处理器负责对输入信息进行各种处理，能高速执行指令完成二进制数据的算术运算、逻辑运算和数据传送操作。它直接影响计算机的整体性能，被称为计算机的心脏。

CPU有频率、核心、线程、缓存大小、架构、制程、功耗、接口等参数，其中架构、核心、线程、频率很大程度上决定了CPU的性能。

架构是CPU的硬件架构，是CPU内部硬件电路的结构，用来实现指令集所规定的操作运算。指令集决定了处理器的架构。在PC端主要使用的是x86处理器，而移动端主要使用的是ARM处理器。国产龙芯3A6000处理器（见图2-16）采用的是龙芯自主指令系统龙架构（LoongArch）。

图 2-16 **龙芯 3A6000 处理器**

核心是执行处理和计算指令的基本单位。线程是指能处理任务的数量，1 核心 1 线程就相当于一个普通的厨师，5 分钟炒一盘菜，而 1 核心 2 线程，就相当于是一个熟练的厨师，他充分发挥一下能力，可以 8 分钟炒两盘菜，但理想状态下，效率还是比不上两个普通厨师。

CPU 的主频 = 外频 × 倍频，外频是 CPU 乃至整个计算机系统的基准频率，是 CPU 与主板之间同步运行的速度。外频速度越高，CPU 就可以同时接收越多来自外围设备的数据，从而使整个系统的速度进一步提高。主频的比较是建立在其他条件基本相同的情况下来讨论的，比如，一台手机或许有 2.5 GHz 的频率，而 PC 的频率是 2.0 GHz，但并不代表这台手机的 CPU 性能比 PC 的还好。因为核心数、缓存、架构等参数完全不一样。只有在架构、核心数相同的情况下，比较频率才有意义。

缓存是 CPU 自己的“内存”，用来放暂时处理不及的东西，缓存越大，CPU 就可以越少访问内存，相对处理速度就越快。制程通常有 7 nm、5 nm 等，同样数量不同大小的晶体管，更小的制程意味着更低的功耗和发热。其他相关参数此处不再详细介绍，读者可自行了解。

科技强国

近年来，我国信息产业发展面临“卡脖子”的困境，企业发展屡遭限制，“缺芯少魂”的局面给信息产业的发展带来了较大影响。

2023 年 11 月 28 日，我国自主研发的新一代通用 CPU——龙芯 3A6000 在北京正式发布。这标志着国产 CPU 在自主可控程度与产品性能上达到新高度，也证明我国有能力在自研 CPU 架构上做出一流产品。

此次发布的龙芯 3A6000，采用我国自主设计的指令系统和架构，无需依赖国外授权技术，是我国自主研发、自主可控的新一代通用处理器，可运行多种类的跨平台应用，满足多类大型复杂桌面应用场景。

中国电子技术标准化研究院赛西实验室测试结果显示，龙芯 3A6000 处理器总体性能与英特尔 2020 年上市的第 10 代酷睿四核处理器相当。

龙芯 3A6000 的自主可控程度在国产通用 CPU 中首屈一指。围绕完全自主设计的指令系统龙架构，龙芯不仅推出了自研的 CPU 内核，其内部集成的 GPU 内核、加减密 IP、高速传输接口 IP、存储接口 IP、音视频接口 IP、UART 等其他接口 IP，以及各种规格的寄存器堆等硬核 IP 也均为自研。

具有完全自主、技术先进、兼容生态等特点的龙架构目前已建成与 X86、ARM 并列的 Linux 基础软件体系，得到与指令系统相关的主要国际软件开源社区的支持，得到国内统信、麒麟、欧拉、龙蜥、开源鸿蒙等操作系统，以及 WPS、微信、QQ、钉钉、腾讯会议等基础应用的支持。

2）存储器

存储器（Memory）是计算机中具有记忆功能的部件，负责存储程序和数据，并根据控制命令提供这些数据。存储器一般被分成很多存储单元，并按照一定的方式进行排列。每个单元都编了号，称为存储地址。指令在存储器中基本上是按执行顺序存储的，由指令计数器指明要执行的指令在存储器中的地址。

存储器分为主存储器和辅助存储器两大类。

主存储器简称主存或内存，在计算机工作时，整个处理过程中用到的数据都存放在内存中。一般我们说到的存储器，指的是计算机的内存。内存的容量一般比较小，存取速度快。内存又分为只读存储器（Read Only Memory，ROM）和随机存取存储器（Random Access Memory，RAM）。ROM 中的信息只能读出而不能随意写入，是厂家在制造时用特殊方法写入的，断电后其中的信息也不会丢失。RAM 允许随机地按任意指定地址的存储单元进行存取信息，在断电后 RAM 中的信息就会丢失。

辅助存储器简称辅存或外存，它是不能直接向中央处理器提供数据的存储设备。它主要用于同内存交换数据，即存放内存中难以容纳、但又是程序执行所需要的数据信息。常用作外存的有软盘、硬盘、光盘、U 盘，以及磁带等。外存的容量一般比较大，存储成本低，存取速度较慢。

就存储程序和数据来说，内存和外存在功能上是没有多大差异的，之所以区分“内”和“外”，与各自所处的位置以及与 CPU 的关系有关。内存和外存的相互联系、相互协作、相互弥补，共建了一个和谐、高效的存储系统。

计算机中处理的数据由 0 和 1 两个二进制位组成，称为比特（bit）。存储器中能够存放的最大的信息量称为存储容量，基本单位是字节（Byte），1 Byte = 8 bit。

存储容量是存储器的一项重要性能指标。存储器经常使用的单位有：千字节（KB）、兆字节（MB）、吉字节（GB）、太字节（TB）、拍字节（PB）、艾字节（EB）、皆字节（ZB）、佑字节（YB）等。它们之间的换算关系如下：

1 KB = 2^{10} B = 1024 B

1 MB = 2^{20} B = 1024 KB

1 GB = 2^{30} B = 1024 MB

1 TB = 2^{40} B = 1024 GB

1 PB = 2^{50} B = 1024 TB

1 EB = 2^{60} B = 1024 PB

1 ZB = 2^{70} B = 1024 EB

1 YB = 2^{80} B = 1024 ZB

除容量外，内存的参数还有频率、接口。内存的频率反映内存的工作速度，但我们都知道，内存是要和 CPU 交换数据的，而这个过程里，就有一个限制参数——带宽，它有一个计算公式：带宽 = 位宽 × 频率 /8。位宽就是一个时钟周期（比如说 1 s) 内所能传送数据的位数。接口主要看主板的内存插槽是第几代内存条的接口，不同代数的内存接口不一样，购买时需要注意。

外存是对内存的扩充，存储容量大，可以长期保存暂时不用的程序和数据，信息存储性价比高。常见的外存储器有以下几种。

（1）硬盘存储器：包括机械硬盘（见图 2-17）和固态硬盘（见图 2-18）。机械硬盘（Hard Disk Drive HDD）由硬盘片、硬盘驱动器和适配卡组成，是磁盘存储器的一个分类，可以用来临时、短期或长期保存各类信息。其特点是可读写、大容量、不便携带。硬盘存储器的原理是利用磁记录技术在涂有磁记录介质的旋转圆盘上进行数据存储。一个硬盘驱动器中包含多张盘片，每张盘片的上下两面都能记录信息。通常把磁盘表面称为记录面，每个记录面用一个磁头，每个记录面上一系列同心圆称为磁道，所有盘片上相同半径的一组磁道称为柱面，每个磁道分为若干个扇区。硬盘的容量由磁头数、柱面数、每个磁道的扇区数和每个扇区的字节数决定，即硬盘存储容量 = 磁头总数 × 柱面数 × 扇区数 ×512 字节。固态硬盘（Solid State Drive，SSD）是用固态电子存储芯片阵列制成的硬盘，由控制单元和存储单元以及缓存单元组成。区别于机械硬盘由磁盘、磁头等机械部件构成，整个固态硬盘结构无机械装置，全部由电子芯片及电路板组成。

图 2-17 **机械硬盘**

图 2-18 **固态硬盘**

（2）移动存储器：目前常用的移动存储器有移动硬盘、U 盘（见图 2-19）和存储卡（见图 2-20）。其中，移动硬盘将驱动装置和盘片一体化，增加了多级抗震功能，便于计算机之间交换大容量数据，具有容量大、传输速度高、使用方便、可靠性高等优点；U 盘和存储卡采用 FLASH ROM（闪存）制成，具有信息存取速度快、体积小、重量轻的特点。U 盘采用 USB 接口，几乎可以与所有计算机连接，支持热插拔。

图 2-19 U 盘

图 2-20 存储卡

（3）光盘存储器：由光盘驱动器和光盘片组成。光盘片采用激光材料将数据存放在一条由里向外的连续的螺旋轨道上。光盘存储数据的原理是通过在盘面上压制凹坑的方法来记录信息，凹坑的边缘处表示“1”，凹坑内和凹坑外的平坦部分表示“0”，信息的读出需要使用激光进行分辨和识别。按性能不同，光盘分为只读存储光盘（CD-ROM）、可记录光盘（CD-R）、可读写光盘（CD-RW）、只读存储数字多功能光盘（DVD-ROM）、数字多用途可记录光盘（DVD-R）、数字多用途可读写光盘（DVD-RW）、只读存储器蓝光光盘（BD-ROM）、可记录蓝光光盘（BD-R）、可读写蓝光光盘（BD-RW）等。

计算机中的各种内存储器和外存储器组成一个层状的塔式结构，如图 2-21 所示。它们相互取长补短，协调工作。

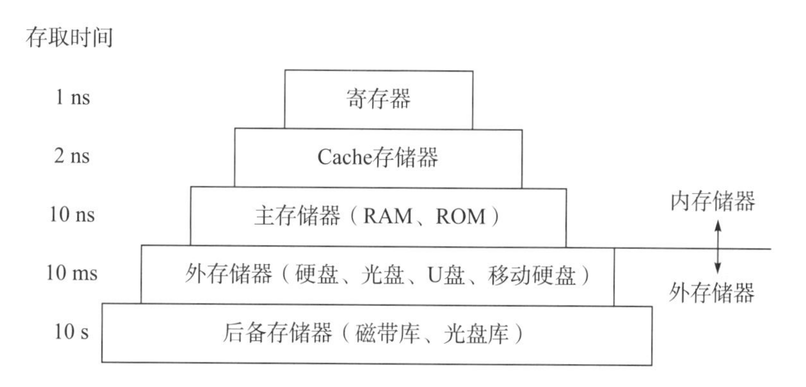

图 2-21 存储器的层次结构

3）输入与输出设备

输入设备（Input Device）能将数据、程序等用户信息变换为计算机能识别和处理的二进制信息形式输入计算机。常见的输入设备有键盘、鼠标、扫描仪、数码相机、卡片阅读机、数字化仪、光笔等。

输出设备（Output Device）能将计算机处理的结果（二进制信息）变换为用户所需要的信息形式输出。常见的输出设备有显示器、打印机、绘图仪等。

随着多媒体技术的发展，其他诸如发声器、触摸屏、声音识别器、图形图像识别器等输入、输出设备正在逐步普及。

4）主板

主板相当于计算机的躯干，其类型和档次决定着整个系统的类型和档次。计算机主机中的各个部件都是通过主板来连接的，计算机在正常运行时对系统内存、存储设备和其他 I/O 设备的操控都必须通过主板来完成。计算机性能是否能够充分发挥，硬件功能是否足够，以及硬件兼容性如何等，都取决于主板的设计。主板的优劣在某种程度上决定了一台计算机的整体性能、使用年限以及功能扩展能力。

芯片组是主板的核心部分，几乎决定了主板的性能。在传统的芯片组构成中，一直沿用南桥芯片与北桥芯片搭配的方式，北桥主要控制 CPU、内存、显卡等高速设备，南桥控制输入输出设备。

基本输入输出系统（Basic Input/Output System，BIOS）是只读存储器基本输入 / 输出系统的简写。BIOS 实际是一组被固化到计算机中，为计算机提供最低级、最直接的硬件控制程序，是连通软件程序和硬件设备之间的枢纽，其中存放着与主板匹配的一组基本输入 / 输出系统程序。

5）总线

总线（Bus）是计算机各种功能部件之间传送信息的公共通信干线。总线按功能和规范可以分为地址总线、数据总线、控制总线、扩展总线、局部总线 5 类；按照传送方式可以分为并行总线、串行总线和 USB 总线；按照连接部件可以分为内部总线和外部总线。

2.软件系统

软件系统可分为系统软件、支撑软件以及应用软件三类。三者的分类不是绝对的，相互之间有所覆盖、交叉和变动。它们既有分工，又相互结合，不能截然分开。

1）系统软件

系统软件是计算机厂家为实现计算机系统的管理、调度、监视和服务等功能而提供给用户使用的软件。它居于计算机系统中最靠近硬件的一层，与具体应用领域无关，但其他软件一般均要通过它才能发挥作用。系统软件的目的是方便用户，提高使用效率，扩充系统功能。系统软件一般包含操作系统、语言处理系统、数据库管理系统、分布式软件系统、网络软件系统、人机交互软件系统等。

讨论

你最常用的系统软件有哪些?

2）支撑软件

支撑软件又称软件工具，是支撑其他软件的开发与维护的软件，如软件开发环境。随着计算机科学技术的发展，软件开发和维护的成本在整个计算机系统中所占的比重越来越大，甚至远远超过硬件。

软件工具是 80 年代发展起来的，是系统软件和应用软件之间的支持软件，一般用来辅助和支持开发人员开发和维护应用软件。它是软件开发和维护过程中使用的程序。众多的软件工具组成了“工具箱”，包括需求分析工具、设计工具、编码工具、测试工具、维护工具和管理工具等。在软件开发的各个阶段，用户可以根据不同的需要，选择合适的工具来提高工作效率并改进软件产品的质量。

3）应用软件

应用软件是面向特定应用领域的专用软件，如人口普查、飞机订票系统等。应用软件可分为以下几类。

（1）用户程序。面向特定用户，为解决特定的具体问题而开发的软件。如火车售票系统就是用户程序。

（2）应用软件包。为实现某种功能或专门为某一应用目的而设计的软件。软件包种类繁多，每个应用计算机的行业都有适合于本行业的软件包，如计算机辅助设计软件包、统计学软件包、服装设计软件包、编辑排版软件包、财会管理软件包、实时控制软件包等。

（3）通用应用工具软件。用于开发应用软件所共同使用的基本工具软件。应用软件日趋标准化、模块化，已经形成解决各种典型问题的通用应用工具软件。如绘图软件 AutoCAD、电子表格软件 Excel、文字处理软件 Word 等都是典型的工具软件。

3.硬件和软件的关系

硬件和软件是一个完整的计算机系统互相依存的两大部分，它们的关系主要体现在以下几个方面。

1）硬件和软件互相依存

硬件是软件工作的物质基础，软件的正常工作是硬件发挥作用的唯一途径。要让计算机“动”起来，需要硬件与软件的共同工作。

软件与硬件是一对形影不离的孪生兄弟，离了谁也无法工作。如果两台计算机的硬件完全相同，使用了不同的软件，它们表现出的能力就不同。正如对同一台录音机，使用高质量的原版磁带和使用劣质的盗版磁带，收听效果会完全不同。反过来，如果硬件不同，那么它们容纳软件的能力也不同。就好像一台黑白电视机，无论如何也不能用来收看彩色电视节目。

人们把不装备任何软件的计算机称为硬件计算机或裸机。裸机由于不装备任何软件，只能运行机器语言程序，它的功能非常少，几乎做不了什么事情。普通用户接触的一般不是裸机，而是在裸机之上配置若干软件之后所构成的微机系统。有了软件，就把一台实实在在的物理机器变成了一台具有抽象概念的逻辑机器，从而使人们不必更多地了解机器本身就可以使用计算机，软件在计算机和使用者之间架起了桥梁。所以软件的重要作用是使计算机容易操作，能用更丰富的手段处理和表达信息。因此，计算机系统必须配备完善的软件系统才能正常工作，并充分发挥其硬件的各种功能。正因为如此，要使电子计算机发挥更强的能力，一方面要提高硬件的功能，另一方面要不断开发功能更多、性能更好的软件。

软件的主要任务是提高计算机的使用效率、发挥和扩大计算机的功效和用途，为用户使用计算机提供方便。裸机几乎没有任何作用，只有配备一定的软件，才能发挥其功效。软、硬件结合的统一整体才是一个完整的计算机系统。用户、软件和硬件的关系如图 2-22 所示。

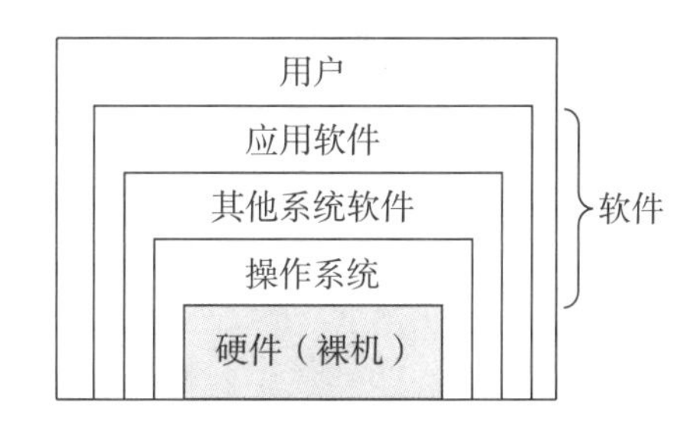

图 2-22 **用户、软件和硬件的关系**

2）硬件和软件相互转换

随着计算机技术的发展，在许多情况下，计算机的某些功能既可以由硬件实现，也可以由软件来实现。因此，硬件与软件在一定意义上说没有绝对严格的界线。

事实上，在计算机中几乎任何由软件实现的操作，都可以由硬件来实现，反之亦然。只不过由硬件实现的操作虽然速度更快，但缺乏软件实现的灵活性，且造价高。例如，一个逻辑表达式的逻辑运算，可以由数字逻辑电路来实现，也可以由程序来实现。软、硬件的这种特性，叫作逻辑等价性，这是特指在实现计算机指令和程序功能上的逻辑等价。

早期的经典显卡只包含简单的存储器和帧缓冲区，它们实际上只起了一个图形的存储和传递作用，一切操作都必须由 CPU 来控制。这对于处理文本和一些简单的图形来说是足够的，但是当要处理复杂场景，特别是一些具有真实感的三维场景时，单靠这种系统是难以完成任务的。所以后来发展的显卡都使用了具有图形处理功能的 GPU（Graphics Processing Unit，GPU）。GPU 又称显示核心、视觉处理器、显示芯片，是一种专门在个人计算机、工作站、游戏机和一些移动设备（如平板计算机、智能手机等）上做图像和图形相关运算工作的微处理器。它不单单存储图形，而且能完成大部分图形功能，这样就大大减轻了 CPU 的负担，提高了显示能力和显示速度。随着电子技术的发展，显卡技术含量越来越高，功能越来越强，许多专业的图形卡已经具有很强的 3D 处理能力（如几何转换和光照处理、立方环境材质贴图和顶点混合、纹理压缩和凹凸映射贴图、双重纹理四像素 256 位渲染引擎等），而且这些 3D 图形卡也渐渐地走进个人计算机。

另外，将程序固化在 ROM 中组成的部件称为固件。固件是一种具有软件特性的硬件，它具有硬件的快速性特点，又有软件的灵活性特点。这也是软件和硬件相互转化的典型事例。

3）硬件和软件协同发展

计算机软件随硬件技术的迅速发展而发展，而软件的不断发展与完善又促进硬件的更新，两者密切地交织发展，缺一不可。

由于要存储和处理的数据量越来越大，就需要更大容量的存储器；由于计算量越来越大、软件系统越来越复杂，要求硬件提供更强大的计算能力。在此背景下，硬件技术不断提高，日新月异。反过来，由于硬件的不断更新，又迫使软件不断地向前发展。比如，CPU 从 32 位发展到 64 位，相应的操作系统、编译器等软件，也都应该更新为 64 位的，否则就无法发挥硬件的潜能。

2.3 计算机操作系统

操作系统是计算机中最重要的系统软件，PC 端和手机端有不同的操作系统，各种中间设备中其实也有操作系统，如路由器系统。那么什么是操作系统呢？

2.3.1 操作系统概述

操作系统 (Operating System，OS) 是直接控制和管理计算机系统的硬件和软件资源，以方便用户充分而有效地利用计算机资源的程序集合。其基本目的有两个：一是操作系统要方便用户使用计算机，为用户提供一个清晰、整洁、易于使用的友好界面；二是操作系统应尽可能地使计算机系统中的各种资源得到合理而充分地利用。

我们日常中使用的 PC 上，安装着 Windows、MacOS 或者 Linux 等；手机上安装着的 Android、IOS 或者是正在兴起的国产鸿蒙操作系统；再具体到我们的生活中，智能电视、冰箱和家居等都安装着各式各样的操作系统，操作系统已经在我们身边生根发芽了，并且大家都习以为常，它们在无形中在帮助我们管理着设备上的硬件资源。

操作系统是直接控制硬件的系统软件，对于用户来说，用户直接操作应用，而应用再来调用语言处理程序或操作系统提供的接口来操作硬件，操作系统对于用户来说是透明的，如图 2-23 所示。

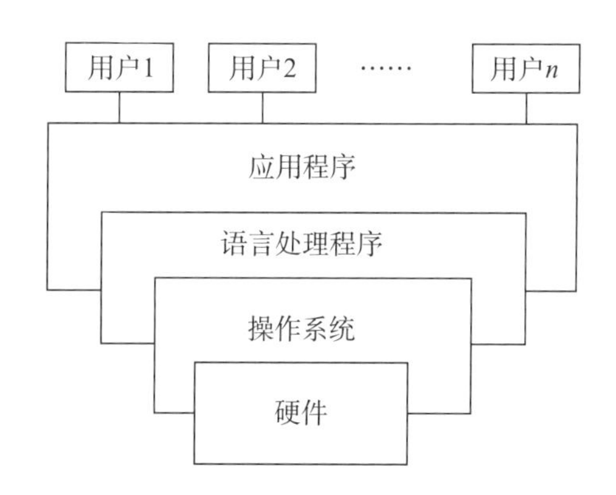

图 2-23 用户与操作系统的关系

2.3.2 操作系统的功能和特征

1.操作系统的功能

操作系统作为系统资源的管理者，要能够解决用户和应用软件提出的问题，完成相关指令操作，因此，操作系统需要具备如下功能。

1）处理器管理

处理器是完成运算和控制的设备。在多道程序运行时，每个程序都需要一个处理器，而一般计算机中只有一个处理器。操作系统的功能之一就是安排好处理器的使用权，也就是说，在每个时刻处理器分配给哪个程序使用是由操作系统决定的。

2）存储管理

计算机的内存中有成千上万个存储单元，都存放着程序和数据。何处存放哪个程序，何处存放哪个数据，都是由操作系统来统一安排与管理的。

3）设备管理

计算机系统中配有各种各样的外部设备。操作系统的设备管理功能采用统一管理模式，自动处理内存和设备间的数据传递，从而减轻用户为这些设备设计输入输出程序的负担。

4）文件管理

计算机系统中的程序或数据都要存放在相应存储介质上。为了便于管理，操作系统相关的信息集中在一起，称为文件。操作系统的文件管理功能就是负责文件的存储、检索、更新、保护和共享。

下面以用户打开QQ进行视频聊天的过程来说明操作系统的管理功能。

（1）在各个文件夹中找到QQ安装的位置，这是操作系统的文件管理。

（2）双击打开QQ.exe程序，操作系统将程序相关的数据放入内存，这是存储管理。

（3）QQ程序正常运行，操作系统将需要的QQ进程分配给处理器处理，这是处理器管理。

（4）开始和朋友视频聊天，此时操作系统需要将摄像头设备分配给进程，这是设备管理。

操作系统作为用户与计算机硬件之间的接口，要为其上层的用户、应用程序提供简单易用的服务，需要具备如下功能。

命令接口：允许用户直接使用。

程序接口：允许用户通过程序间接使用，可以在程序中进行系统调用来使用程序接口。普通用户不能直接使用程序接口，只能通过程序代码间接使用。

GUl（Graphical User Interface）：现代操作系统中流行的图形用户接口。

提示

并发与并行是两个概念，并行是指两个或多个事件在同一时刻同时发生。单核CPU同一时刻只能执行一个程序，各个程序只能并发地执行；多核CPU同一时刻可以同时执行多个程序，多个程序可以并行地执行。

2.操作系统的特征

操作系统具有并发、共享、虚拟、异步4大特征，其中并发和共享是最为基本的特征，二者互为存在条件。

1）并发

操作系统的并发性是指计算机系统中“同时”运行着多个程序，这些程序宏观上看是同时运行着的，而微观上看是交替运行的。

提示

如果失去并发性，则系统中只有一个程序正在运行，则共享性失去存在的意义；如果失去共享性，则QQ和微信不能同时访问硬盘资源，就无法实现同时发送文件，也就无法并发。所以说两者互为存在条件。

2）共享

共享即资源共享，是指系统中的资源可供内存中多个并发执行的进程共同使用。所谓的“同时”往往是宏观上的，而在微观上，这些进程可能交替地对资源进行访问，即分时共享。

例如，使用QQ发送文件A，同时使用微信发送文件B。宏观上看，两边都在同时读取并发送文件，说明两个进程都在访问硬盘资源，从中读取数据。微观上看，两个进程是交替着访问硬盘的。

3）虚拟

虚拟是指把一个物理上的实体变为若干个逻辑上的对应物。物理实体是实际存在的，而逻辑上的对应物则是用户感受到的。

4）异步

在多道程序环境下，允许多个程序并发执行，但由于资源有限，进程的执行不是一贯到底的，而是走走停停，以不可预知的速度向前推进，这就是进程的异步性。

如果失去了并发性，系统只能串行地运行各个程序，那么每个程序的执行会一贯到底。

只有系统拥有并发性，才有可能导致异步性。

2.3.3 操作系统的发展与分类

1.手工操作阶段

在 1945 年，世界上的第一台计算机 ENIAC 诞生了，此时，操作系统还未出现，对计算机的全部操作都是由用户采用人工操作的方式进行的（通过纸带将程序和数据输入到内存中）。因为是人工操作的，需要一个程序运行完成才可以再次装入另一个程序和数据，这样会存在以下两个缺点：用户独占主机；CPU 处理速度和人工输入速度不匹配。

2.批处理阶段——单道批处理系统

为了解决上述问题，20 世纪 50 年代出现了脱机 I/O 技术。该技术主要是采用缓冲区的概念，提前将一批作业在外围机的控制下输入到磁带上，当 CPU 需要这些程序和数据时，再从磁带上调入内存并执行。类似地，CPU 需要输出时，直接将内存高速地将数据写入到磁带上，之后在外围机的控制下将作业的运行结果输出。脱机 I/O 执行过程如图 2-24 所示。

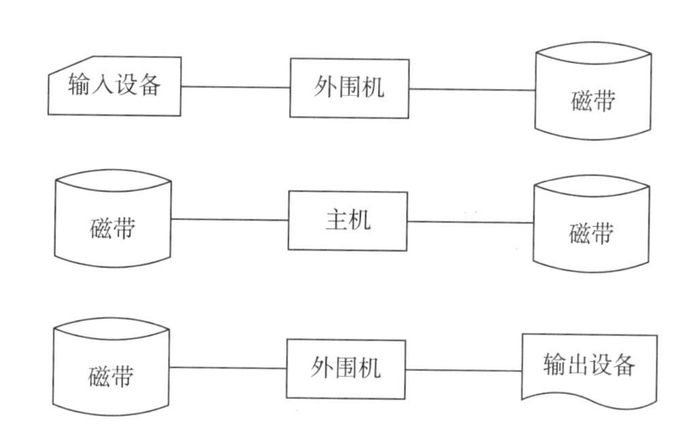

图 2-24 脱机 I/O 执行过程

为了进一步提高计算机中的资源利用率，可以尽量地保持系统的连续运行，开发人员在脱机 I/O 方式的基础上，增加了一个监督程序（Monitor），在它的控制下，在外围机控制下一次输入到系统中的这批作业可以一个接着一个地连续处理。这也就形成了单道批处理系统，其作业处理流程如图 2-25 所示。

思考

一个程序需要放入内存并给它分配CPU才能执行，假设我们的计算机是4 GB内存、单核CPU，很多程序同时运行需要的内存远大于4 GB，假设打开了6个应用软件，那么为什么它们还可以在我们的计算机上同时运行呢？

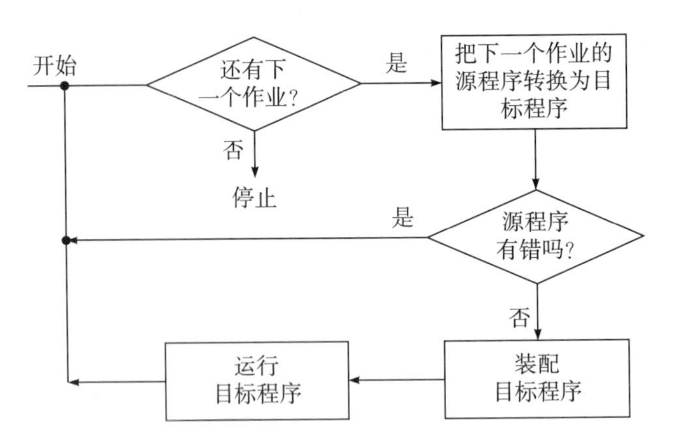

图 2-25　单道批处理系统的作业处理流程

但是在单道批处理系统中，系统中的资源还是得不到充分地利用。从图 2-26 中我们可以看到，如果程序在执行的过程中多次发生 I/O 请求，那么程序在等着 I/O 完成时就会一直占用着处理机，在这个阶段内，别的程序无法执行，这就造成了 t_2~t_3、t_6~t_7 时间间隔内 CPU 空闲。

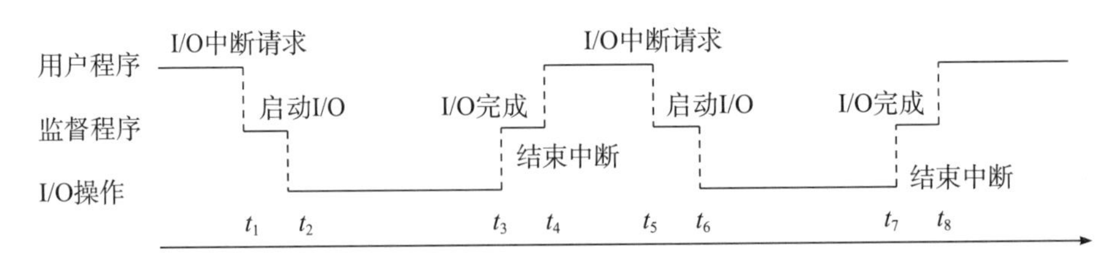

图 2-26　多次 I/O 请求的情况

3.批处理阶段——多道批处理系统

为了解决单道批处理系统中存在的问题，即为了进一步提高资源利用率和系统吞吐量，在 20 世纪 60 年代中期引入了多道程序设计技术，由此形成了多道批处理系统。多道批处理系统同一时刻允许多个作业在内存中并发地执行，使它们共享 CPU 和系统中的各种资源。并且为了保证程序并发执行的正确性，引入了进程的概念。图 2-27 是四道批处理系统中程序的运行情况。从图 2-27 中我们可以看到，在 A 发生 I/O 请求时，可以利用 CPU 的这段空档时间调度程序 B 执行，在同样的 B、C、D 发生 I/O 请求时，可以再去调度其他可执行的程序。

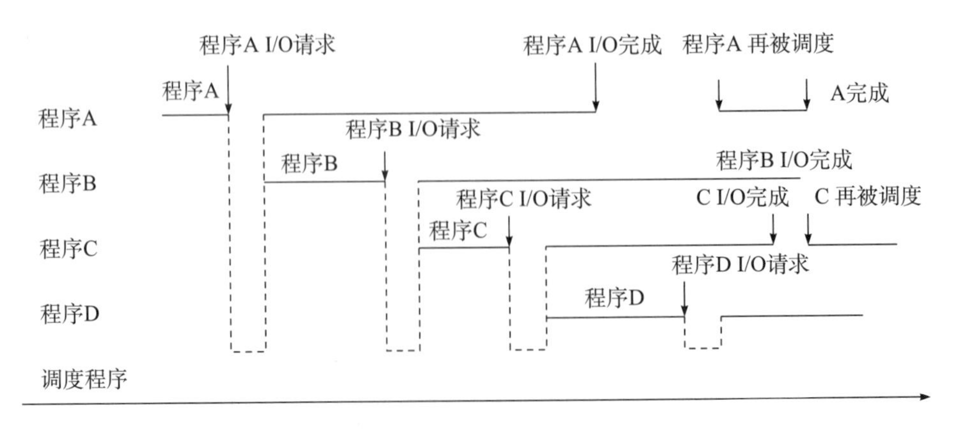

图 2-27　四道批处理系统中程序的运行情况

这种交替的执行程序，可以让CPU尽量少处于空闲状态，因此其系统资源利用率高、系统吞吐量大。但是因为其作业的交替执行，因而作业的平均周转时间长，并且无人机交互能力。

操作系统发展到多道批处理系统，系统中的资源利用率已经非常高了，后续操作系统的发展主要受特定的需求或者是硬件的升级换代而推动的，这些促使着操作系统可以满足新的需求，并且可以利用好更强大的硬件，提高系统的性能。

4.分时操作系统

为满足用户对人机交互、共享主机的需求，由此形成了一种新型的操作系统——分时操作系统。在20世纪60年代，因为计算机还是非常昂贵的，一台计算机需要供多个用户共享使用，每个用户在使用的过程中，都是希望处理机可以快速地处理自己的请求或作业，希望能够独占计算机，因此有了分时操作系统。一个主机连接了多个显示器和键盘的终端，每个用户以时间片轮转的形式获得主机的处理资源。

5.实时操作系统

实时操作系统是指系统能够及时地响应外部事件的请求，在规定的时间内完成对该事件的处理，并控制所有实时任务协调一致地运行。实时操作系统要求系统高度可靠，可以保证事件的及时处理，之后又衍生出很多实时系统的类型，包括工业（武器）控制系统、信息查询系统、多媒体系统和嵌入式系统。

6.其他操作系统

随着VLSI（超大规模集成电路）和计算机体系结构的发展，以及应用需求的不断扩大，操作系统也在不断地发展，并且产生了个人计算机操作系统、网络操作系统、分布式操作系统等。

个人计算机操作系统是配置在微型机上的系统，其主要目标是方便个人用户使用，可以分为单用户单任务操作系统，单用户多任务操作系统和多用户多任务操作系统，现在我们使用的都是多用户多任务系统，典型的Linux系统，允许多个用户同时登录。我们日常见到的Windows、Mac OS等是个人计算机操作系统。

网络操作系统是随着万维网的发展而形成的，要求网络操作系统不仅具有原有操作系统的单机处理功能，还需要向网络中的其他计算机提供网络通信和网络资源共享功能，并且为网络用户提供各种网络服务。UNIX、Linux、Windows Server等均是网络操作系统。

分布式操作系统是一种特殊的操作系统，本质上属于多机操作系统，是传统单机操作系统的发展和延伸。它是将一个计算机系统划分为多个独立的计算单元（也可称为节点），这些节点被部署到每台计算机上，然后被网络连接起来，并保持着持续的通信状态。在分布式操作系统中，每个节点既可以独立地像单机操作系统一样执行本地的计算任务，也可以相互组合起来，以分布协同的并行方式执行更大规模的计算任务，从而为用户提供更强的计算能力、更高的可扩展性和更好的冗余容错能力。

2.3.4 国产操作系统的发展

国产操作系统自“八五”攻关计划实施以来，已经走过三十多年。伴随着国家政策的支持、科研人员的努力、市场机会的扩大，国产操作系统逐渐壮大成熟。近几年来，国产操作系统迅速发展，涌现出 deepin、统信、麒麟等一众厂商，给国产操作系统市场带来了活力，也在不断影响着市场表现和竞争格局。在取得进步与突破的同时，国产操作系统仍面临诸多的发展挑战和瓶颈，想真正经过市场的应用验证，任重道远。

1.国产操作系统行业的发展背景

近年来，美国政府商务部通过“实体清单”持续对中国企业实施极限封锁和压力，遏制中国信息技术领域核心科技的发展，这更加凸显出关键技术国产化、自主创新发展的重要性和紧迫性，推动信息技术应用创新（以下简称“信创”）产业的加速发展和应用落地。同时，我国 IT 产业发展迅速，技术创新能力大幅提升，结构优化升级取得实质进展，呈现出整体产业由大向强转变的趋势，已经基本形成产业规模庞大、专业门类齐全的 IT 产业体系，所以目前我国已经具备信息技术自主可控、自立自强的基础。党的二十大强调，要巩固优势产业领先地位，在关系安全发展的领域加快补齐短板，提升战略性资源供应保障能力。信创产业以信息技术产业为根基，通过科技创新，构建国内信息技术产业生态体系，是实现我国高质量发展的重要抓手，为科技自立自强和建设数字中国提供基础保障。因此，信创已经全方面上升为国家战略，信创产业的核心是构建以 CPU 和操作系统为核心的安全自主且先进的生态体系。其中，国产操作系统作为“信创之魂”，在 IT 国产化中扮演着承上启下的重要作用。

国家在推进信创产业发展的过程中，颁布了一系列政策。政策牵引是信创产业得以持续发展的动力源，其中尤其重视核心技术和基础软硬件。

金融安全是国家安全的重要组成部分，我国金融市场的国产操作系统主要是以统信 UOS、麒麟、红旗等为代表。当前我国的金融行业信创已进入快速发展阶段，其中以银行业的推进速度最为突出，包括大型国有银行和地方银行等。从市场情况来看，各大国产厂商在信创背景下的市场份额都在不断突破。

2021 年 7 月，教育部等六大部门发布《关于推进教育新型基础设施建设构建高质量教育支撑体系的指导意见》指出，教育新型基础设施要充分考虑信息技术应用创新产业，加强可信安全在教育行业的应用，教育信创加速布局。教育信创进入起步阶段，统信、麒麟等国产操作系统开始在教育行业试点布局。

2.国产操作系统面临的挑战

国产操作系统不只是开发的技术问题，还有与之相关的一系列问题。下面从生态、技术、产品、用户、标准及人才 6 个视角出发进行分析。

1）生态视角

操作系统在 IT 产业中起到承上启下的作用，是连接上层软件应用及服务和下层硬件设备的纽带。但是目前国内生态系统呈现碎片化的布局，且缺失部分关键软件和硬件。对比国际操作系统霸主微软旗下的 Windows，由于 Windows 的高市场占有率（以下简称“市占率”）

以及已经形成规模化的软硬件生态，“马太效应”使得几乎所有的软硬件都会有适配 Windows 的版本。而国产操作系统市占率低，缺乏这样的生态号召力，因此目前国产操作系统适配的软硬件数量与 Windows 平台适配的软硬件数量差距悬殊，且生态呈碎片化。

国产操作系统市场分散，缺乏强大的核心企业引领技术和产品方向。由于国产操作系统基本是在 Linux 内核的基础上进行二次开发，技术门槛相对较低。近几年国家大力支持信创产业发展，使得中国参与开发操作系统的企业增加，涌现了诸如统信软件、麒麟信安、普华软件、中科方德、中兴通讯等企业。但是由于缺少如微软、苹果等核心企业来引领行业技术和产品的发展方向，无法形成合力效应。

2）技术视角

国产操作系统几乎都是基于 Linux 开源社区开发的，由全球的 Linux 开发者进行维护，由于缺乏足够的资金支持，因此应用开发的工具链质量相对较低。相对于开源的 Linux 开发社区，闭源的 Windows 平台拥有较高的技术生态壁垒，其背后的微软提供技术开发支持，其开发工具的数量和质量均有绝对的优势。

3）产品视角

目前，随着云计算服务逐渐成熟，云操作系统也应运而生。云操作系统是指能管理和驱动云平台上的海量服务器、存储、网络等硬件资源，为云应用软件提供统一、标准的接口，并提供可以管理海量计算任务和实施资源调配的基础管理平台。云计算巨头亚马逊、微软、谷歌、阿里、腾讯、华为等企业均基于开源社区开发云操作系统。国产传统操作系统厂商将持续面临转型到云的压力。万物互联或将统一各终端操作系统。2016 年 6 月谷歌发布 Fuchsia OS，2019 年 8 月华为发布鸿蒙操作系统，这些操作系统可以在手机、计算机、电视、家电、智能汽车等智能终端上运行。未来，这些万物互联的操作系统可能会取代单一的桌面端或移动端操作系统，成为不同智能硬件品类统一的操作系统。

4）用户视角

售前：用户对其认可度、接纳度低，尝试使用或体验的意愿不强烈，亟需提升用户认知和进行市场教育。用户对过往使用的操作系统具有较强的用户黏性，一旦形成使用习惯，更换意愿就会大幅下降。此外，软件及数据的迁移成本也较高，这进一步抑制了用户更换动力。

使用中：关于使用过程中的痛点，亿欧智库通过对多个国产操作系统用户进行访谈，经过梳理，得到有时反应速度慢，出现死机情况；某些软件使用不流畅，出现卡顿；与部分硬件不适配，某些设备无法使用；软件生态匮乏，许多软件无法使用的结论。

售后：相比于 Windows 和 Mac OS 等全面及时的售后服务及技术支持，国产操作系统厂商在售后服务方面仍有待提高。

5）标准视角

目前，国产芯片架构主要可以分为兼容 MIPS 指令集的龙芯 CPU、兼容 Alpha 指令集的申威 CPU、兼容 ARM 指令集的鲲鹏和飞腾 CPU、兼容 X86 指令集的兆芯和海光 CPU。国产操作系统针对不同的芯片架构更新不同的版本，已经形成十多种技术路线。对于软硬件厂商而言，由于缺乏统一的开发标准，导致单品的适配工作量剧增，调试成本高，没有足够的应用场景去优化产品性能。

6）人才视角

高端技术人才匮乏，持续创新力弱。近年来，信创行业发展得如火如荼，但是我国技术行业人才供给，尤其是高端IT行业人才严重不足，持续研究能力和创新能力较弱。Linux开发者社区基础薄弱，学习缺乏系统性。相比成熟且数量庞大的商业软件开发群体，国产操作系统的开发群体数量相对较少，且由于教育体系与国产生态脱节，大多数开发者依靠论坛学习相关知识，缺乏系统性学习。

3.国产操作系统前景

根据2023中国操作系统产业大会暨统信UOS（中文国产操作系统）生态大会公布的数据显示，中文国产操作系统软硬件生态适配数突破500万，较去年同期增长400%，国产操作系统生态已步入爆发成长期。

近年来，我国信创产业取得长足发展。我国自主操作系统、计算机处理器等关键核心技术持续突破，5G、云计算、大数据、人工智能、区块链等新一代信息技术与实体经济加速融合。基础软硬件产业已经从成长初期进入市场化规模应用发展阶段，技术和产品从单点突破发展到体系化提升，应用领域向垂直行业深化发展，为金融、电信、能源、交通等行业应用提供了重要支撑。

统信应用商店数据显示，截至2023年，基于统信UOS的原生应用同比增长300%，达到6000余款。通常来说，个人常用软件约3000款。这意味着，基于国产操作系统开发的原生应用已经基本满足个人日常使用。这得益于中国操作系统市场规模不断扩大。预计2027年，国产操作系统市场规模将超过130亿元。巨大的市场增量空间，对开发者来说意味着更广阔的机遇和发展平台。

得益于近年来中国开源飞速发展，我国已成为开源生态最具活力和潜力的国家之一。我国拥有全球最大规模的开发者群体，是世界最大的开源应用市场，涌现了大批超级用户，为开源技术的成熟演进做出了卓越贡献。

中国操作系统在产品性能和生态赶超的同时，也面临着新兴技术和场景所带来的广阔机遇。云操作系统、人工智能操作系统等新形态涌现，给传统操作系统赋予更多智慧功能。

未来10年，操作系统需要基于人工智能重构场景、全面进化。一方面，在操作系统开发、部署、运维全流程以人工智能加持，让操作系统更智能；另一方面，操作系统要适应人工智能发展要求，满足通用算力和人工智能算力的异构融合。

拓展实践

安装与使用银河麒麟操作系统

麒麟操作系统（Kylin OS）亦称银河麒麟，是由中国国防科技大学、中软公司、联想公司、浪潮集团和民族恒星公司合作研制的操作系统，是“863”计划重大攻关科研项目。

银河超级计算机，包括后来广为人知的“天河系列”超级计算机，它们搭载运行的就是银河麒麟操作系统。银河麒麟对银河超级计算机的支持，既是满足当时为打造国产化超级计算机的需求，同时也说明了银河麒麟在早期就已经能够满足在特定场景下的应用。只不过，当时的银河麒麟，还只是支持专用 CPU、单独为银河计算机而打造的操作系统。

随着技术发展和研发团队能力的不断进步，如今的银河麒麟历经了多次迭代升级，不仅逐步形成了服务器、桌面和嵌入式三大系列操作系统产品，以及银河麒麟云等创新产品，还拥有 300 余项软件著作权和专利。更引以为傲的是，银河麒麟还作为商务部援外操作系统产品，已经在 70 多个国家和地区的信息化建设中得到了应用。

在成都举行的 2018、2019 两届 WEC 国际女子电子竞技锦标赛上，装载银河麒麟的终端还被作为大赛指定设备，来自中、美、法、英、俄罗斯等 10 国选手，在麒麟操作系统上完成了《炉石传说》《穿越火线》等项目的竞赛。众所周知，电竞比赛对设备的要求极高，这也证明，麒麟操作系统在整体性能上已经达到了较高的水平。

2019 年 12 月 6 日，银河麒麟研发公司——天津麒麟与中标软件正式整合。“冰火麒麟”合并成立了麒麟软件公司，两家研发团队融合了各自的科研实力和生态优势，于 2020 年联合推出了新一代桌面操作系统——银河麒麟操作系统 V10。

下面请尝试下载安装银河麒麟操作系统 V10，并进行使用体验。每个人的使用，都是对国产操作系统的一份支持。

提示：

（1）可在官网（https://www.kylinos.cn）申请试用；

（2）试用提交成功后会转到下载页面，根据 CPU 架构选择要下载的安装包；

（3）可利用 VMware 建立虚拟机，然后在虚拟机中安装操作系统，安装过程中按照提示操作即可，非常方便；

（4）如果在配置及使用中发生问题，可以利用银河麒麟自带的一键备份还原功能重新进行配置；

（5）有两个界面模式，按“ Ctrl+Alt+F1”组合键可以进入终端登录模式，按“ Ctrl+Alt+F7”组合键可以回到图形界面，不熟悉 Linux 操作的可使用图形界面；

（6）系统默认安装 WPS、压缩软件、PDF 阅读器等常用软件。自带的 CrossOver 虚拟软件，可以安装运行 Windows 程序。

第3章 打开网络世界

当前，世界之变、时代之变、历史之变正以前所未有的方式展开。我国正向着全面建成社会主义现代化强国、实现第二个百年奋斗目标迈进，加快建设网络强国和数字中国，对我国实现高质量发展和高水平安全，以新安全格局保障新发展格局，以中国式现代化全面推进中华民族伟大复兴有更为重要的意义。

网络强国战略将加快产业网络化进程，推动制造业向高端化、智能化、绿色化发展；推动战略性新兴产业融合集群发展，构建新一代信息技术、人工智能、生物技术等新的增长引擎；有助于构建优质高效的服务业新体系，发展物联网以实现高效顺畅的流通体系；促进数字经济和实体经济深度融合，打造具有国际竞争力的数字产业集群。2023年3月，中共中央、国务院印发了《数字中国建设整体布局规划》，提出按照“两大基础”“五位一体”“两大能力”“两个环境”的整体布局，正是全面贯彻新发展理念、推动网络强国战略落地实施的重要举措，将为全面建设社会主义现代化国家奠定坚实的物质技术基础。

本章将从计算机网络的体系结构、相关协议和服务模式出发，介绍网络的基本组成和工作模式，然后深入当前的最新技术，介绍移动互联网、万物互联、云网络等网络的新应用形式，使读者深刻理解网络强国的战略和意义。

知识目标

1. 掌握网络的概念与功能。
2. 掌握网络的体系结构。
3. 掌握常见的网络协议。
4. 掌握 IP 地址和域名系统的关系。
5. 掌握物联网的体系结构和相关技术。
6. 掌握云计算的服务模式。

能力目标

1. 能够设置 IP 地址并进行域名配置。
2. 能够利用虚拟机构建特定网络结构。

素质目标

1. 从网络的发展中体会技术发展的艰辛，培养不畏艰难、勇于挑战的性格。
2. 从网络的新应用形式中体会网络强国的意义，树立科技强国的信念。

3.1 计算机网络概述

以因特网为代表的计算机网络打破地理位置束缚，已经渗透到人们的生活、工作、学习、娱乐等众多方面，成为人们获取各类信息的重要途径，改变了社会的结构和人们的生活方式。今天的我们已经习惯了拥有网络的生活，随心所欲地浏览全世界的资讯新闻，快捷地收发邮件信息，与远在千里之外的人分享聊天，坐在家里买卖商品等，这些都已经成为人们生活的一部分。尤其是云计算、大数据、物联网、区块链等技术的发展，使网络进入千家万户，信息从此无界，社会发展进入一个全新的时期。

计算机网络的认识

计算机网络是一个复杂的系统，它包括许多相关技术，每种技术都与其他技术一样起着不可替代的作用。计算机网络的发展经历了从单机到多机、由终端与计算机之间的通信演变成计算机与计算机之间的直接通信的过程。

1.计算机网络的概念

从本质上说，计算机网络以资源共享为主要目的，能发挥地理位置分散的计算机之间的协同功能。目前公认的计算机网络的定义：将分布在不同的地理位置上的、具有独立工作能力的计算机用通信设备和通信线路连接起来，并配置网络软件，依靠一定协议实现计算机资源共享的系统。其形成要素包括互联范围的具有独立工作能力的计算机、通信设备和通信线路，以及互联范围的协议和资源共享。计算机网络的组成如图 3-1 所示。

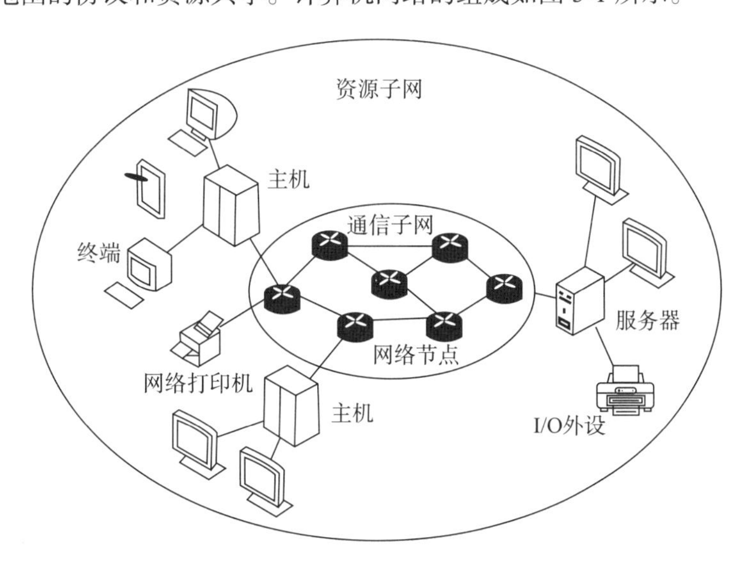

图 3-1 计算机网络的组成

通信子网是由作信息交换的节点计算机和通信线路组成的独立的通信系统。它承担全网的数据传输、转接、加工和交换等通信处理工作。网络中实现资源共享功能的设备及其软件的集合称为资源子网，资源子网主要负责全网的信息处理，为网络用户提供网络服务和资源共享功能等。

2.计算机网络的功能

计算机网络是一个通信网络，各计算机之间通过通信媒体、通信设备进行数字通信，在此基础上各计算机可以通过网络软件共享其他计算机上的硬件资源、软件资源和信息资源。计算机网络的功能主要表现在硬件资源共享、软件资源共享和用户间信息交换 3 个方面。

1）硬件资源共享

可以在全网范围内提供对处理资源、存储资源、输入输出资源等昂贵设备的共享，如具有特殊功能的处理部件、高分辨率的激光打印机、大型绘图仪、巨型计算机及大容量的外部存储器等，从而使用户节省投资，也便于集中管理和均衡分担负荷。

2）软件资源共享

互联网上的用户可以远程访问各类大型数据库，可以通过网络下载某些软件到本地机上使用，可以在网络环境下访问一些安装在服务器上的公用网络软件，可以通过网络登录到远程计算机上使用该计算机上的软件。这样可以避免软件研制上的重复劳动以及数据资源的重复存储，也便于集中管理。

3）用户间信息交换

用户间信息交换是指通过计算机网络传送电子邮件、发布新闻消息和进行电子商务活动等，从而为各地的用户提供强有力的通信手段。

3.1.2 计算机网络的发展

追溯计算机网络的发展历史，它的演变可以概括为面向终端的计算机网络、计算机—计算机网络、开放式标准化网络、网络互联与高速网络 4 个阶段。

1.面向终端的计算机网络

面向终端的计算机网络，即以单个计算机为中心的远程联机系统。构成面向终端的计算机网络，则一台中央主计算机连接大量在地理上处于分散位置的终端。所谓的终端通常指一台计算机的外部设备，包括显示器和键盘，无中央处理器和内存。20 世纪 50 年代初，美国建立的半自动地面防空系统 SAGE 就将远距离的雷达和其他测量控制设备的信息，通过通信线路汇集到一台中心计算机上进行集中处理，从而开创了把计算机技术和通信技术相结合的尝试。

这类简单的“终端—通信线路—计算机”系统，成了计算机网络的雏形。严格地说，联机系统与以后发展成熟的计算机网络相比，存在着根本的区别。联机系统除了一台中心计算机外，其余的终端设备都没有自主处理的功能，还不能算作计算机网络。为了更明确地区别于后来发展的多个计算机互连的计算机网络，就专称这种系统为面向终端的计算机网络。

随着连接终端数量的增加，为了减轻中心计算机的负担，在通信线路和中心计算机之间设置了一个前端处理机（Front End Processor，FEP）或通信控制器（Communication Control Unit，CCU），专门负责与终端之间的通信控制，同时出现了数据处理与通信控制的分工，以便能更好地发挥中心计算机的处理能力。另外，在终端较集中的地区，可以设置集线器和多路复用器，通过低速线路将附近聚集的终端连至集线器和多路复用器，然后通过高速线路、调制解调器（Modem）与远程计算机的前端机相连，构成远程联机系统。以单计算机为中心的远程联机系统结构示意如图 3-2 所示。

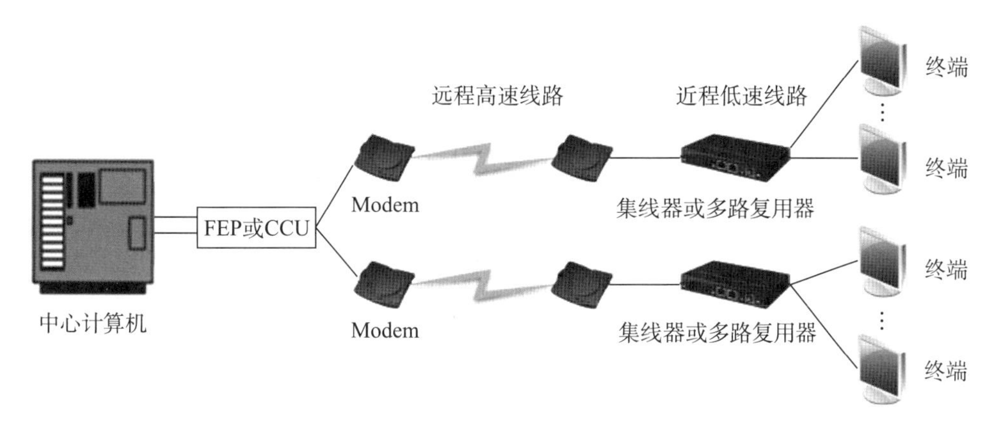

图 3-2 以单计算机为中心的远程联机系统结构示意

2.计算机—计算机网络

20 世纪 60 年代中期，出现了由若干个计算机互连的系统，开创了“计算机—计算机”通信的时代，并呈现出多处理中心的特点。各大计算机公司都陆续推出了自己的网络体系结构，以及实现这些网络体系结构的软硬件产品。60 年代后期，由美国国防部高级研究计划局 ARPA（现称 DARPA ，Defense Advanced Research projects Agency）提供经费，联合计算机公司和大学共同研制而发展起来的 ARPANET，标志着计算机网络的兴起。ARPANET 的主要目标是借助通信系统，使网内各计算机系统间能够共享资源。ARPANET 是一个成功的系统，它在概念、结构和网络设计方面都为后来的计算机网络打下了基础。

1974 年 IBM 公司提出的 SNA（System Network Architecture）和 1975 年 DEC 公司推出的 DNA（Digital Network Architecture）网络就是两个著名的例子。但这些网络存在不少弊端，主要问题是各厂家提供的网络产品实现互联十分困难。这种自成体系的系统称为“封闭”系统。因此，人们迫切希望建立一系列的国际标准，渴望得到一个“开放”系统，这正是推动计算机网络走向国际标准化的一个重要因素。

第二阶段典型的计算机网络的主要特点是资源的多向共享、分散控制、分组交换、采用专门的通信控制处理机、分层的网络协议。这些特点往往被认为是现代计算机网络的典型特征。但这个时期的网络产品彼此之间是相互独立的，没有统一标准。以多计算机为中心的网络结构示意如图 3-3 所示。

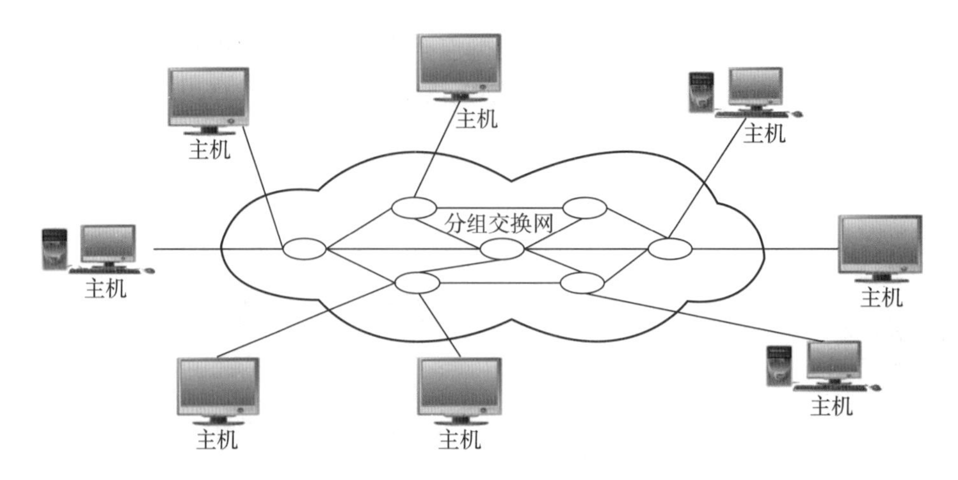

图 3-3　以多计算机为中心的网络结构示意

3.开放式标准化网络

虽然已有大量各自研制的计算机网络正在运行和提供服务，但仍存在不少弊病，主要原因是这些各自研制的网络没有统一的网络体系结构，难以实现互连。

20 世纪 70 年代中期，计算机网络开始向体系结构标准化的方向迈进，即正式步入网络标准化时代。1984 年 ISO 正式颁布了一个开放系统互连参考模型的国际标准 ISO7498。其参考模型分为 7 个层次，被称为 OSI 参考模型。从此网络产品有了统一的标准，同时也促进了企业的竞争，尤其为计算机网络向国际标准化方向发展提供了重要依据。

20 世纪 80 年代，随着微型机的广泛使用，局域网获得了迅速发展。美国电气与电子工程师协会（IEEE）为了适应微机、个人计算机（PC）以及局域网发展的需要，于 1980 年 2 月在旧金山成立了 IEEE 802 局域网标准委员会，并制定了一系列局域网络标准。在此之后，各种局域网大量涌现。新一代光纤局域网——光纤分布式数据接口（FDDI）网络标准及产品也相继问世。OSI 参考模型标准不仅确保了各厂商生产的计算机间的互联，同时也促进了企业的竞争。厂商只有执行这些标准才能有利于产品的销售，用户也可以从不同制造厂商获得兼容的、开放的产品，从而为推动计算机局域网技术进步及应用奠定了良好的基础。这一阶段典型的标准化网络结构示意如图 3-4 所示。

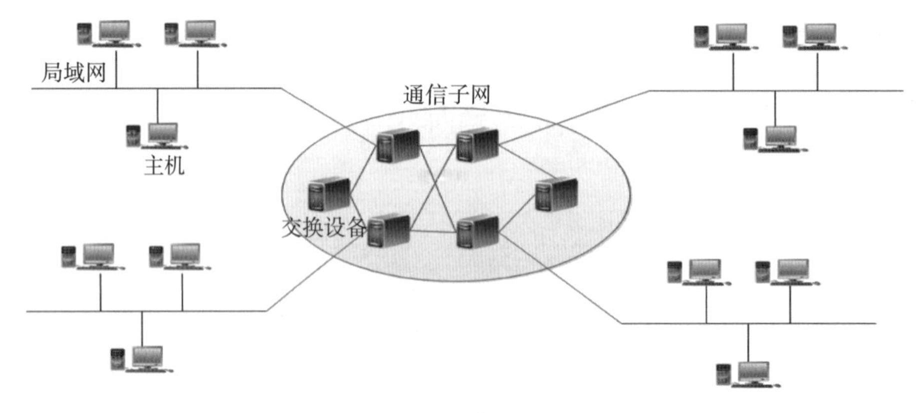

图 3-4　标准化网络结构示意

4.网络互联与高速网络

进入 20 世纪 90 年代，随着计算机网络技术的迅速发展。特别是在 1993 年美国宣布建立国家信息基础设施（National Information Infrastructure，NII）后，全世界许多国家都纷纷制定和建立本国的 NII，极大地推动了计算机网络技术的发展，使计算机网络的发展进入一个崭新的阶段，这就是计算机网络互联与高速网络阶段。

目前，全球以 Internet 为核心的高速计算机互联网络已经形成，Internet 已经成为人类最重要的、最大的知识宝库。网络互联与高速网络结构示意如图 3-5 所示。

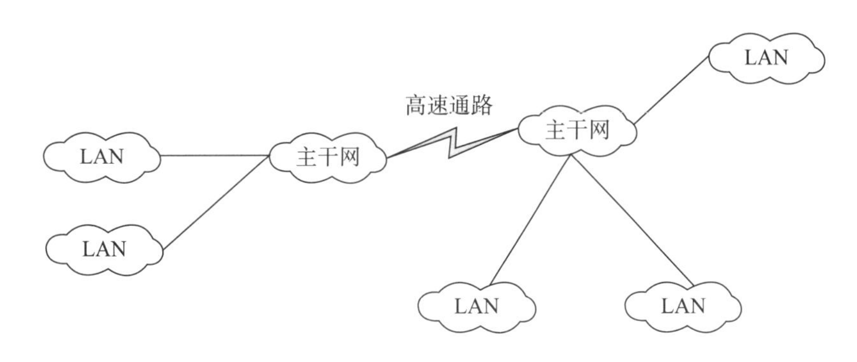

图 3-5　网络互联与高速网络结构示意

中国网络与世界互联的开端

进入 21 世纪 20 年代，我国已成为网络大国，正在向网络强国迈进。互联网推动着商业和经济模式的创新，给个人、组织和社会的方方面面带来深远的影响。对于这幅波澜壮阔的时代画卷，其网络发展的起点究竟在何处?

1994 年 4 月 20 日，一条 64 KB 的国际专线从中国科学院计算机网络中心通过美国 Sprint 公司连入互联网，实现了中国互联网的全功能连接。从此中国正式成为国际上第 77 个真正拥有全功能互联网的国家。而这并不是一件容易的事，在当时的国际环境下，中国发展互联网并非易事。中国成功地全功能接入世界互联网这一历史性跨越，源自一个名为 NCFC（中国国家计算与网络设施）的工程。

NCFC 工程采用网桥技术解决了和三个单位园区之间的光纤联网，但是无法解决网络中广播风暴的影响，这时对路由器的引入和部署变得十分必要和迫切。由于当时巴黎统筹委员会的限制使我国无法进口路由器，必须自己研发，因此中国科学院计算机网络中心组织了技术人员自行开发路由器，并在 NCFC 主干网和中国科学院院网中部署应用，为提升网络可靠性发挥了关键作用，从而使 NCFC 与当时国外先进的网络一样，可以高可靠性运行。

除技术问题外，最难以突破的还是国际政治方面的障碍。管理委员会主任胡启恒、中国科学院计算机网络中心网络专家钱华林等利用一切和国际学术接触的机会开展游说工作，宣讲中国接入互联网的必要性，希望借助学术专家的力量说服美国政府。

1992 年 6 月，钱华林参加在旧金山召开的 Internet 年会，并继续参加了会后的国际网络协调委员会的会议（CCIRN），提出关于中国接入互联网的专门议题，获得大部分到会人员的支持。这次会议对中国最终能够真正连入 Internet 起到了很大的推动作用。

1994 年 4 月初，由国务委员、国家科委主任宋健带领的中国科学家与美国国家科学基金会（NSF）的成员在华盛顿召开了中美双边科技联合会议。会前，获得授权的胡启恒代表中方向 NSF 重申连入 Internet 的要求，这次终于得到认可。

今天，生活在互联网时代的我们回顾那段历史，不仅要向当时的建设者们致以崇高的敬意，更要有同样的勇气和智慧迎接互联网时代的新挑战。

3.1.3 计算机网络的分类

计算机网络可以按照网络的分布范围、交换方式等进行分类。

1.按网络的分布范围分类

1）局域网

局域网（Local Area Network，LAN）用于将有限范围内（如一个实验室、一幢大楼、一个校园）的各种计算机、终端与外部设备互连成网。根据采用的技术和协议标准的不同，局域网可以分为共享式局域网与交换式局域网。局域网技术的应用十分广泛，是计算机网络中最活跃的领域之一。

2）城域网

城域网（Metropolitan Area Network，MAN）的设计目的是满足几十公里范围内的大型企业、机关共享资源的需要，从而可以使大量用户之间进行高效数据、语音、图形图像以及视频等多种信息的传输。城域网可视为数个局域网相连而成。例如，一所大学的各个校区分布在城市各处，将这些网络相互连接起来，便形成了一个城域网。

3）广域网

广域网（Wide Area Network，WAN）也称远程网，是规模最大的网络。它所覆盖的地理范围从几十公里到几千公里，甚至可以覆盖一个国家、一个地区或横跨几个洲，形成国际性的计算机网络。广域网通常可以利用公用网络（如公用数据网、公用电话网、卫星通信网等）进行组建，将分布在不同国家和地区的计算机系统连接起来，达到资源共享的目的。例如，大型企业在全球各城市都设立有分公司，各分公司的局域网相互连接，即形成广域网。广域网的连线距离极长，连接速度通常低于局域网或城域网，其使用的设备也相当昂贵。

按网络分布范围分类的三种网络类型比较如表 3-1 所示。

表 3-1 三种网络类型的比较

网络类型	分布范围	传输速度
局域网	4 km以内，同一栋建筑物内	快
城域网	4~20 km，同一城市内	中等
广域网	20 km以上，可跨越国家	慢

2.按网络的交换方式分类

按交换方式来分类，计算机网络可以分为电路交换网、报文交换网和分组交换网 3 种。

1）电路交换网

电路交换（Circuit Switching）方式类似于传统的电话交换方式，用户在开始通信前，必须申请建立一条从发送端到接收端的物理信道，并且在双方通信期间始终占用该信道。

2）报文交换网

报文交换采用存储 – 转发原理，这有点像古代的邮政通信，邮件由途中的驿站逐个存储转发一样。报文中含有目的地址，每个中间节点要为途经的报文选择适当的路径，使其能最终到达目的端。

3）分组交换网

分组交换（Packet Switching）方式也称包交换方式，1969 年首次在 ARPANET 上使用，现在人们都公认 ARPANET 是“分组交换网之父”，并将分组交换网的出现作为计算机网络新时代的开始。采用分组交换方式通信前，发送端先将数据划分为一个个等长的单位（即分组），这些分组逐个由各中间节点采用存储 – 转发方式进行传输，最终到达目的端。由于分组长度有限，可以在中间节点设备的内存中进行存储处理，使其转发速度大大提高。

3.按采用的网络拓扑结构分类

网络拓扑是描述网络的形状，或者是描述网络在物理上的连通性。计算机网络拓扑结构是指网络上计算机设备与传输媒介形成的节点与线的物理构成模式，即用什么方式把网络中的计算机等设备连接起来。拓扑图描绘网络服务器、工作站的网络配置和相互间的连接。计算机网络的拓扑结构主要有如下几种。

1）星形拓扑

星形拓扑由中心节点和通过点到点通信链路接到中心节点的各个站点组成。中心节点执行集中式通信控制策略，因此中心节点相当复杂，而各个站点的通信处理负担都很小。星形网采用的交换方式有电路交换和报文交换，以电路交换更为普遍。星形拓扑结构一旦建立了通道连接，就可以无延迟地在连通的两个站点之间传送数据。目前流行的专用交换机 PBX（Private Branch exchange）就是星形拓扑结构的典型实例。星形拓扑结构如图 3-6 所示。

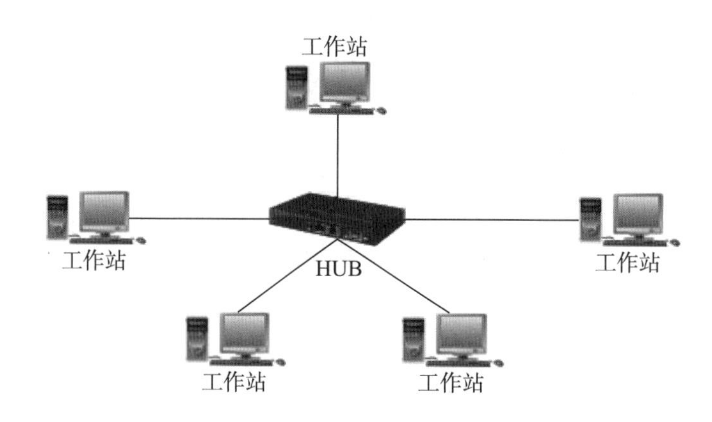

图 3-6　**星形拓扑结构**

星形拓扑结构的优点如下。

（1）结构简单，连接方便，管理和维护都相对容易，而且扩展性强。

（2）网络延迟时间较小，传输误差低。

（3）在同一网段内支持多种传输介质，除非中心节点故障，否则网络不会轻易瘫痪。

因此，星形网络拓扑结构是目前应用最广泛的一种网络拓扑结构。

星形拓扑结构的缺点如下。

（1）安装和维护的费用较高。

（2）共享资源的能力较差。

（3）通信线路利用率不高。

（4）对中心节点要求相当高，一旦中心节点出现故障，则整个网络将瘫痪。

星形拓扑结构广泛应用于网络的智能集中于中心节点的场合。从目前的趋势看，计算机的发展已从集中的主机系统发展到大量功能很强的微型机和工作站，在这种形势下，对传统的星形拓扑的使用会有所减少。

2）总线拓扑

总线拓扑结构采用一个信道作为传输媒体，所有站点都通过相应的硬件接口直接连到这一公共传输媒体上，该公共传输媒体即称为总线。任何一个站点发送的信号都沿着传输媒体传播，而且能被所有其他站点所接收。总线拓扑结构如图 3-7 所示。

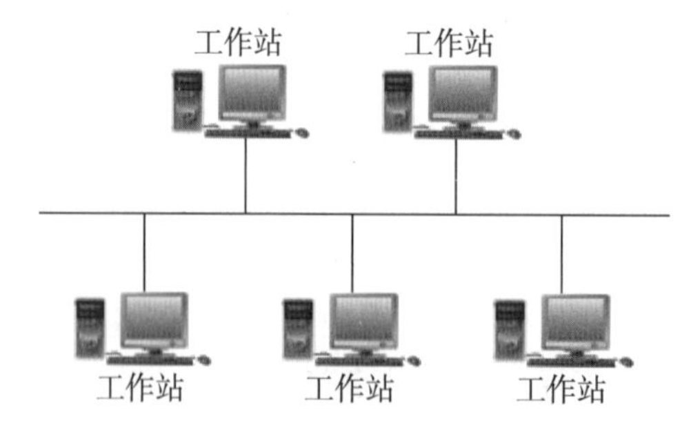

图 3-7　**总线拓扑结构**

因为所有站点共享一条公用的传输信道，所以一次只能由一个设备传输信号。通常采用分布式控制策略来确定哪个站点可以发送。发送时，发送站将报文分成分组，然后依次发送这些分组，有时还要与其他站来的分组交替地在媒体上传输。当分组经过各站时，其中的目的站会识别分组所携带的目的地址，然后复制下这些分组的内容。

总线拓扑结构的优点如下。

（1）所需要的电缆数量少，线缆长度短，易于布线和维护。

（2）结构简单，又是无源工作，有较高的可靠性。传输速率高，可达 1 Mbps ~ 100 Mbps。

（3）易于扩充，增加或减少用户比较方便，结构简单，组网容易，网络扩展方便。

（4）多个节点共用一条传输信道，信道利用率高。

总线拓扑结构的缺点如下。

（1）总线的传输距离有限，通信范围受到限制。

（2）故障诊断和隔离较困难。

（3）分布式协议不能保证信息的及时传送，不具有实时功能。站点必须是智能的，要有媒体访问控制功能，从而增加了站点的硬件和软件开销。

3）环形拓扑

环形拓扑网络由站点和连接站点的链路组成了一个闭合环。每个站点能够接收从一条链路传来的数据，并以同样的速率串行地把该数据沿环传送到另一端链路上。这种链路可以是单向的，也可以是双向的。数据以分组形式发送，例如图 3-8 中的 A 站希望发送一个报文到 C 站，就先要把报文分成若干个分组，每个分组除了数据还要加上某些控制信息，其中包括 C 站的地址。A 站依次把每个分组送到环上，开始沿环传输，C 站识别到带有自己地址的分组时，便将其中的数据复制下来。由于多个设备连接在一个环上，因此需要用分布式控制策略来进行控制。

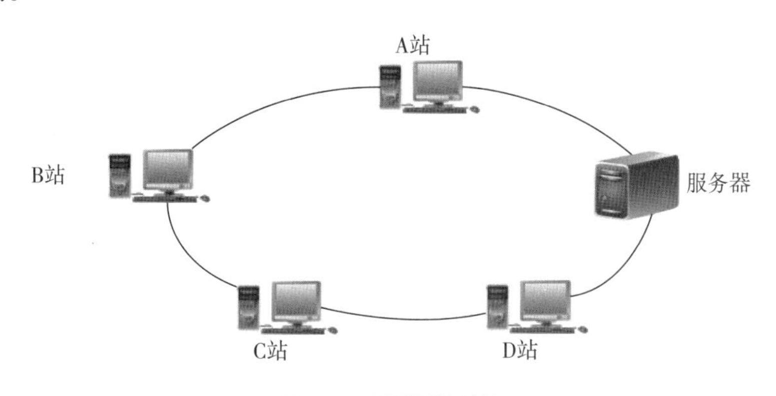

图 3-8 **环形拓扑结构**

环形拓扑结构的优点如下。

（1）电缆长度短。环形拓扑网络所需的电缆长度和总线拓扑网络相似，但比星形拓扑网络要短得多。

（2）增加或减少工作站时，仅需简单的连接操作。

（3）可使用光纤。光纤的传输速率很高，十分适合于环形拓扑结构的单向传输。

环形拓扑结构的缺点如下。

（1）节点的故障会引起全网故障。这是因为环上的数据传输要通过接在环上的每一个节点，一旦环中某一节点发生故障就会引起全网的故障。

（2）故障检测困难。这与总线拓扑相似，因为不是集中控制，故障检测需在网上各个节点进行，因此较为困难。

（3）信道利用率低。环形拓扑结构的媒体访问控制协议都采用了令牌传递的方式，在负载很轻时，信道利用率相对来说就比较低。

4）树形拓扑

树形拓扑从总线拓扑演变而来，形状像一棵倒置的树，顶端是树根，树根以下带有分支，每个分支还可再带子分支，树根接收各站点发送的数据，然后再广播发送到全网。树形拓扑的特点大部分与总线拓扑的特点相同，但也有一些特殊之处。树形拓扑结构如图 3-9 所示。

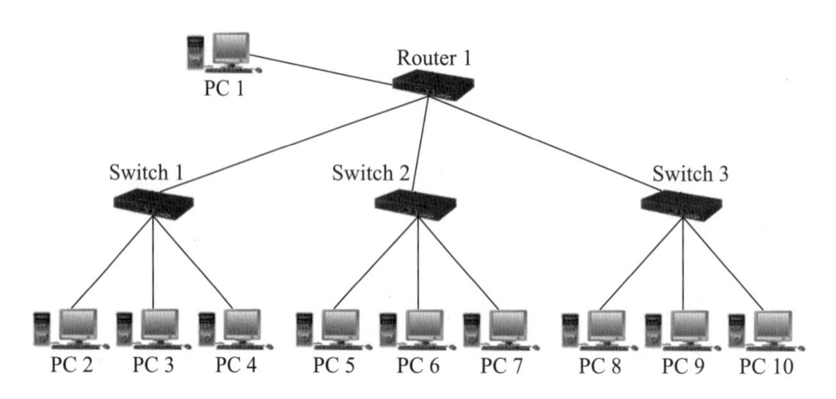

图 3-9　树形拓扑结构

树形拓扑结构的优点如下。

（1）易于扩展。这种结构可以延伸出很多分支和子分支，这些新节点和新分支都能很容易地加入网内。

（2）故障隔离较容易。如果某一分支的节点或线路发生故障，很容易将故障分支与整个系统隔离开来。

树形拓扑结构的缺点如下。

各个节点对根的依赖性太大，如果根发生故障，则全网不能正常工作。从这一点来看，树形拓扑结构的可靠性有点类似于星形拓扑结构。

5）网状拓扑

网状网络的每一个节点都与其他节点有一条专门线路相连。网状拓扑结构广泛应用于广域网中。

网状拓扑结构的优点如下。

（1）节点间路径多，碰撞和阻塞减少。

（2）局部故障不影响整个网络，可靠性高。

（3）网络扩充和主机入网比较灵活简单。

网状拓扑结构的缺点如下。

（1）网络关系复杂，建网较难。

（2）网络控制机制复杂。

6）混合型拓扑

将以上任意两种单一拓扑结构混合起来构成的拓扑结构称为混合型拓扑结构。对于星形拓扑和环形拓扑混合成的“星－环”拓扑，以及星形拓扑和总线拓扑混合成的“星－总”拓扑，这两种混合型在结构上有些相似之处，若将总线结构的两个端点连在一起也就成了环形结构。这两种混合型拓扑的配置是由一批接入环中或总线的集中器组成，由集中器再按星形结构连至每个用户站。混合型拓扑结构如图 3-10 所示。

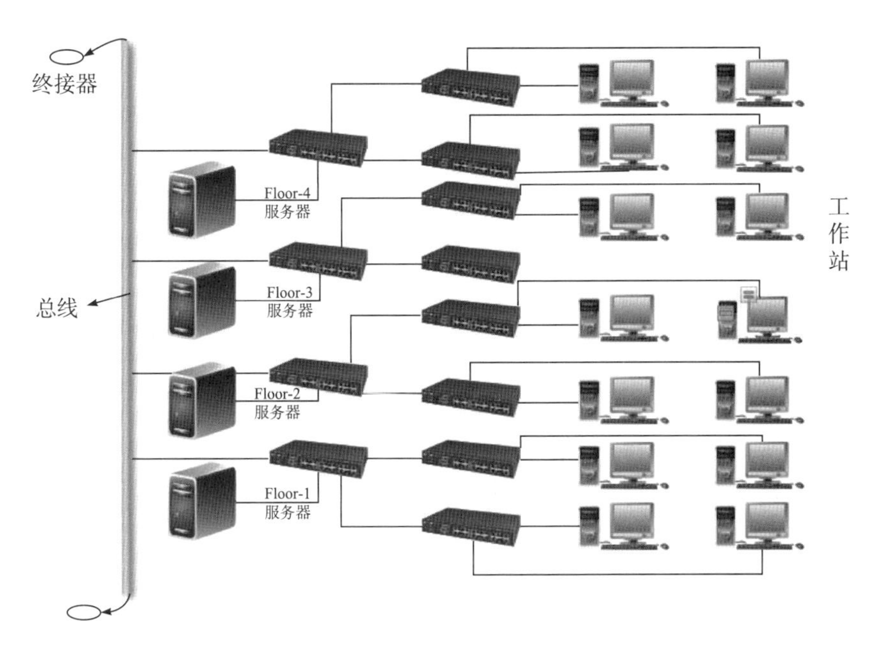

图 3-10 **混合型拓扑结构**

混合型拓扑结构的优点如下。

（1）故障诊断和隔离较为方便。一旦网络发生故障，只要诊断出哪个集中器有故障，将该集中器和全网隔离即可。

（2）易于扩展。要扩展用户时，可以加入新的集中器，也可在设计时，每个集中器留出一些备用的可插入新的站点的连接口。

（3）安装方便。网络的主电缆只需连通这些集中器，这种安装和传统的电话系统电缆安装很相似。

混合型拓扑结构的缺点如下。

（1）需要选用带智能的集中器。这是为了实现网络故障自动诊断和故障节点的隔离所必需的。

（2）同星形拓扑结构一样，集中器到各个站点的电缆安装长度会增加。

除以上的分类方式外，还可按所采用的传输媒体分为双绞线网、同轴电缆网、光纤网和无线网；按信道的带宽分为窄带网和宽带网；按不同用途分为科研网、教育网、商业网、企业网等。

3.1.4 计算机网络的组成

从计算机网络的物理角度看，计算机网络由网络硬件系统和网络软件系统组成。

1.网络硬件系统

网络硬件系统主要包括计算机、传输介质、通信控制设备等。

计算机是计算机网络中的主体。在网络中能独立处理问题的个人计算机称为工作站。在网络中为用户提供网络服务和进行网络资源管理的计算机称为服务器。

传输介质是计算机网络中传输信息的载体。有线网中的传输介质有双绞线、同轴电缆和光纤；无线网中的传输介质是电磁波。各传输介质的传输特点与应用如表 3-2 所示。

表 3-2　各传输介质的传输特点与应用

类别	介质类型	特点	应用
有线介质	双绞线	成本低，传输距离有限	局域网
	同轴电缆	支持高带宽通信、体积大、成本高	有线电视
	光纤	频带宽、损耗低、通信距离长、重量轻、抗干扰能力强、强度稍差、成本高	电视、电话等通信系统的远程干线、计算机网络的干线
无线介质	电磁波	建设费用低、抗灾能力强、容量大、通信方便、容易被窃听、容易被干扰	广播、电视、移动通信系统、无线局域网

通信控制设备包括中继器、集线器、网桥、交换机、路由器、网关等。

中继器（Repeater）的主要功能是放大信号，以降低信号在传输介质中由于距离大而导致的信号减弱失真，增加传输距离。中继器工作在物理层。

集线器（Hub）的主要功能是提供多网络接口，总线共享，并兼具中继器的所有功能，每个端口平均传输数据量。集线器工作在物理层。

网桥（Bridge）的主要功能是用来分割冲突域，减少网络内的广播流量。通常在早期的一些大网络中，当 Hub 数量过多，冲突域过大时，就会造成广播风暴，这时在网络中间适当地放置网桥就能够分割冲突域，减少广播风暴的可能。网桥工作在数据链路层。

交换机（Switch，见图 3-11）理论上来理解它就是一台多端口的网桥。主要功能是利用物理地址或者说 MAC 地址来确定转发数据的目的地址。交换机的所有端口共享一个广播域，交换机的每个端口都是一个冲突域。交换机不懂得 IP 地址，但它可以“学习”MAC 地址，并把其存放在内部地址表中，通过在数据帧的始发者和目标接收者之间建立临时的交换路径，使数据帧直接由源地址到达目的地址。交换机工作在数据链路层。

路由器（Router，见图 3-12）是具有连接不同类型网络的能力并能够选择数据传送路径的网络设备。路由器之所以能为网络上的数据分组选择最佳传送路径，是因为它根据网络地址转发数据。换句话说，与交换机和网桥不同的是，路由器知道应向哪里发送数据。路由器工作在网络层。

思考

交换机和路由器的区别是什么？

拓展阅读1

图 3-11　交换机

图 3-12　路由器

网关（Gateway）又称网间连接器、协议转换器。网关可以在传输层实现网络互连，是最复杂的网络互联设备，仅用于两个高层协议不同的网络互连。网关的结构也和路由器类似，不同的是网关工作在传输层及以上层次。网关既可以用于广域网互联，也可以用于局域网互联。网关实质上是一个网络通向其他网络的IP地址。

2.网络软件系统

网络软件系统主要包括网络操作系统、网络通信协议和网络通信软件等。

网络操作系统是一种能代替操作系统的软件程序，是网络的心脏和灵魂，是向网络计算机提供服务的特殊的操作系统。

网络通信协议是为了使网络中的计算机能正确地进行数据通信的资源共享而制定的，是计算机和通信控制设备必须共同遵循的一组规则和约定。

网络通信软件是基于互联网的信息交流软件，如QQ、微信、电子邮件程序、浏览器程序等。

时代印记

中国通信设备的发展

1987年：深圳成立了一家注册资金为21000元的民营企业，主营业务是为一家香港公司生产的PBX即用户交换机做销售代理。这就是最早的华为。

1989年10月：中国科学院网络中心主持了中国国家计算与网络设施（NCFC）项目，开始研发第一台国产路由器。

1992年年底：中国研发的第一台国产路由器在中国科学院网络中心诞生。

1994年：华为成立北京研究所，开展数据通信的技术研究和产品开发

1996年：深圳桑达电信公司成功研制出第一台具有完全自主知识产权的国产商业化路由器SED-08。

1996年5月：华为推出第一款路由器Quidway R2501，标志着中国路由器开始突破。

1998年：华为推出第一代IP操作系统平台VRP (Versatile Routing Platform)。

1999年：中兴通讯成立Internet产品线，开始了基于IP的全系列以太网交换机、路由器产品的研发。

2000年8月：华为推出中国首款骨干路由器Quidway NetEngine 08/16系列。

2001年：华为推出业界首款第5代路由器Quidway NetEngine40 & 80。

2001年11月19日：信息产业部陆续颁发低端路由器的进网证。

2002—2003年：主流大厂陆续申请高端路由器进网证。

2002年6月：锐捷网络推出业界第一台为金融行业定制的路由器。

2002年12月：华为Quidway NetEngine系列核心路由器销售2100余台，Quidway
系列路由器累计销售14万余台，以太网交换机使用400余万端口。

2003年1月：华为发布基于网络处理器的第五代路由器技术。

2003 年 3 月：3Com 和华为合作成立合资企业——华为 3Com 公司，这就是新华三的前身。

2004 年：华为推出国内第一款万兆 IPv6 核心路由器——Quidway NetEngine 5000E；华为发布了电信级核心路由器 Quidway NetEngine 5000E 系列和智能业务接入服务器 MA5200G。

2006 年：华为率先发布业界首款核心路由器背靠背集群。成为当时除美国外，唯一掌握集群核心技术的企业。

2007 年：华为 3Com 公司正式更名为 H3C（华三），3Com 公司全盘接手 H3C。

2009 年：3Com 连同华三一起，被惠普以 27 亿美元的价格收购。

2011 年 4 月：华为发布首款 200GB 路由线卡，这使得华为“2+8”集群系统可以支持 256 个 100 GB 端口或者 2560 个 10 GB 接口，转发能力提升至 50 TB，并提供给全球年度互联网盛会“ The Gathering”现场业务测试使用，当时被称为“宇内极速”。

2011 年：国内各地因为思科“设备故障”引发的通信事故密集上演，思科的产品漏洞及售后问题，也引发了联通“China 169”骨干网等搬迁工程。

2012 年：全球最大的核心路由器搬迁工程——“China 169”骨干网在线搬迁完成。给全球运营商传递出一个信号：如果你对现网不满意，华为可以帮你“更换心脏”。

2013 年 4 月：华为首家发布 1 TB 路由线卡和业界最大容量 100 TB 集群路由器。

2015 年：清华紫光以 25 亿美元收购了华三 51% 的股份，华三更名为“新华三”。

2017 年：国外权威机构 DellOro 公布报告，华为在运营商路由器市场上，已超越思科成为新的领导者。

2019 年：华为 5G 专利占比 20%，成为全球第一，超越美国所有企业之和。

2019 年 5 月：美国以“科技网络安全”为由，将华为公司及其 70 家附属公司列入出口管制“实体名单”。

2019 年 8 月：华为正式发布鸿蒙系统。

2020 年：搭载麒麟 9000 的华为 Mate 40 系列手机在全球发布。

2021 年：鸿蒙和欧拉系统持续发展，用户数量持续增长。

2022 年：华为利用卫星通信技术将北斗卫星消息引入旗下手机，率先实现了手机与卫星直连通信。

2023 年：鸿蒙 HarmonyOS 4 系统正式发布，开始向鸿蒙原生应用开发。

2023 年：华为 Mate60 搭载国产麒麟 9000S 芯片问世。

从中国通信设备的发展来看，在早期阶段，中国在移动通信领域几乎是一片空白，然而，随着时间的推移，中国通信设备制造业实现了从跟随到引领的转变，能够自给自足。通过不断的技术创新和产业升级，中国已成为全球通信设备制造的重要力量，为全球通信技术的进步和发展做出了重要贡献。

3.1.5 计算机网络的体系结构

众所周知，计算机网络是个非常复杂的系统。比如，连接在网络上的两台计算机需要进行通信时，由于计算机网络的复杂性和异质性，需要考虑很多复杂的因素：

（1）这两台计算机之间必须有一条传送数据的通路；

（2）需要告诉网络如何识别接收数据的计算机；

（3）发起通信的计算机必须保证要传送的数据能在这条通路上正确发送和接收；

（4）对出现的各种差错和意外事故，如数据传送错误、网络中某个节点交换机出现故障等问题，应该有可靠完善的措施保证对方计算机最终能正确收到数据。

计算机网络体系结构标准的制定正是为了解决这些问题，从而让两台计算机(网络设备)能够互相准确理解对方的意思并做出合适的回应。也就是说，要想完成这种网络通信就必须保证相互通信的这两个计算机系统达成高度默契。事实上，在网络通信领域，两台计算机(网络设备)之间的通信并不像人与人之间的交流那样自然，这种计算机间高度默契的交流(通信)背后需要十分复杂、完备的网络体系结构作为支撑。那么，用什么方法才能合理地组织网络的结构，以保证其结构清晰、设计与实现简化、便于更新和维护、独立性和适应性较强，从而使网络设备之间具有这种“高度默契”呢?

答案是分而治之，更进一步地说就是分层思想。基于分层思想，主要有两个网络通信模型——OSI 七层模型和 TCP/IP 四层模型。

1.OSI七层模型

OSI 是由国际标准化组织（ISO）提出的网络体系结构。OSI 将网络划分为物理层、数据链路层、网络层、传输层、会话层、表示层和应用层 7 个层次。其结构和各层的作用如图 3-13 所示。

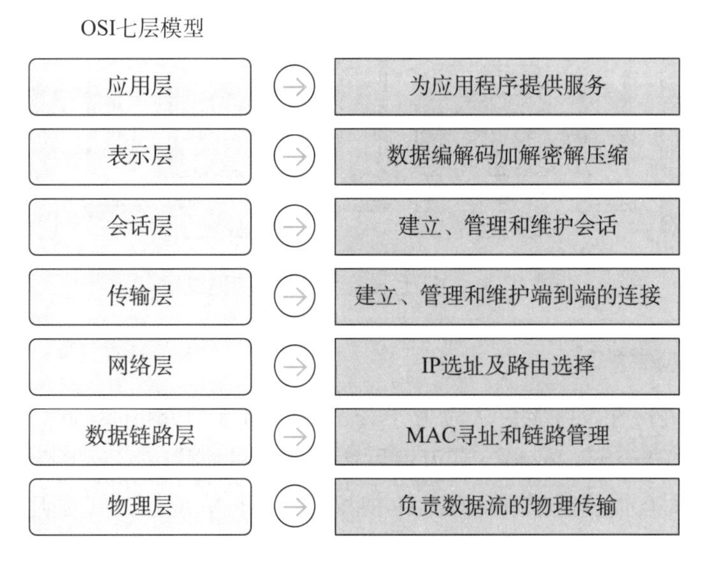

图 3-13 OSI 七层模型的结构和各层的作用

从发送端来看，数据的封装过程自顶向下，每层都会在原始数据前添加一串属于自己的协议头，数据经过从上向下 7 层框架的加工，生成一串由 0、1 组成的二进制流。下面以发送邮件为例说明数据在各层的传输过程。

（1）应用层：选择邮件应用，如163邮箱、QQ邮箱等应用。

（2）表示层：邮件编辑好后，单击发送，这时候它会将需要传输的数据进行编码、加密、压缩等操作

（3）会话层：数据准备好后，邮件马上就需要进行发送，这里实际上就是建立了一个邮件发送者和接收者之间的会话，它是一个概念性质的，比如发送后如果执行撤销可以中断会话。

（4）传输层：传输层会对五层数据包进行进一步的封装，为该数据包添加一个TCP/UDP头部，其中含有源端口号和目的端口号，源端口号就是邮件应用的端口号。

（5）网络层：拿到传输层的数据包后，网络层会对该数据包添加一个IP包头，其中包含了目的网络地址，用于指示沿途的路由器，再发送出去。

（6）数据链路层：当上三层的数据包到了数据链路层，同样会给数据包加上头部（MAC地址）和尾部（FCS，帧检验序列）封装成帧。

（7）物理层：二层的数据帧包会被转化成一段连续的比特流，然后以电脉冲的形式传输到指定的交换机（数据链路层）。

在传输过程中可能会遇到很多的中间节点，这些节点不断地经过路由器、交换机进行中转，最终到达接收端，接收端经过从下到上的层层解封装后到达收件箱。

OSI七层模型的数据传输过程如图3-14所示。

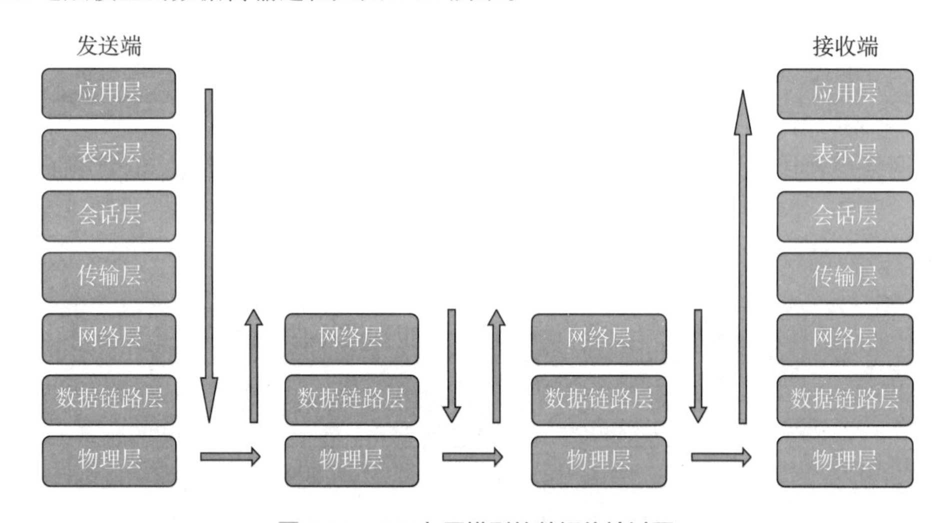

图3-14 OSI七层模型的数据传输过程

2.TCP/IP四层模型

从字面意义上讲，有人可能会认为TCP/IP是指TCP（Transmission Control Protocol，传输控制协议）和IP（Internet Protocol，互联网协议）两种协议。实际生活中有时也确实就是指这两种协议。然而在很多情况下，TCP/IP协议是协议栈的统称，其对互联网中各部分通信的标准和方法进行了规定。IP、TCP、UDP（User Datagram Protocol，用户数据报协议）、TELNET（一种应用层协议）、FTP（File Transfer Protocol，文件传输协议），以及HTTP（Hypertext Transfer Protocol，超文本传送协议）等都属于TCP/IP协议。因此，有时也称TCP/IP为网际协议群。

根据TCP/IP协议归纳总结了TCP/IP参考模型，将OSI参考模型简化成了4层，将会话层、表示层、应用层合并成了应用层，将数据链路层和物理层合并成了网络接口层，如图3-15所示。

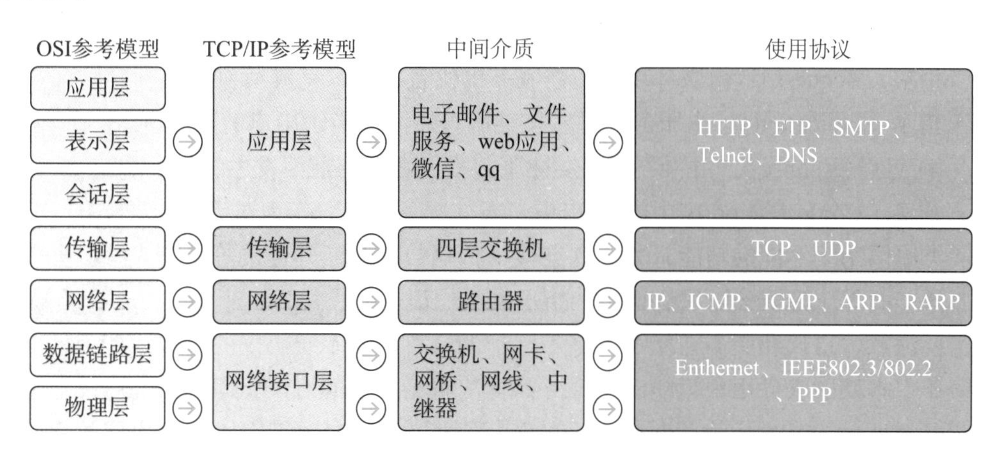

图3-15 OSI七层模型到TCP/IP四层模型的转化

3.1.6 计算机网络的协议与服务

数据要在各层进行传输，就要为每一层建立相应的传输规则，这些规则就是协议。那么究竟什么是协议？具体又是如何提供服务的呢？

1.协议

协议就是规则的集合。在网络中要做到有条不紊地交换数据，就必须遵循一些事先约定好的规则。这些规则明确规定了所交换的数据的格式以及相关的同步问题。这些为网络中数据交换而建立的规则、标准或约定称为网络协议（Network Protocol），它是控制两个或多个对等实体进行通信的规则的集合。网络协议简称为协议。

协议由语法、语义和同步3部分组成，具体如下：

（1）语法规定了传输数据的格式；

（2）语义规定了所要完成的功能，即需要发出何种控制信息、完成何种动作，以及做出何种应答；

（3）同步规定了执行各种操作的条件、时序关系等，即事件实现顺序的详细说明。

一个完整的协议通常应具有线路管理（建立、释放连接）、差错控制、数据转换等功能。

2.接口与服务

接口是同一节点内相邻两层间交换信息的连接点，是一个系统内部的规定。每一层只能为紧邻的层次之间定义接口，不能跨层定义接口。在典型的接口上，同一节点相邻两层的实体通过服务访问点（Service Access Point，SAP）进行交互。服务是通过服务访问点SAP提供给上层使用的，第n层的SAP就是第$n+1$层可以访问第n层服务的地方。每个SAP都有一个能够标识它的地址。服务访问点SAP是一个抽象的概念，它实际上就是一个逻辑接口（类似于邮政信箱），但和通常所说的两个设备之间的硬件接口是不一样的。

服务是下层为紧相邻的上层提供的功能调用，也就是垂直的。对等实体在协议的控制下，使得本层能为上一层提供服务，但要实现本层协议还需要使用下一层所提供的服务。

上层使用下层所提供的服务必须通过与下层交换一些命令，这些命令在 OSI 中称为服务原语。OSI 将原语划分为以下 4 类。

（1）请求（Request）：由服务用户发往服务提供者，请求完成某项工作。

（2）指示（Indication）：由服务提供者发往服务用户，指示用户做某件事。

（3）响应（Response）：由服务用户发往服务提供者，与前面发生的指示响应。

（4）证实（Conformation）：由服务提供者发往服务用户，作为对请求的证实。

这 4 类原语用于不同的功能，如建立连接、传输数据和断开连接等。有应答服务包括全部 4 类原语，而无应答服务则只有请求和指示两类原语。

一定要注意，协议和服务在概念上是不一样的。首先，本层协议的实现才能保证向上一层提供服务。本层的服务用户只能看到服务而无法看见下面的协议，即下面的协议对上层的服务用户是透明的。其次，协议是“水平的”，即协议是控制对等实体之间通信的规则。但服务是“垂直的”，即服务是由下层通过层间接口向上层提供的。

注意

并非在一层内完成的全部功能都可以被称为服务，只有那些能够被高一层实体“看得见”的功能才能被称为服务。

3.服务的分类

计算机网络提供的服务可按以下 3 种方式分类。

1）面向连接服务与无连接服务

在面向连接服务中，通信前双方必须建立连接，分配相应的资源（如缓冲区），以保证通信能正常进行，传输结束后释放连接和所占用的资源。因此这种服务可以分为连接建立、数据传输和连接释放 3 个阶段。例如，TCP 就是一种面向连接服务的协议。

无连接服务类似于日常生活中书信的往来。它仅具有数据传输这个阶段。在书信来往过程中，仅要求写信人工作，而无需收信人工作。类似地，无连接服务中，只要发送实体是活跃的，通信便可进行。无连接服务由于无连接建立和释放过程，故消除了除数据通信外的其他开销，因而它的优点是灵活方便、迅速，特别适合于传送少量零星的报文，但无连接服务不能防止报文的丢失、重复或失序。

2）可靠服务和不可靠服务

可靠服务是指网络具有纠错、检错、应答机制，能保证数据正确、可靠地传送到目的地。

不可靠服务是指网络只是尽量正确、可靠地传送，但不能保证数据正确、可靠地传送到目的地，是一种尽力而为的服务。对于提供不可靠服务的网络，其网络的正确性、可靠性就要由应用或用户来保障。例如，用户收到信息后要判断信息的正确性，如果不正确，用户就要把出错信息报告给信息的发送者，以便发送者采取纠错措施。通过用户的这些措施，可以把不可靠的服务变成可靠的服务。

3）有应答服务和无应答服务

有应答服务是指接收方在收到数据后向发送方给出相应的应答，该应答由传输系统内部自动实现，而不是由用户实现。所发送的应答可以是肯定应答，也可以是否定应答，通常在接收到的数据有错时发送否定应答。例如，文件传输服务就是一种有应答服务。

无应答服务是指接受方收到数据后不自动给出应答。若需要应答，由高层实现。例如 WWW（万维网）服务，客户端收到服务器发送的页面文件后不给出应答。

3.2 Internet技术

Internet 的中文译名为因特网，它是全球极具影响的计算机网络，也是世界范围的信息资源宝藏。Internet 的出现宣告了人类信息时代的真正到来，Internet 已经成为覆盖全球的重要信息设施之一。本节重点介绍 Internet 中的 IP 地址和域名系统。

3.2.1 IP 地址

IP 地址（Internet Protocol Address）是指互联网协议地址，又译为网际协议地址。任何按照 TCP/IP 协议接入网络中的计算设备都被称为网络中的主机。接入因特网的每一台主机都有一个唯一的 IP 地址。由于有这种唯一的地址，才保证了用户在联网的计算机上操作时，能够高效且方便地从千千万万台计算机中选出自己所需的对象来。

1.分类IP地址

所谓 IP“分类”就是将 IP 地址划分为若干个固定类，每一类地址都由两个固定长度的字段组成，其中一个字段是网络号 net-id，它标识主机所连接到的网络，而另一个字段则是主机号 host-id，它标识该主机。这类 IP 地址的格式如下：

IP 地址：：= { <网络号>，<主机号> }

图 3-16 给出了各类 IP 地址中的网络号字段和主机号字段，这里 A 类、B 类和 C 类地址是最常用的，D 类用于多点广播，E 类保留为将来使用。

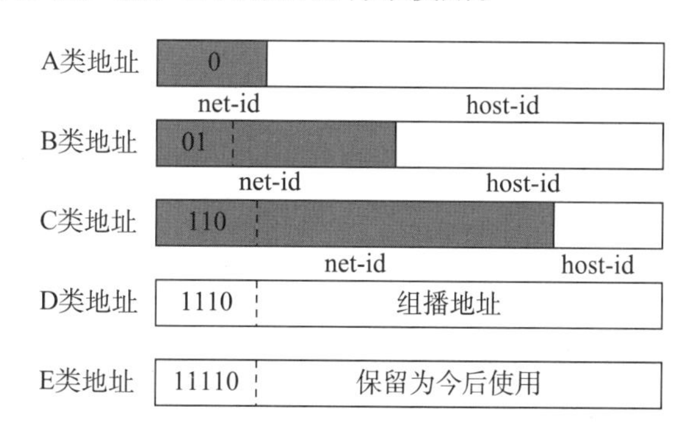

图 3-16 各类 IP 地址中的网络号字段和主机号字段

从图 3-16 中可以看出，A 类、B 类和 C 类地址的网络号字段 net–id（在图中这个字段是灰色的）分别为 1、2 和 3 个字节长，而在网络号字段的最前面有 1 bit ~ 3 bit 的类别位，其数值分别规定为 0、10 和 110。A 类、B 类和 C 类地址的主机号字段分别为 3、2 和 1 个字节长。

1）A类地址

A 类地址的 net-id 字段占一个字节，只有 7 个比特可供使用（该字段的第一个比特已固定为 0），但可提供使用的网络号有 2^7-2 个。这里减 2 的原因：第一，net-id 字段为全 0 的 IP 地址是个保留地址，意思是“本网络”；第二，net-id 字段为 127（即 01111111）保留作为本地软件环回测试（Loopback Test）之用。后面3个字节的二进制数字可任意使用，但不能都是0或都是1，即除了127.0.0.0和127.255.255.255以外都可以用。

A类地址的host-id字段为3个字节，因此每一个A类网络中的最大主机数是2^{24}-2。这里减2的原因：全0的host-id字段表示该IP地址是“本主机”所连接到的单个网络地址（例如，一主机的IP地址为5.6.7.8，则该主机所在的网络地址就是5.0.0.0），而全1的host-id字段表示该网络上的所有主机。

整个A类地址空间共有$2^{(7+24)}$个地址，而IP地址全部的地址空间共有2^{32}个地址。可见A类地址占有整个IP地址空间的50%。

2）B类地址

B类地址的net-id字段有2个字节，但前面两位（10）已经固定，只剩下14个比特可以变化，因此B类地址的网络数为2^{14}。请注意，这里不存在减2的问题，因为net-id字段最前面的两个比特（10）使得后面的14个比特无论怎样排列也不可能出现使整个字节的net-id字段成为全0或全1。B类地址的每一个网络上的最大主机数是2^{16}-2。这里需要减2是因为要扣除全0的广播和全1的主机号。整个B类地址空间共有2^{30}个地址，占整个IP地址空间的25%。

3）C类地址

C类地址有3个字节的net-id字段，最前面的3个比特是（110），还有21个比特可以变化，因此C类地址的网络总数是2^{21}（这里也不需要减2）。每一个C类地址的最大主机数是2^8-2。整个C类地址空间共有2^{29}个地址，占整个IP地址的12.5%。

这样，我们就可得出IP地址的使用范围，如表3-3所示。

表3-3　IP地址的使用范围

网络类别	最大网络数	第一个可用的网络号	最后一个可用的网络号	每个网络中的最大主机数
A	126（2^7-2）	1	126	16777214
B	16384（2^{14}）	128.0	191.255	65534
C	2097152（2^{21}）	192.0.0	223.255.255	254

2. IP地址的特点

每一个IP地址都由网络号和主机号两部分组成。从这个意义上说，IP地址是一种分等级的地址结构。分两个等级的好处如下。

（1）方便管理：IP地址管理机构在分配IP地址时只分配网络号（第一级），而剩下的主机号（第二级）则由得到该网络号的单位自行分配。这样就方便了IP地址的管理。

（2）减少存储空间：路由器仅根据目的主机所连接的网络号来转发分组（而不考虑目的主机号），这样就可以使路由表中的项目数大幅度减少，从而减少了路由表所占的存储空间。

IP地址的这种结构和电话号码的等级结构虽然有相似之处，但并不完全一样。我们知道，电话号码中的前几位反映了电话位置的地理信息。例如，南京某电话号码是（25）-xxx-yyyy。其最前面的25是南京的区号，后面电话号码中的前3位xxx是该电话所连接的市话局号（由用户的地理位置决定）。如果该用户搬家到北京，那么它在北京安装的电话号一定是（10）-xxx-yyyy，即必须是北京的区号10，而市话局号xxx也是由用户在北京的地理位置决定的。但IP地址（或IP地址中的某个字段）却和主机的地理位置没有这种对应关系。

当一个主机同时连接到两个网络上时，该主机就必须同时具有两个相应的IP地址，其网络号net-id是不同的。这种主机称为多归宿主机（Multi Homed Host）或多接口主机。按照因特网的观点，用转发器或网桥连接起来的若干个局域网仍为一个网络，因此这些局域网都具有同样的网络号net-id。在IP地址中，所有分配到网络号net-id的网络都是平等的。

3.IP地址的分配

分配IP地址应当注意以下4个方面。

（1）在同一个局域网上的主机或路由器，其IP地址中的网络号必须是一样的。

（2）用网桥（它只在链路层工作）互连的仍然是一个局域网，只能有一个网络号。

（3）路由器具有两个或两个以上的IP地址。

（4）当两个路由器直接相连时，在连线两端的接口处，可以指明也可以不指明IP地址。如指明了IP地址，则这一段连线就构成了一种只包含一段线路的特殊“网络”。之所以叫“网络”是因为它有IP地址。但为了节省IP地址资源，对于这种由一段线路构成的特殊“网络”，现在常常不指明其IP地址。

3.2.2 子网的划分

在今天看来，ARPANET的早期，IP地址的设计确实不够合理，导致IP地址空间的利用率有时很低，同时给每一个物理网络分配一个网络号会使路由表变得太大，从而使网络性能变坏。于是从1985年起在IP地址中增加了一个“子网号字段”，使两级的IP地址变成了三级的IP地址，它能够较好地解决上述问题，并且使用起来也很灵活。这种做法叫作划分子网，划分子网已成为因特网标准协议。

1.划分子网的基本思路

一个拥有许多物理网络的单位，可将所属的物理网络划分为若干个子网（Subnet）。划分子网纯属一个单位内部的事情。本单位以外的网络看不到这个网络是由多少个子网组成，因为这个单位对外仍然表现为一个大网络。

划分子网的方法是从网络的主机号中使用若干个比特作为子网号subnet-id，而主机号host-id也就相应减少了若干个比特。于是两级的IP地址就变为三级的IP地址：网络号net-id、子网号subnet-id和主机号host-id其格式如下。

IP地址:: = {<网络号>，<子网号>，<主机号>}

凡是从其他网络发送给本单位的某个主机的IP数据报，仍然是根据IP数据报的目的网络号net-id找到连接在本单位网络上的路由器。但此路由器在收到IP数据报后，再按目的网络号net-id、子网号subnet-id找到目的子网，将IP数据报交付给目的主机。

下面用一个例子来说明划分子网的概念。一个单位拥有一个B类IP地址，网络地址是145.13.0.0（net-id是145.13）的数据报都被送到这个网络（见图3-17），造成该网络的数据量增加。

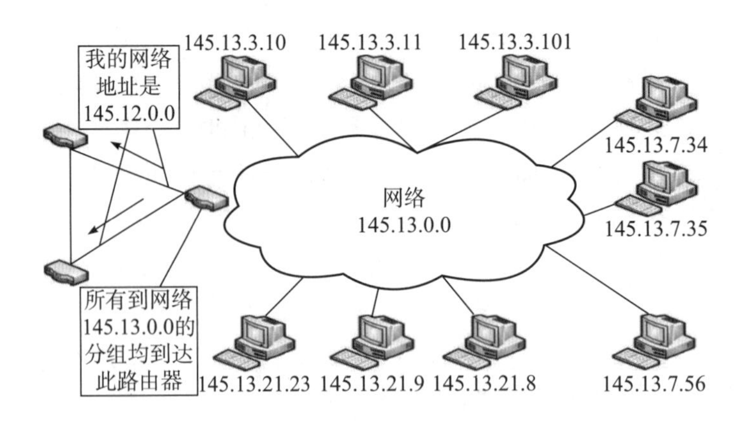

图 3-17　一个 B 类网络 145.13.0.0

现将图 3-17 的网络划分为三个子网。这里假定子网号 subnet-id 占用 8 位，因此在增加了子网号后，主机号 host-id 就只有 8 位。所划分的三个子网分别：145.13.3.0，145.13.7.0 和 145.13.21.0。在划分子网后，整个网络对外部仍表现为一个网络，其网络地址为 145.13.0.0。但网络在收到数据报后，再根据所提出的目的地址将其转发到相应的子网。划分子网的网络如图 3-18 所示。

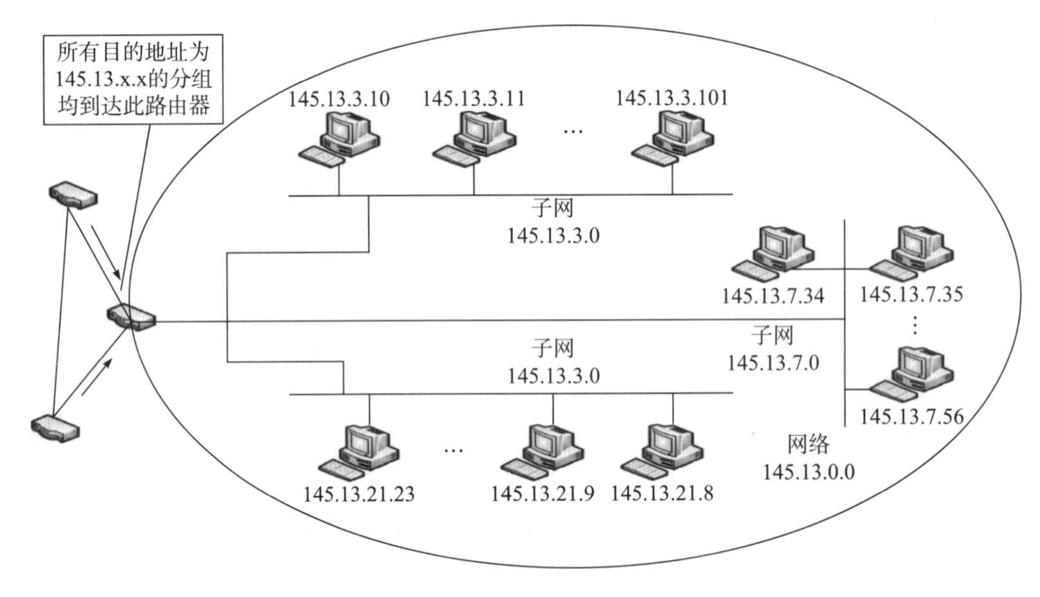

图 3-18　划分子网的网络

2.子网掩码

在没有划分子网时，IP 地址是两级结构，地址的网络号字段也就是 IP 地址的“因特网部分”，而主机号字段是 IP 地址的“本地部分”，如图 3-19（a）所示。

划分子网后就变成了三级 IP 地址的结构。请注意，划分子网只是将 IP 地址的本地部分进行再划分，而不改变 IP 地址的因特网部分，如图 3-19（b）所示。

虽然图 3-19（b）表示的各部分关系很清楚，但怎样才能让计算机也知道这样的划分呢？使用子网掩码（Mask）可以解决这个问题。

子网掩码和 IP 地址一样长，都是 32bit，并且是由一串 1 和一串 0 组成，如图 3-19（c）所示。子网掩码中的 1 表示在 IP 地址中网络号和子网号的对应比特，而子网掩码中的 0 表示在 IP 地址中主机号的对应比特。虽然 RFC（Request For Comments）文档中没有规定子网掩码中的一串 1 必须是连续的，但建议用户选用连续的 1 以免出现可能发生的差错。

在划分子网的情况下，其网络地址（即子网地址）就是将主机号置为全 0 的 IP 地址，如图 3-19（d）所示。这也是将子网掩码和 IP 地址逐比特相“与”（And）的结果。这里要注意：网络地址（即子网地址）是 [net-id + subnet-id +（host-id 所对应的 0）]，而不仅仅是一个子网号 subnet-id。

为了进行对比，图 3-19（e）表示不划分子网的网络地址。

网络号net-id	主机号host-id
因特网部分	本地部分

（a）

net-id	subnet-id	host-id
网络号	子网号	主机号

（b）

1111111111111111	11111111	00000000

（c）

net-id	subnet-id	全 0

（d）

net-id	全 0

（e）

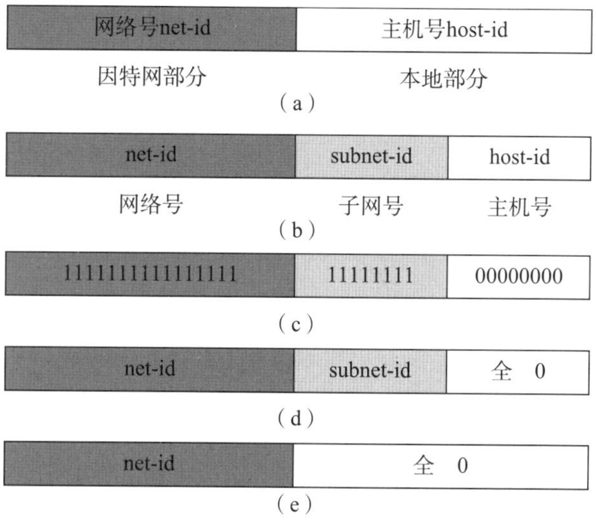

图 3-19 IP 地址的各字段和子网掩码

（a）两级 IP 地址；（b）三级 IP 地址；（c）子网掩码；

（d）划分子网的网络地址；（e）不划分子网的网络地址

注意

对于连接在一个子网上的所有主机和路由器来说，其子网掩码是相同的。子网掩码是整个子网的一个重要属性。一个路由器连接在两个子网上就拥有两个网络地址和两个子网掩码。

为了使不划分子网时也能使用子网掩码，需要使用特殊的子网掩码，即默认的子网掩码。默认的子网掩码中 1 比特的位置和 IP 地址中的网络号字段正好相对应。因此默认的子网掩码和某个不划分子网的 IP 地址逐比特相“与”，就可以得出该 IP 地址的网络地址，而不必考虑这是哪一类地址。

A 类地址的默认子网掩码是 255.0.0.0，或 0xFF000000。

B 类地址的默认子网掩码是 255.255.0.0，或 0xFFFF0000。

C 类地址的默认子网掩码是 255.255.255.0，或 0xFFFFFF00。

以一个 B 类地址为例来说明可以有多少种子网划分的方法。在采用固定长度的子网时，所划分的所有子网的子网掩码都是相同的，如表 3-4 所示。

表 3-4 B 类地址的子网划分选择（使用固定长度的子网）

子网号的比特数	子网掩码	子网数	主机数/每一个子网数
2	255.255.192.0	2	16382
3	255.255.224.0	6	8190
4	255.255.240.0	14	4096
5	255.255.248.0	30	2046

续表

子网号的比特数	子网掩码	子网数	主机数/每一个子网数
6	255.255.252.0	62	1022
7	255.255.254.0	126	510
8	255.255.255.0	254	254
9	255.255.255.128	510	126
10	255.255.255.192	1022	62
11	255.255.255.224	2046	30
12	255.255.255.240	4094	14
13	255.255.255.248	8190	6
14	255.255.255.252	16382	2

在表 3-4 中，子网数是根据子网号 subnet-id 计算出来的。若 subnet-id 有 n bit，则共有 2^n 种可能的排列。除去全 0 和全 1 这两种情况，就得出表 3-4 中的子网数。

表 3-4 中的“子网号的比特数”中没有 0、1、15 和 16 这 4 种情况，是因为它们没有意义。需要注意的是，虽然根据已成为因特网标准协议的 RFC 950 文档，子网号不能为全 1 或全 0。但随着无类别域间路由选择（CIDR）的广泛使用，现在全 1 和全 0 的子网号也可以使用了，这时一定要弄清路由器所用的路由选择软件是否支持这种全 0 或全 1 的子网号用法。

从表 3-4 可看出，若使用较少比特数的子网号，则每一个子网上可连接的主机数就较大。反之，若使用较多比特数的子网号，则子网的数目较多，但每个子网上可连接的主机数就较小。因此我们可根据网络的具体情况（一共需要划分多少个子网，每个子网中最多有多少个主机）来选择合适的子网掩码。

还应注意的是，划分子网增加了灵活性，但减少了能够连接在网络上的主机总数。例如，本来一个 B 类地址最多可连接 65534 台主机，但表 3-4 中任意一行的最后两项的乘积都小于 65534。

同理对 A 类和 C 类地址的子网划分也可得出类似的表格。

3.IPv6地址

划分子网在一定程度上缓解了因特网在发展中遇到的困难，然而仍然存在整个 IPv4 地址空间将全部耗尽的问题，于是人们提出了 IPv6 地址。

相比 IPv4 地址，IPv6 地址具有如下优势。

（1）更大的地址空间：IPv4 采用 32 位地址长度，可以为我们提供 2^{32} 个地址，而 IPv6 采用 128 位地址长度，为我们提供 2^{128} 个地址，可以说是不受任何限制地提供地址。保守估算 IPv6 实际可分配的地址，相当于整个地球的每平方米面积上仍可分配 1000 多个地址。

（2）更快的传输速度：IPv6 使用的是固定报头，不像 IPv4 那样携带一堆冗长的数据，简短的报头提升了网络数据转发的效率。并且由于 IPv6 的路由表更小，聚合能力更强，保证了数据转发的路径更短，极大地提高了转发效率，IPv6 也消除了 IPv4 中常见的大部分地

址冲突问题，并为设备提供了更多简化的连接和通信

（3）更安全的传输方式：IPv4 从未被认为是安全的，虽然越来越多的网站正在开启 SSL（安全套接字层），但是依旧有大量的网站没有采用 HTTPS（超文本传输安全协议），但是 IPv6 从头到尾都是建立在安全的基础上的，在网络层认证与加密数据并对 IP 报文进行校验，为用户提供客户端到服务端的数据安全，保证数据不被劫持。

IPv6 地址采用十六进制的表示方法，共 128 位，分 8 组表示，每组 16 位，每组表示 4 个十六进制数。各组之间用“:”号隔开，如 1080:0:0:0:8:800:200C:417A。

在 IPv6 地址段中有时会出现连续的几组 0，为了简化书写，这些 0 可以用“::”代替，但一个地址中只能出现一次“::”，例如，FF01:0:0:101:0:0:1:101 可简化为 FF01::101:0:0:1:101 或 FF01:0:0:101::1:101。

128 位的 IPv6 地址由 64 位网络地址和 64 位主机地址组成。其中，64 位的网络地址又分为 48 位的全球网络标识符和 16 位的本地子网标识符，其结构如图 3-20 所示。

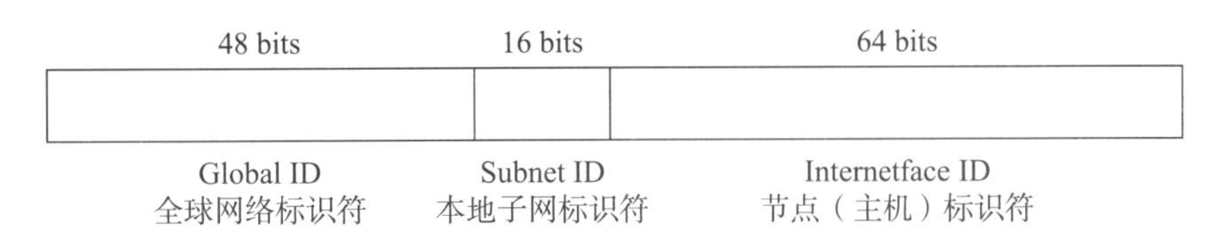

图 3-20 IPv6 地址的结构

网络强国

中国IPv6地址的发展与布局

数据显示，2023 年 2 月，我国移动网络 IPv6 占比达到 50.08%，首次实现移动网络 IPv6 流量超过 IPv4 流量的历史性突破。这意味着我国 IPv6 网络“高速公路”已全面建成，信息基础设施 IPv6 服务能力已基本具备。

2023 年 4 月，工业和信息化部、中央网信办、国家发展改革委等 8 部门联合印发《关于推进 IPv6 技术演进和应用创新发展的实施意见》（以下简称“实施意见”），旨在充分发挥 IPv6 协议潜力和技术优势，更好地满足 5G、云网融合、工业互联网、物联网等场景对网络承载更高的要求。

实施意见明确，到 2025 年底，我国 IPv6 技术演进和应用创新将取得显著成效，网络技术创新能力明显增强，“ IPv6+ ”等创新技术应用范围进一步扩大，重点行业“IPv6+ ”融合应用水平大幅提升。

为推动实施意见落地见效，实施意见围绕构建 IPv6 演进技术体系、强化 IPv6 演进创新产业基础、加快 IPv6 基础设施演进发展、深化“ IPv6+ ”行业融合应用和提升安全保障能力 5 个方面，部署了 15 项重点任务。

比如，在构建 IPv6 演进技术体系方面，实施意见要求推动 IPv6 与 5G、人工智能、云计算等技术的融合创新，系统推进 IPv6 国家标准、行业融合应用标准的制定和落地，提升国际标准贡献率和影响力。

工业和信息化部相关负责人表示，工业和信息化部将会同有关部门，不断加大在政策、标准、产业、应用等方面的投入和支持力度，推动政务、金融、能源、交通等行业领域实现“IPv6+”技术广泛应用，并支持各地自主创建50个以上“‘IPv6+’创新之城”，打造重点行业、重点区域发展标杆。

3.2.3 域名系统

通过网络地址（如IP地址），程序可以访问网上的各种资源，但是这些二进制主机地址很难记住。给网络地址起名字的原因是名字比数字更容易记忆。早在ARPANET时代，整个网络上只有数百台计算机，因此那时使用一个叫作HOSTS的配置文件，列出了所有主机名字和相应的IP地址。只要用户输入一个主机的名字，计算机就可很快地将其转换成机器能够识别的二进制IP地址。

但随着互联网规模的扩大，网络上的主机数量也迅速增加。人们开始意识到这种方法不再有效。因为这样的存放名字文件的主机肯定会因超负荷和网络拥塞而无法正常工作，而且一旦这台主机出现故障，整个Internet就会瘫痪。1983年Internet开始采用层次结构的命名机制作为主机的名字，并开始使用域名系统DNS（Domain Name System）。

Internet的域名系统DNS被设计成为一个联机分布式数据库系统，并采用客户/服务器模式。DNS使大多数名字都在本地映射，仅有少量映射需要在Internet上通信，从而使得系统高效地运行。DNS的运行是可靠的，即使单台计算机出现故障，也不会妨碍整个系统的正常运行。

域名服务就是要解析一个web的域名，建立一个从域名（如www.cnet.com）到它所对应的IP地址（204.162.80.181）的映射关系。域名服务程序在专设的节点上运行，而通常把运行该程序的机器称为域名服务器。

1.命名空间

DNS采用层次结构化的命名方法，也就是任何一个连接在Internet上的主机或路由器，都有一个唯一的层次结构的名字，即域名（Domain Name），例如www.sina.com.cn。需要注意的是，域名只是一个逻辑概念，并不能反映出计算机所在的物理地点。

DNS实际上是一个分布式的数据库系统，它是有层次结构的系统，DNS并没有一张保存着所有的主机信息的列表。相反，这些信息是存放在许多分布式的域名服务器中，这些域名服务器组成一个层次结构的系统，顶层是一个根域（Root Domain）。其实域的概念和我们地理上的行政区域管理的概念是类似的，一个国家的行政机构包括中央政府（相当于根域）和各个省份的省政府（第一级域名），省政府之下又包括许多市政府（第二级域名），市政府之下包括许多县政府（第三级域名），以此类推，每一个下级域都是上级域的子域。每个域都有自己的一组域名服务器，这些服务器中保存着当前域的主机信息和下级子域的域名服务器信息。例如，根域服务器不必知道根域内所有主机的信息，它只要知道所属下级子域的域名服务器的地址即可。

顶级域名（Top-level Domain，TLD）是互联网中域名系统（DNS）中最高级别的域名分类，代表一个特定的国家、地区或者某个特定的组织或用途。在互联网上，顶级域被广泛应用于识别和分类不同的网站和网络资源。顶级域分为两大类：国家顶级域名（Country Code Top-level Domains，ccTLD）和通用顶级域名（Generic Top-level Domains，gTLD）。

最早的通用顶级域名有 .com、.org 和 .net，分别代表商业（Commercial）、组织（Organization）和网络（Network）。随着互联网的发展，通用顶级域名不断扩充，涵盖了更多的领域和特定用途。例如，.edu 用于教育机构，.gov 用于政府部门，.mil 用于军事机构，.info 用于信息类网站等。

国家顶级域名是根据 ISO 3166 国际标准中的国家代码来设立的。每个国家和地区都有一个独特的顶级域名，用于表示其所属的国家或地区。例如，.cn 代表中国，.us 代表美国，.jp 代表日本。国家顶级域名广泛用于特定国家和地区的网站和网络资源，有利于用户通过顶级域名来判断网站的地区性和可信度。

互联网命名空间如图 3-21 所示，它实际上是一个倒过来的树状结构，树根在最上面，树根下面一级节点就是最高一级的顶级域节点。在顶级域节点下面的是二级域节点，以此类推。最下面的是叶节点，叶节点下面不再设有子域。

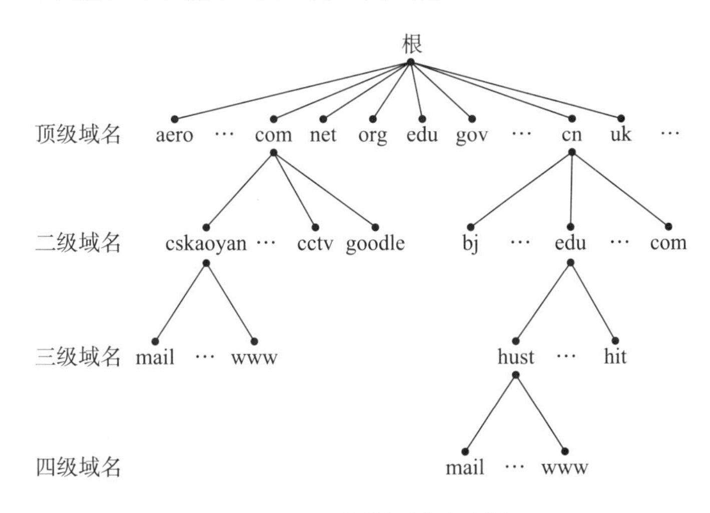

图 3-21 **互联网命名空间**

2.域名解析

将域名转换为对应的 IP 地址的过程称为域名解析，即域名被解析为地址。Internet 上的主机成千上万，并且还在随时不断增加，不可能由一个或几个 DNS 服务器就能够实现这样的解析过程。事实上，DNS 依靠一个分布式数据库系统对网络中的主机域名进行解析，并及时地将新主机的信息传播给网络中的其他相关部分，因而给网络维护及扩充带来了极大的便利。

每个域名服务器管理着网络的不同区域，由一台域名服务器管理的机器的集合称为一个区（Zone）。一台域名服务器也可以管理多个区，并且每个域名服务器与其上级域名服务器通信。在一个区内，通常都设有辅助或备份域名服务器，两个域名服务器（主控域名服务器和辅助域名服务器）之间在不断复制信息。每个区至少有一台域名服务器负责区内每台机器的地址信息。每个域名服务器同时知道至少一台其他域名服务器的地址。当某个用户的应用需要将域名解析为网络地址时，应用向解析进程发送查询信息，解析进程再与域名服务器通信。域名服务器检查本地的列表并返回与域名对应的网络地址。如果域名服务器没有所需要的信息，它将向其他域名服务器发送请求。域名服务器及解析进程都使用本地数据库的列表并且缓存本地区内机器的信息，同时缓存区外最近的请求响应信息。

当一个客户端程序，发出一个连接请求给本地 DNS 服务器时，服务器开始名字解析。解析进程可以使用 UDP 和 TCP 协议进行查询，从查询的速度上考虑，解析进程大部分都使用 UDP 协议，但对于反复查询和传输信息量大的查询，将采用可靠性高的 TCP 协议。

DNS 域名解析的工作原理及过程分为以下几个步骤。

（1）客户机提出域名解析请求，并将该请求发送给本地的域名服务器。

（2）当本地的域名服务器收到请求后，就先查询本地的缓存（Cache），如果有该记录项，则本地的域名服务器就直接把查询的结果返回。

（3）如果本地的缓存中没有该记录，则本地域名服务器就直接把请求发给根域名服务器，然后根域名服务器再返回给本地域名服务器一个待查询域（根的子域）的主域名服务器的地址。

（4）本地服务器再向待查询域的域名服务器发送请求，然后接收请求的服务器查询自己的缓存，如果没有该记录，则返回相关的下级的域名服务器的地址。

（5）重复第 4 步，直到找到正确的纪录。

（6）本地域名服务器把返回的结果保存到缓存，以备下一次使用，同时还将结果返回给客户机。

具体的域名解析过程如图 3-22 所示。

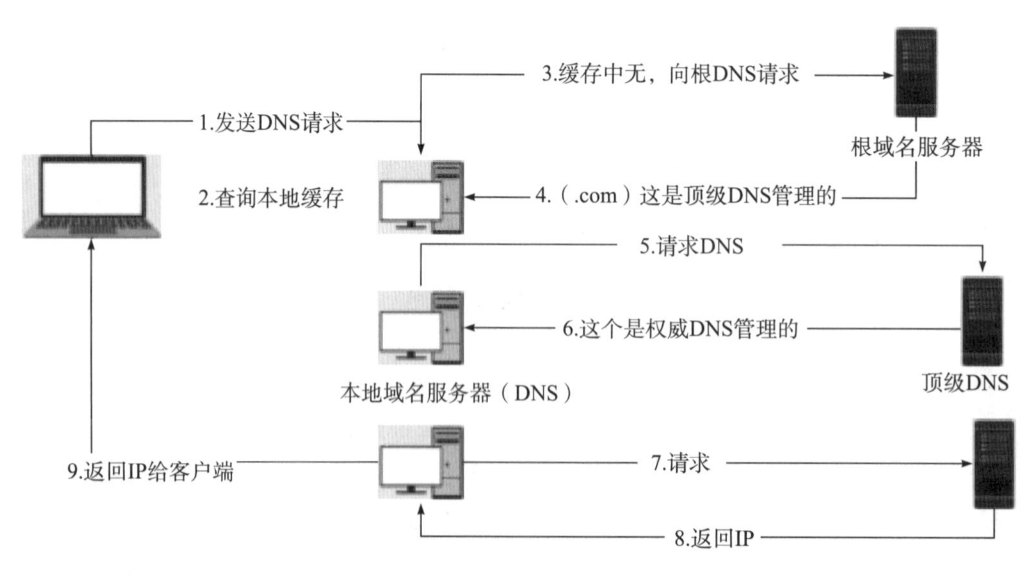

图 3-22　域名解析过程

安不忘危

根域名服务器安全

从域名解析过程可以看出根域名服务器的重要性，如果根域名服务器不提供服务，那么整个解析过程便无法进行。

由美国一手构建起来的 IPv4 体系，在全球部署了 13 台根服务器，唯一主根部署在美国，其余 12 台辅根中 9 台在美国、2 台在欧洲、1 台在日本。我国从 30 多年前就向美国申请争取 1 台辅根服务器，但美国以种种借口拒绝。在 IP 地址的分配上也极不公平，中国占全球互联网用户的 20% 却只拥有 5% 的 IP 地址，1 个美国人可以分配 6 个 IP 地址，而 26 个中国人共享 1 个 IP，在 IP 分配上还不如日本、印度。

美国种种故意为之，造就中国互联网领域存在巨大缺陷，若有一天美国突然屏蔽中国互联网的域名和 IP，那么中国的域名和 IP 将会无法访问，整个互联网瞬间瘫痪。在这种状况之下，中国的网络安全、国防信息安全毫无保障。

如何破局？破局点就是 IPv6。

由于美国 IPv4 体系落后，与时代脱轨，已经不能满足需求，因此中国下一代互联网工程中心领衔发起了“雪人计划”。在中国提出“雪人计划”后，英、法、德、意等欧洲国家相继加入中国 IPv6 协议，美、日随后登门融入中国 IPv6 协议。2016 年，“雪人计划”已在全球完成 25 台 IPv6 根服务器架设，中国部署了其中的 4 台，由 1 台主根服务器和 3 台辅根服务器组成，打破了中国过去没有根服务器的困境。

3.3 新一代计算机网络

网络连接着个人、组织和社会，需要不断创新以适应业务的多样性和快速变化。从话音时代的 2G/NGN，到视频时代的 3G/4G/Multi-Play，再到云时代的 5G/SDN/NFV，随着全社会数智化转型时代的到来，网络还将出现一些新的发展趋势，以构建差异化的服务体验，支撑万物互联智能世界的到来。下面将从移动互联网、工业互联网、万物互联、云网络四个角度讲解新一代的计算机网络。

3.3.1 移动互联网

移动互联网是 PC 互联网发展的必然产物，是互联网的技术、平台、商业模式和应用与移动通信技术结合并实践的活动的总称。我们日常手机使用的 4G、5G 网络就是移动互联网。它已经成为现代社会中不可或缺的一部分，给人们的生活带来了巨大的变化。

1.移动互联网的发展

早期的移动互联网起源于20世纪90年代，当时无线通信技术开始蓬勃发展。最初的移动电话（2G）可以实现语音通话和简单的短信功能，这是移动互联网的雏形，它为人们提供了更灵活的通信方式。然而，由于带宽和速度的限制，早期的移动互联网无法满足人们对于高速数据传输和更丰富应用的需求。

随着移动通信技术的进步，第三代移动通信技术（3G）在2000年年初开始商用。3G技术引入了高速数据传输的能力，使得移动互联网的应用范围进一步扩大。人们可以通过手机访问互联网并使用更多的应用程序，如电子邮件、社交媒体和即时通信工具等。3G技术的出现标志着移动互联网从简单的通信工具向数据传输和应用领域的扩展。

智能手机的发展推动了移动互联网的蓬勃发展。随着智能手机的普及，人们不仅可以进行通话和短信，还可以使用各种应用程序来满足需求。智能手机提供了更大的屏幕空间和更强大的处理能力，使得用户可以在移动设备上浏览网页、观看视频、玩游戏等。此外，智能手机还支持GPS定位和传感器技术，为地理位置服务和健康监测等领域的创新应用提供了可能。

第四代移动通信技术（4G）的商用部署是移动互联网的一个重要里程碑。4G网络拥有更高的速度和更低的延迟，可以实现更快速的数据传输和更流畅的用户体验。这推动了移动互联网应用的进一步扩展，如高清视频、移动支付和移动办公等。在4G时代，人们可以更加便捷地使用移动设备进行各种任务，并随时随地获取所需的信息。

第五代移动通信技术（5G）带来前所未有的高速、低延迟和大连接密度，为移动互联网开启了全新的篇章。它推动物联网、工业互联网、智能交通和智慧城市等领域的创新和发展。通过5G技术，人们能够享受到更快速、可靠的通信体验，并实现更多便利和创新的应用。

根据2023全球数字经济大会的数据，截至2023年5月底，我国已累计建成5G基站284.4万个，覆盖所有地级市城区和县城城区。建成5G行业虚拟专网超过1.6万个，有效满足垂直企业对数据本地化、管理自主化等个性化需求。5G移动电话用户数达6.51亿，占移动电话用户的38.1%。5G应用已融入97个国民经济大类中的60个，应用案例数累计超过5万个，工业领域的5G应用已逐步深入生产经营核心环节，“5G +”急诊救治体系已在超过70个地级市建成使用，全国50强煤炭企业的5G应用占比高达72%。

2.移动互联网的架构

移动互联网的组成其实并不复杂，由下至上分别是接入层、汇聚层、核心层，接入层把数据收集起来；汇聚层就像交通，负责传输数据；核心层负责管理这些数据，对数据进行分拣，使之发挥各自的作用。

大家所熟悉的基站，就是接入层设备中的一种。一旦多个基站连成了一张蜂窝网络，靠各个基站之间彼此互通进行自治的效率太低，所以需要引入一个中央控制点（控制器），对多个基站进行统一管理。2G和3G时代，多个基站由一个控制器管理，多个控制器又由核心网来管理，组成了一个三层的金字塔形架构，如图3-23所示。

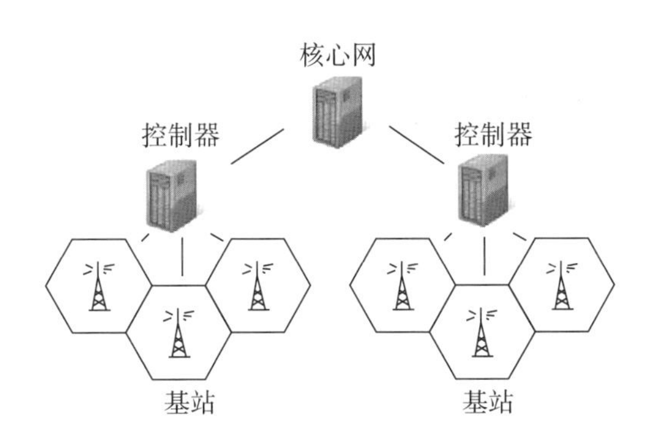

图 3-23　2G 和 3G 时代的移动互联网架构

4G 时代，为了降低时延，简化架构，去掉了基站控制器，基站直接由核心网来进行管理。这个架构虽然简单，但用起来却不方便。如果让核心网管理所有基站，负荷太大；如果让基站之间点对点地互相协调资源调度、干扰等问题，则效率低、效果差。于是 4G 时代一直都在平衡和协调这个架构。

5G 时代，吸取了 4G 时代的教训，又采用 2G 和 3G 时代的方式——把基站拆分成了集中单元（CU）和分布单元（DU），一个 CU 管理多个 DU，然后核心网再来管理数量较少的 CU，如图 3-24 所示。

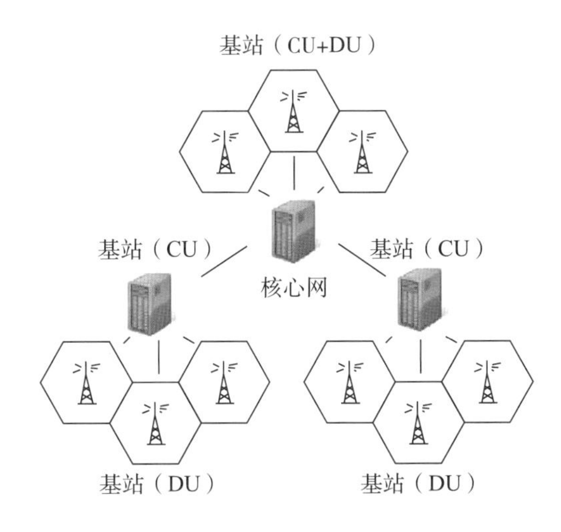

图 3-24　5G 时代的移动互联网架构

思考

我们在打电话时，手机将信号发给基站，基站再将数据传给对方手机，那么我们的手机是如何找到基站的？基站又是如何找到对方的手机的呢？

3.3.2 工业互联网

工业互联网（Industrial Internet）是新一代信息通信技术与工业经济深度融合的新型基础设施、应用模式和工业生态，通过对人、机、物、系统等的全面连接，构建起覆盖全产业链、全价值链的全新制造和服务体系，为工业乃至产业数字化、网络化、智能化发展提供了实现途径，是第四次工业革命的重要基石。

工业互联网不是互联网在工业的简单应用，而是具有更为丰富的内涵和外延。它以网络为基础、平台为中枢、数据为要素、安全为保障，既是工业数字化、网络化、智能化转型的基础设施，也是互联网、大数据、人工智能与实体经济深度融合的应用模式，同时也是一种新业态、新产业，将重塑企业形态、供应链和产业链。

2023年是我国实施《工业互联网创新发展行动计划（2021—2023年）》的收官之年，在这一年，工业互联网由单项赋能向综合赋能转变，由试点应用向规模化推广发展。工信部最新数据显示，2023年，我国工业互联网核心产业规模达1.35万亿元，已全面融入49个国民经济大类，涵盖所有41个工业大类。工业互联网体系建设不断完善，融合应用不断深入，产业生态日益优化。

1.工业互联网的发展背景

加快发展工业互联网，促进新一代信息技术与制造业深度融合，是顺应技术、产业变革趋势，是加快制造强国、网络强国建设的关键抓手，是深化供给侧结构性改革、促进实体经济转型升级，也是实现"碳达峰、碳中和"目标，持续推进可持续发展的客观要求。

从工业经济发展角度看，工业互联网为制造强国建设提供了关键支撑。一是推动传统工业转型升级。通过跨设备、跨系统、跨厂区、跨地区的全面互联互通，实现各种生产和服务资源在更大范围、更高效率、更加精准的优化配置，实现提质、降本、增效、绿色、安全发展，推动制造业高端化、智能化、绿色化，大幅提升工业经济发展质量和效益。二是加快新兴产业培育壮大。工业互联网促进设计、生产、管理、服务等环节由单点的数字化向全面集成演进，加速创新方式、生产模式、组织形式和商业范式的深刻变革，催生平台化设计、智能化制造、网络化协同、个性化定制、服务化延伸、数字化管理等诸多新模式、新业态、新产业。

从网络设施发展角度看，工业互联网是网络强国建设的重要内容。一是加速网络演进升级。工业互联网促进了人与人相互连接的公众互联网、物与物相互连接的物联网向人、机、物、系统等的全面互联拓展，大幅提升网络设施的支撑服务能力。二是拓展数字经济空间。工业互联网具有较强的渗透性，可以与交通、物流、能源、医疗、农业等实体经济各领域深度融合，实现产业上下游、跨领域的广泛互联互通，推动网络应用从虚拟到实体、从生活到生产的科学跨越，极大地拓展了网络经济的发展空间。

2.工业互联网的体系

工业互联网包含了网络、平台、数据、安全4大体系。

1）网络体系是基础

工业互联网网络体系包括网络互联、数据互通和标识解析3部分。网络互联实现要素之间的数据传输，包括企业外网、企业内网。典型技术包括传统的工业总线、工业以太网，以及创新的时间敏感网络（TSN）、确定性网络、5G等技术。企业外网根据工业高性能、高可靠、高灵活、高安全网络需求进行建设，用于连接企业各机构、上下游企业、用户和产品。企业内网用于连接企业内人员、机器、材料、环境、系统，主要包含信息（IT）网络和控制（OT）网络。

2）平台体系是中枢

工业互联网平台体系包括边缘层、基础即服务（IaaS）、平台即服务（PaaS）和软件即服务（SaaS）4个层级，相当于工业互联网的"操作系统"，有以下4个主要作用。

（1）数据汇聚：网络层面采集的多源、异构、海量数据，传输至工业互联网平台，为深度分析和应用提供基础。

（2）建模分析：提供大数据、人工智能分析的算法模型和物理、化学等各类仿真工具，结合数字孪生、工业智能等技术，对海量数据挖掘分析，实现数据驱动的科学决策和智能应用。

（3）知识复用：将工业经验知识转化为平台上的模型库、知识库，并通过工业微服务组件方式，方便二次开发和重复调用，加速共性能力沉淀和普及。

（4）应用创新：面向研发设计、设备管理、企业运营、资源调度等场景，提供各类工业 APP、云化软件，帮助企业提质增效。

3）数据体系是要素

工业互联网数据有以下 3 个特性。

（1）重要性。数据是实现数字化、网络化、智能化的基础，没有数据的采集、流通、汇聚、计算、分析，各类新模式就是“无源之水”，数字化转型也就成为“无本之木”。

（2）专业性。工业互联网数据的价值在于分析利用，分析利用的途径必须依赖行业知识和工业机理。制造业千行百业、千差万别，每个模型、算法背后都需要长期积累和专业队伍，只有深耕细作才能发挥数据价值。

（3）复杂性。工业互联网运用的数据来源于研发、生产、供应、销售和售后服务各环节，人员、机器设备、物料、方法和环境各要素，ERP（企业资源计划系统）、MES（生产执行系统）、PLC（可编程逻辑控制器）等各系统，维度和复杂度远超消费互联网，因此会面临采集困难、格式各异、分析复杂等挑战。

4）安全体系是保障

工业互联网安全体系涉及设备、控制、网络、平台、工业 APP 、数据等多方面网络安全问题，其核心任务就是要通过监测预警、应急响应、检测评估、功能测试等手段确保工业互联网健康有序发展。与传统互联网安全相比，工业互联网安全具有以下 3 大特点。

（1）涉及范围广。工业互联网打破了传统工业相对封闭可信的环境，网络攻击可直达生产一线。联网设备的爆发式增长和工业互联网平台的广泛应用，使网络攻击面持续扩大。

（2）造成影响大。工业互联网涵盖制造业、能源等实体经济领域，一旦发生网络攻击或其他破坏行为，造成的安全事件影响严重。

（3）企业防护基础弱。目前我国广大工业企业安全意识、防护能力仍然薄弱，整体安全保障能力有待进一步提升。

3.工业互联网的应用

工业互联网目前已延伸至 40 个国民经济大类，涉及原材料、装备、消费品、电子等制造业各大领域，以及采矿、电力、建筑等实体经济重点产业，实现更大范围、更高水平、更深程度发展，形成了千姿百态的融合应用实践。

钢铁行业是国民经济支柱产业，制造流程长、工序多，生产分段连续，主要面临生产运营增效难、产能严重过剩、低碳压力大、本质安全水平较低等痛点。中国宝武、鞍山钢铁、马钢集团等企业应用工业互联网积极探索生产工艺优化、多工序协同优化、多基地协同、产融结合等典型应用场景，一方面通过数据深度分析带动生产效率、质量和效益提升，另一方面实现多区域、多环节、多业务系统的协同响应与综合决策，通过模式创新实现新价值创造和新动能培育。

工程机械行业作为国民经济的重要行业，为建筑、制造、采矿等行业提供生产必需的机械装备和基础工具，具有产品复杂多样、生产过程离散、供应链复杂的特征，同时也面临着生产效率不高、产品运维能力较弱和行业同质化竞争严重等行业痛点。三一重工、徐工集团和中联重科等工程机械龙头企业积极应用工业互联网加快企业数字化步伐。通过工业互联网进行设备预测性维护、远程可视化管理，不仅降低了设备运维成本，提高了生产资源的动态配置效率，还在此基础上延伸出供应链金融、融资租赁等服务模式，实现“制造 + 服务”，带来新的增长空间。

家电行业具有技术更新速度快、产品研发周期短、产品同质化程度高等特点，当前主要面临个性化需求满足困难、生产精度效率要求高、订单交付周期长、质量管控力度不足、库存周转压力大等核心需求痛点。格力、海尔、美的、TCL 等轻工家电企业依托工业互联网开展规模化定制、产品设计优化、质量管理、生产监控分析及设备管理等应用探索，提升用户交互体验、品质一次合格率与生产效率，节省设备运维成本，满足客户个性化需求。

电子信息行业属于知识、技术密集型产业，产品细分种类多、生产周期短、迭代速度快，对品质管控、标准化操作与规范化管理、市场敏捷化响应等要求较高。中国电子、华为、中兴等通过工业互联网开展设备可视化管理、产品合格率提升、库存管理优化、全流程调度优化和多工厂协同等典型应用探索，一方面通过机器视觉、大数据分析等新技术提升质量管理、设备故障诊断、产品库存管理等环节效率，另一方面通过建设互联工厂实现企业级决策优化和需求敏捷响应。

采矿行业是采掘、开发自然界能源或将自然资源加工转换为燃料、动力的工业，当前主要面临资源紧缺、安全监管与环保压力大、精细化管理要求高等痛点。山西潞安新元煤矿、陕煤集团小保当煤矿、山东黄金三山岛金矿、内蒙古白云鄂博稀土矿等采矿企业利用“5G + 工业互联网”，开展智能采掘与生产控制、环境监测与安全防护、井下巡检等，把人从危险繁重的工作环境中解放出来，促进了采矿行业绿色、安全生产。

电力行业利用“5G + 工业互联网”与发电、输电、变电、配电、用电全环节融合，形成新型控制监测网络，优化流程工艺，大幅减少碳排放，降低了清洁能源并网的不确定性，同时提升电动汽车和微电网等主体的接入能力，降低了上下游企业和使用电能客户的成本。中国华能、南方电网、国家电网、正泰集团、特变电工等发电侧、电网侧和用电侧企业及机构纷纷开展探索，形成发电侧设备预警与节能增效、电网侧调度优化与全流程集成管控、用电侧服务提质与用电策略优化等典型应用模式，分别实现了设备故障提前预测和主动维修、电能量数据可测和用电成本降低。

建筑行业具有项目建设周期长、资金投入大、项目关联方管理复杂、人员流动性强等特点，将走向以工业互联网、BIM（建筑信息模型）等技术综合应用支撑下的工业化、智能化、绿色化。中建科工、广联达、三一筑工、北京建谊等企业利用工业互联网，探索数字化协同设计与集成交付、虚实融合的施工协同管理、装配式建筑智能制造等应用，实现建设项目全过程的虚拟执行和优化调整，大幅提升设计效率、施工质量、成本进度控制和安全施工水平。另一方面，面向建筑本身能耗优化、安全应急和访问控制等需求，部分领先建筑企业通过工业互联网开展能耗管理、资产监测运维、虚拟演练等应用探索，实现智能化、安全化运行。

3.3.3 万物互联

万物互联（IoE）以智能的方式将人、流程、数据、对象汇集在一起，使网络连接可以带来更多的应用和服务价值，使信息可以创造新的能力、丰富的经验，以及在国家、商业、个人的领域产生全新的经济机会。

自 2022 年 8 月我国率先迈入“物超人”时代以来，“物联”接棒连接“领导力”，发展速度越来越快，我国在物联网基础建设、产业应用、创新发展等方面走在世界前列。

我国物联网连接数的持续增长和产业的发展壮大，是市场需求和技术进步的共同结果。其带来的海量数据为大数据、人工智能提供了丰富资源，正有力推动我国数字经济发展。

工信部数据显示，截至 2023 年 8 月末，应用于公共服务、车联网、智慧零售、智慧家居的物联网终端规模已分别达 7 亿、4.4 亿、3.2 亿、2.4 亿户。另据市场研究机构 IoT Analytics 统计数据，中国物联网行业应用中制造业 / 工业占比 22%，排在首位；其次是交通 / 车联网，占比 15%；智慧能源、智慧零售、智慧城市、智慧医疗和智能物流分别占比 14%、12%、12%、9%和 7%。

1.万物互联与物联网的关系

物联网（IoT）是将实体对象连接到互联网上，这些对象使用嵌入式技术使其内部状态可以与外部环境互相影响。换句话说，当对象可以感知和沟通时，它会改变决策的方式、决策的时机以及做决策的对象。

物联网只注重对象这项元素，而万物互联更进一步，将人、流程、数据和对象连接到一起，进一步提高了物联网的功能，达到改善商业和产业成果的目的。

（1）人：以更应用、更有价值的方式将人连接在一起。

（2）流程：在正确的时间将正确的信息提供给正确的人（或机器）。

（3）数据：将数据进行智能化处理以做出更好的决策。

（4）对象：将物理设备和对象连接上网络来进行智能决策，物联网集中在这一步。

总结起来，万物互联就是对大量的物联网数据进行智能化处理的，基础仍然是物联网。

2.物联网实现原理

物联网的体系结构通常被划分为三个主要层次：感知层、网络层和应用层。这三个层次相互关联，共同构成了物联网从数据采集到信息处理的完整流程。

下面以一个智能灯泡为例，说明物联网的实现原理。

购买一个智能灯泡后，我们需要做如下操作。

（1）通电，将灯泡拧到灯座，

（2）应用，扫描说明书的二维码下载 APP，

（3）配网，按照说明书通过 APP 和灯进行交互使设备连网，

（4）鉴权，设备连网后设备请求接入服务，应用层会根据鉴权规则确认设备是否可以接入，允许接入后设备即可成功使用服务。

（5）使用，这时我们就可以在 APP 上控制灯的颜色、灯的亮度、灯的开关，充分享受物联网带来的便捷。

以上实现的具体原理及过程如图 3-25 所示。

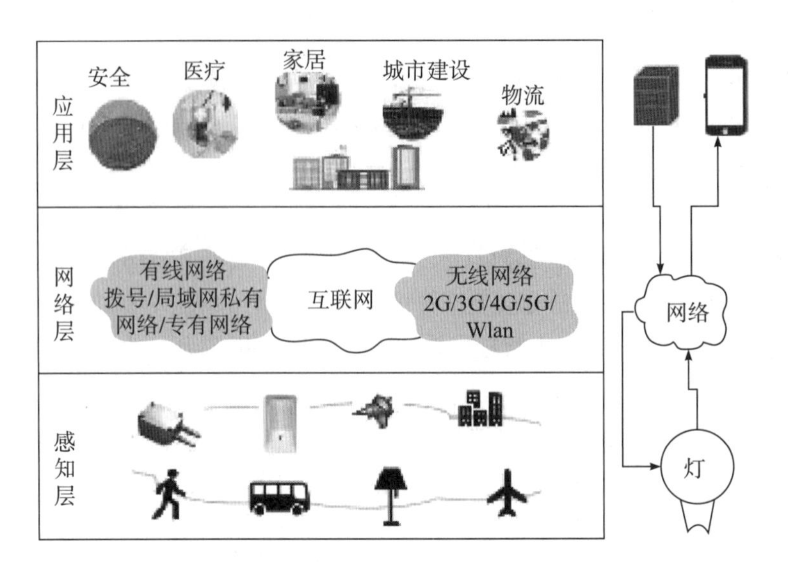

图 3-25　**物联网的基础架构及智能灯泡的实现过程**

感知层即我们的智能设备层，可以类比为我们的视觉、味觉、嗅觉、听觉等。感知层帮我们度量、定义事和物，如温度、湿度、雾霾指数、是否移动、光照度、气味等。主要的技术有传感器技术、射频识别技术、二维码技术等。

网络层实现数据传输，把数据从感知层传输至应用层。

应用层就像我们的大脑，我们会对接收到的信息进行归类、判断并作出相应的动作或决定。

科技强国

"星闪"助力万物互联

2023 年 9 月 25 日，华为召开秋季全场景新品发布会，除了万众期待的 Mate 系列手机，星闪（NearLink）这一新一代近距离无线连接技术也无疑震撼人心，受到市场热捧。

作为继卫星通信、麒麟 9000S"中国芯"后华为的又一"黑科技"，星闪可谓我国科技自强的又一里程碑技术。星闪技术的商用，将助力万物互联时代的来临。

星闪即超级蓝牙技术，采用一套标准集合蓝牙和 Wi-Fi 等传统无线技术的优势，通过软硬件协同实现了更低的时延和功耗，以及更稳定的连接。星闪的背后，如同国产芯片一样，也有一个本土无线通信技术从跟随到突破的故事，而这一切要从 2019 年说起。

2019 年，蓝牙技术联盟宣布将华为开除出局。华为没有坐以待毙，而是自己从头开始研发无线通信技术，于 2020 年推出超级蓝牙技术，对标蓝牙命名为绿牙，并成立了类似蓝牙技术联盟的无线技术组织——绿牙联盟，这就是星闪联盟的前身。

除了克服海外技术上的打压，还要构建起独立的生态，这离不开产业链上下游的支持。2020 年 9 月 22 日，星闪联盟正式成立。2023 年 8 月 4 日，华为在第五届华为开发者大会上，正式发布星闪技术。短短几年间，已经有300多家友商和机构加入该联盟，覆盖了芯片、模组、设备、解决方案、测试、运营和安全服务等全产业链上下游。

据华为官方介绍，星闪将能够实现多设备之间的无缝互动、高质量音频传输、快速数据同步、高速率数据共享、低功耗控制、精准同步控制六大革新体验。作为高可靠、低时延的连接技术，星闪在计算机、手机、汽车等智能家居、终端智能制造领域的搭载有望使交互效率大大提升，将在万物互联时代的诸多场景注入新的价值。

3.3.4 云网络

当前，世界正经历百年未有之大变局，我国正加快构建以国内大循环为主体、国内国际双循环相互促进的发展新格局。而数字社会核心支撑的“新基建”将成为打通“双循环”的重要着力点。“云”作为“新基建”的重要组成部分，在互联网、政务、金融、交通、物流、教育等领域实现快速发展，加快实现“一切云服务化，一切服务云化”，全面赋能城市治理现代化和经济高质量发展。

1.云网络概念

云网络以虚拟化技术为基础，将网络能力开放，为企业上云、用云过程中提供“云—边—端”互联互通服务。云网络是以云为中心，面向应用和租户的虚拟化网络基础设施，具备按需、弹性、随处可获得、可计量的特征。从某种程度上来讲，云网络是通信技术（CT）与互联网技术（IT）融合的产物。

2.云网络架构

对应云场景下的流量，云网络总体上分为数据中心内网络、数据中心间网络、数据中心接入网络3个部分，如图3-26所示。

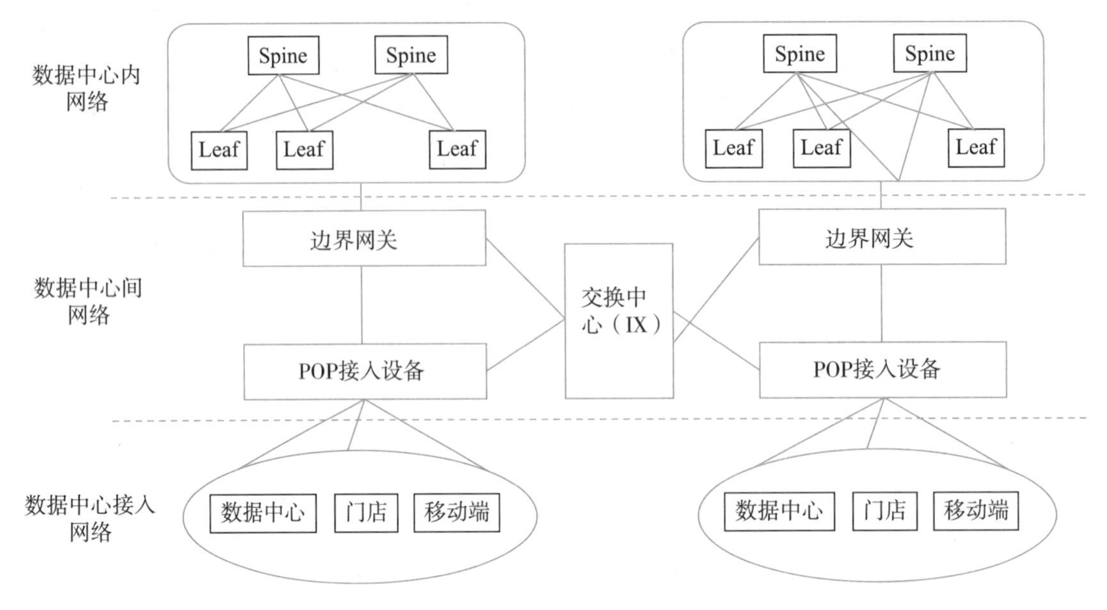

图 3-26　云网络架构

1）数据中心内网络

数据中心内网络主要承载同一数据中心内的东西向流量，满足服务器等资源的高速接入，一般采用基于 CLOS 架构（多级架构）的两层 Spine-Leaf（分布式核心网络）架构。

数据中心云网络的基础是网络资源的虚拟化。通过对网元、网络设备的虚拟化使得资源可以充分灵活共享。同时网络的虚拟化开放能力将各项功能和资源封装成 API（应用程序编程接口）提供给客户，客户可以统一管理云、网、端资源。云网络通过软件虚拟化的方式向云上租户提供网络功能。

2）数据中心间网络

数据中心间网络（Data Center Interconnect Network，DCI）承载不同数据中心之间的南北向流量，包括同一云服务商不同数据中心之间的网络和跨云服务商的数据中心之间的网络。云计算业务的多样性和访问的随机性要求 DCI 具备业务隔离、接入方式多样的特性。

DCI 通常由云服务厂商自建或者由专业的交换中心厂商建设。2000 年开始，北京、上海、广州等地陆续建立了国家级互联网交换中心以及多个地区级交换中心；2015 年，以互联网企业为基础的交换中心开始出现。2020 年开始，新型互联网交换中心出现，成为我国互联网创新发展的网络基础。新型互联网交换中心实现了各类网络的无差别接入，信息、数据、资源交互更加便捷。

3）数据中心接入网络

数据中心接入网连接云资源与用户，多采用 SD-WAN（软件定义广域网）技术，通过在分支机构等接入点部署支持 SDN（软件定义网络）集中管理控制的 CPE（客户终端设备）或者 vCPE（虚拟客户终端设备），实现资源的灵活调配，服务的自助式云资源接入。SD 加连接符 WAN 将多个网络线路根据业务的优先级进行绑定，从而在满足业务需求的基础上，降低整体的组网成本。同时，通过 SD 加连接符 WAN 可编程 API 可以实现自动化部署，控制网络的使用时间和使用方式。

3.云服务模式

云计算服务主要分为 3 种模式：基础设施即服务（Infrastructure as a Service，IaaS）、平台即服务（Platform as a Service，PaaS）和软件即服务（Software as a Service，SaaS）。这 3 种模式为不同的用户提供了不同的云计算服务，帮助用户实现资源的优化配置和信息技术的快速发展。这 3 种服务的区别主要是云服务厂商提供的服务不同，具体如图 3-27 所示。

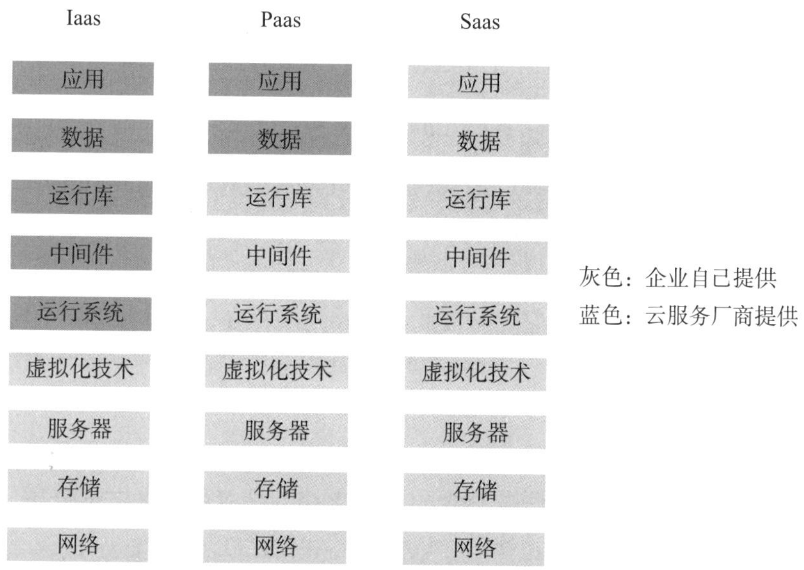

Iaas	Paas	Saas
应用	应用	应用
数据	数据	数据
运行库	运行库	运行库
中间件	中间件	中间件
运行系统	运行系统	运行系统
虚拟化技术	虚拟化技术	虚拟化技术
服务器	服务器	服务器
存储	存储	存储
网络	网络	网络

灰色：企业自己提供
蓝色：云服务厂商提供

图 3-27 3 种云服务区别

下面以一个例子来说明 IaaS，PaaS 和 SaaS 的区别。某企业准备上线一个软件给员工用，来了 3 家供应商，提供了 3 个方案给企业选择。

第一家 IaaS：供应商帮企业安装好计算机，收取计算机硬件费和后续维护费，企业自己安装操作系统、软件即可使用。

第二家 PaaS：供应商帮企业安装好计算机和操作系统，收取硬件和操作系统费用以及维护费，企业自己再去购买和安装软件即可使用。

第三家 SaaS：供应商帮企业安装好计算机、操作系统和软件，后续所有问题也是供应商维护，收取硬件和服务打包费用，企业直接用软件即可。

对于企业而言，需要根据自己的需求和技术能力进行选择，服务模式本身没有优劣之分。

4.云计算与边缘计算

云网络的基础技术是云计算和边缘计算，下面对这两项技术进行简要介绍。

1）云计算

云计算是分布式计算的一种，通过网络“云”将巨大的数据计算处理程序分解成无数个小程序，然后，通过多部服务器组成的系统处理和分析这些小程序，得到结果并返回给用户。

云计算早期，简单地说，就是简单的分布式计算，解决任务分发，并进行计算结果的合并。因而，云计算又称网格计算。通过这项技术，可以在很短的时间内（几秒种）完成对数以万计的数据的处理，从而达到强大的网络服务。

2）边缘计算

边缘计算指的是在靠近物或数据源头的一侧，采用集网络、计算、存储、应用核心能力为一体的开放平台，就近提供最近端服务。其应用程序在边缘侧发起，能产生更快的网络服务响应，满足行业在实时业务、应用智能、安全与隐私保护等方面的基本需求。边缘计算处于物理实体和工业连接之间，或处于物理实体的顶端。而云计算仍然可以访问边缘计算的历史数据。可以看出，边缘计算的概念是建立在云计算的基础上的。

边缘节点指的是在数据产生源头和云中心之间任一具有计算资源和网络资源的节点。比如，手机就是人与云中心之间的边缘节点，网关是智能家居和云中心之间的边缘节点。在理想环境中，边缘计算指的就是在数据产生源附近分析、处理数据，没有数据的流转，进而减少网络流量和响应时间。

3）边缘计算与云计算的关系

边缘计算和云计算互相协同，它们是彼此优化补充的存在，共同推动行业数字化转型。

云计算是一个统筹者，它负责长周期数据的大数据分析，能够在周期性维护、业务决策等领域运行。

边缘计算着眼于实时、短周期数据的分析，可以更好地支撑本地业务及时处理执行。边缘计算靠近设备端，也为云端数据采集做出贡献，支撑云端应用的大数据分析，云计算也通过大数据分析输出业务规则下发到边缘处，以便执行和优化处理。

所以不管是云计算还是边缘计算，不存在一方完全取代一方的情况，只是在各自擅长的领域各司其职，在最合适的场景里用最合适的运算，或者协同工作。

所谓万物互联，以时间为横坐标延伸，最大的网络就是物联网。那么边缘计算就是靠近物联网边缘的计算、处理、优化和存储。搭载物联网的发展，边缘计算的应用也十分广泛，从智慧城市、智慧家居、智慧医院、在线直播，到智能泊车、自动驾驶、无人机、智能制造等各方面都有它的身影。

5.云产业发展

云计算引发软件开发部署模式创新，成为承载各类应用的关键基础设施，并为大数据、物联网、人工智能等新兴领域的发展提供基础支撑。根据中国信息通信研究院发布的《云计算白皮书（2023 年）》数据，2022 年，全球云计算市场规模为 4910 亿美元，增速 19%，我国云计算市场规模达 4550 亿元，同比增长 40.91%，我国云计算市场处于快速发展期。

中共中央、国务院印发的《扩大内需战略规划纲要（2022—2035 年）》提出，推动人工智能、云计算等广泛、深度应用，促进“云、网、端”资源要素相互融合、智能配置。工信部等八部门发布的《关于推进 IPv6 技术演进和应用创新发展的实施意见》提出，推动 IPv6 与 5G、人工智能、云计算等技术的融合创新，促进数据中心、云计算和网络协同发展。

云产业链如图 3-28 所示。

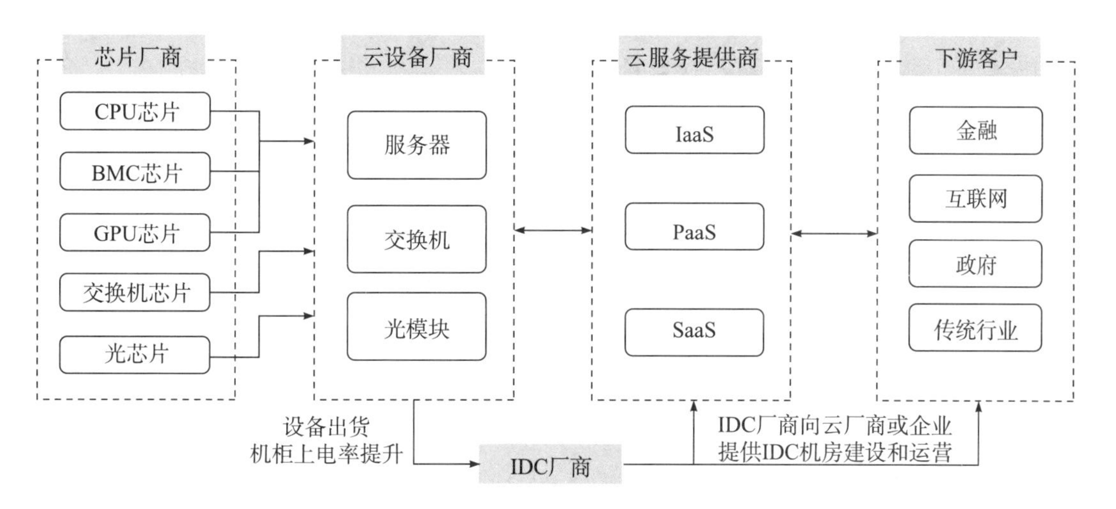

图 3-28 **云产业链**

从图 3-28 中可以看出，从芯片研发，到设备制造，到云服务提供商，再到云服务具体应用的企业、单位和个人，云产业链涉及各行各业。云计算作为数字基础设施，是推动互联网、大数据、人工智能和实体经济深度融合的重要推手，是产业数字化转型的有力支撑。

思考

随着云计算、人工智能等的发展，算力逐渐成为一种国家战略资源。2024年1月26日，美国商务部长吉娜 · 雷蒙多表示“将尽全力阻止中国获得算力”。面对当前的国际形势，我们应该如何做?

拓展实践

基于华为eNSP搭建局域网

eNSP(enterprise Network Simulation Platform)是一款由华为提供的免费的、可扩展的、图形化操作的网络仿真工具平台，主要对企业网络路由器、交换机进行软件仿真，完美呈现真实设备实景，支持大型网络模拟，让广大用户有机会在没有真实设备的情况下能够模拟演练，学习网络技术。

下面请尝试下载安装该软件，并搭建一个局域网。局域网场景如下。

公司有两个部门（A部门、B部门），使用的是公司私有IP地址，其中A部门的IP地址为192.168.2.0，子网掩码为255.255.255.0；B部门的IP地址为192.168.3.0，子网掩码为255.255.255.0。两个部门之间通过一个路由器进行连接。其网络拓扑如图3-29所示。

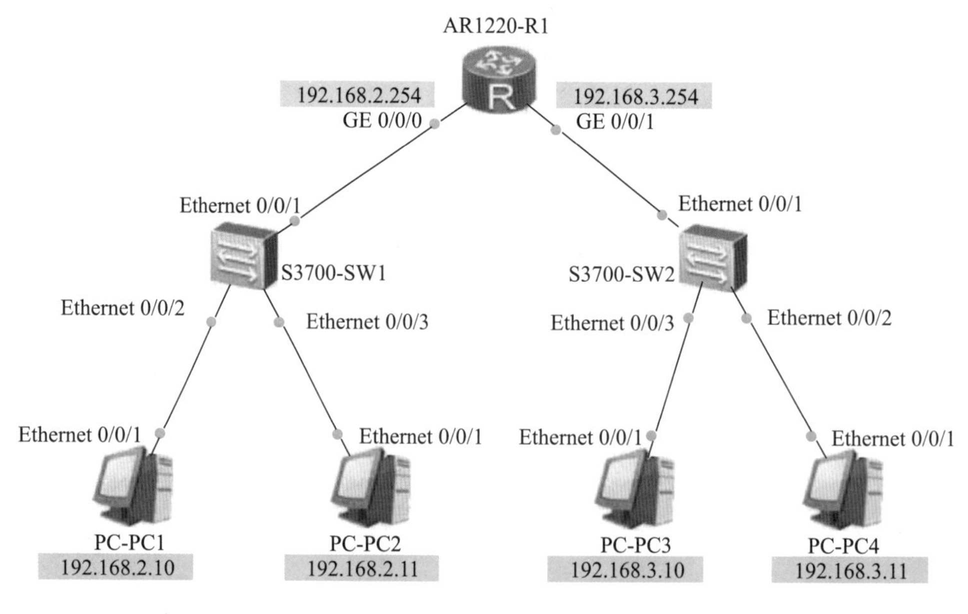

图3-29 网络拓扑

提示：

（1）将左侧设备拖到右侧空白处即表示放入一个设备，本实验需要4台个终端、2台交换机、1台路由器。

（2）双击设备可打开配置窗口，具体的配置命令包括切换视图、设置端口IP地址等，具体命令可网上查找学习。

（3）最终目标是实现4台终端可全部联通，联通与否的测试命令是ping。

第4章 探索程序与算法

利用计算机技术解决客观世界里的实际问题，必定需要相应的应用程序。用计算机实现程序设计的过程，其实质也是人的认知过程在计算机上的实现，因此，程序设计本质上也是抽象和理性思维的过程。

逻辑思维是在语言的基础上进行的，人掌握了语言，也就掌握了思维的能力。因为人掌握的都是会话语言、文字语言，所以人都具有以会话语言、文字语言进行思维的能力。而要利用计算机进行计算就必须在掌握会话语言、文字语言及语言概念、特征的基础上，把握人的自然语言与计算机语言的共性与个性，掌握计算机程序设计语言的思维方式，使人具有利用计算机程序语言思考、描述和解决问题的能力。

从用户视角，人们需要执行应用程序；从程序员视角，人们需要开发这类特定的应用程序。开发程序自然就需要理解程序设计过程中的特定思维，否则就会碰到诸多问题，就会产生很多困惑。本章从计算思维的角度来介绍程序和算法，以便让读者对程序设计思维和算法思想有一个基本的、准确的认知。

知识目标

1. 了解程序和算法的相关概念。
2. 掌握程序的基本控制结构。
3. 掌握常见的算法设计思想。

能力目标

1. 能够以计算思维思考问题。
2. 能够以算法思想求解问题。

素质目标

1. 从算法设计中体会做人的基本原则。
2. 了解中国古代的哲学思想，感受中国传统文化的魅力。

4.1 计算思维下的语言与程序

语言是一种相互交流的工具，自然语言是用于人与人之间交流的，计算机程序设计语言则是用于人与计算机之间交流的。程序则是人们要求计算机如何计算（或者说工作）的指令序列。

4.1.1 语言与程序概述

1.自然语言与计算机语言

自然语言是指人类日常交流所使用的语言，如中文、英文、法文等。它是自然而然随着人类社会发展演变而来的，主要用于人与人之间的交流和沟通。自然语言具有复杂性和动态性，因为其含义和语法规则会随着文化和社会的发展而变化。

自然语言独具特色，如简洁明了、表达方式多样、修辞优美等。计算机语言是人造的语言，具有区别于自然语言的特点，如规范性、高效性、抽象性、可移植性、可维护性等，最终目的是让计算机理解我们发出的指令。计算机语言也不是唯一的，从低级语言到高级语言，已有数百种之多。

2.程序与程序设计

现在的日常工作和生活中经常会用到“程序”这一概念，比如人们有时候会质疑某一事件处理的程序是否合理合规，即是否按规定的程序办理的；再比如召开一次大型会议，也要事先拟定会议的程序（即会议议程），甚至印制专门的会议程序册。这些程序都是由人来执行的。由人执行的程序就有较大的灵活性，比如原本拟定会议的第 5 项议程由张某发言、第 6 项议程由李某做报告，但由于李某临时有事，会议主持人就会根据需要调换第 5 项和第 6 项议程的顺序。

计算机世界里的程序是根据特定的计算需求，人为进行编制的语句（指令）序列。最关键的是，这样的程序是给机器（计算机）执行的，程序一旦设计好并交给机器执行，就没有“灵活性”可言了，也就是说机器只会死板地按照程序执行。

讨论

程序是否有可能像人一样处理问题?

因此，程序设计是一件极具挑战性的工作，它不仅要求设计者逻辑缜密，而且还要事先把各种可能的情况都考虑到，并作出相应的处理，这是其一；其二，解决问题的方法往往不是唯一的，不同的方法对应的求解效率是不同的，这就要求程序设计者努力去寻求更好的解决办法——这就是算法。

4.1.2 计算机中的数据

我们每天都在与“数”打交道。比如，“今天是2024年2月20日”“班级有35人”“长15.8厘米”“我今年19岁”等。从中我们可以发现，有各种类型的数据，有日期、长度、年龄，有整数、小数等。

中国古代的数字

中国古代的数字包括〇、一、二、三、四、五、六、七、八、九、十、百、千、万、亿、兆、京、垓、秭、穰、沟、涧、正、载、极。

〇对应的人象为瞳孔。瞳孔里面虽然有万事万物的虚影，但其实没有任何事物的实体。所以，〇的意思是附属的，也就是这些虚影是实体的附属，〇为至虚之数。也就是说，〇可以包含任何数字的虚影，但是，〇本身没有任何数字的实体。这和现代数学中的0是完全不同的两个概念。

一对应的人象为人眯着眼睛。当人眯着眼睛后，就看不见外界的事物，天地宇宙便只剩下自己一个人，此时人不知道外界的任何信息。但同时，人对世界的了解总是从眯眼开始的，一直到了解这个世界的相关信息，也就是从不知道到知道。所以，一为至初之数。现代社会中的“一”和古代的“一”意思并不相同。举个例子，我们现代社会说一岁，意思是距离出生已经过去了一整年，而在这之前，只能叫作0岁或多少个月。但是在古代，从脐带剪断的那一刻起，便叫做一岁，而一年之后，便叫作两岁。所以，我们才说，一是表示刚开始，为至初之数。

二对应的人象为人眨眼。人眨眼的时候，眼皮明明把眼睛遮盖住了，但是，人却可能看见眼皮了，也可能没有看见眼皮，这是一件非常奇怪的事情。所以，二为至玄之数。所谓玄，意思是结果不确定。以玄武为例，玄武对应的是龟蛇相搏，意思是乌龟和蛇打架，乌龟可能胜蛇，蛇也可能胜龟，也就是结果不确定的意思。

三对应的人象为人看见了万事万物。万事万物何其之多，数不胜数。故而，古人多以三表示数量非常多，三为至多之数。

四对应的人象为人的眼珠沿着眼眶转一圈。眼珠在旋转的时候，无论如何都无法离开眼眶。所以，四为至方之数。所谓方，意思就是到了一定的地方之后就不得不拐弯。比如，当一个人在一个四四方方的房间中走路，碰到了墙壁之后就一定要拐弯。

五对应的人象为人的侧脸。我们现在军队里排队列的时候，往往会向中看齐。所有人都只能看到最中间的那个人的侧脸。但是，位于最中间的那个人却是朝前看的。也就是说，最中间的那个人的站姿最标准、最正。所以，五就是至正之数。

在西方数学中，数字就只表示抽象的数字，没有其他的意义，但是，在中国古代的数学思想中，数字必须表示一个具体的事物。

因此对于 1+1=2，中西方有不同的理解。在中国古代，古人所认为的 1+1 是以下形式：

1（狗）+1（猫）=？

1（黑狗）+1（白狗）=？

1（黑土狗）+1（黑藏獒）=？

显然，在上面的题目中，就不能简单地说 1+1 = 2。

在中国文化中，万事万物都是由阴和阳组成的，所以，每一个数字后面带着的量词也都是由阴和阳组成，也就是说，阴和阳可以表示最抽象的量词。

那么，我们在二十五个数字的后面加上单位阴和阳，就得到了五十个数字：〇阴，〇阳，一阴，一阳，二阴，二阳，三阴，三阳，四阴，四阳，五阴，五阳，六阴，六阳，七阴，七阳，八阴，八阳，九阴，九阳，十阴，十阳，百阴，百阳，千阴，千阳，万阴，万阳，亿阴，亿阳，兆阴，兆阳，京阴，京阳，垓阴，垓阳，秭阴，秭阳，穰阴，穰阳，沟阴，沟阳，涧阴，涧阳，正阴，正阳，载阴，载阳，极阴，极阳。

在这五十个数字中，如果后面的单位不同，是不能进行加减运算的。比如，“九阴 + 九阳 =？”这个就无法运算。只有单位相同的数字才能进行加减乘除的运算。比如 8 阴 +9 阴 =17 阴。

有一个数字比较特殊，就是〇。其他数字后面加上阴和加上阳都是不相等的，比如九阴就不等于九阳。但是〇阴却等同于〇阳。所以，〇阴和〇阳只能算一个数。这样，我们实际应用的数的数量就是四十九个。这就是“大衍之数五十，其用四十有九”的由来。

1.计算机中的数据

最初，人们研究计算机的目的是“计算”，这自然离不开“数”。但计算机世界中的“数”与客观世界里或数学里面的“数”不太一样，甚至有较大的差异。

在计算机世界中，数据是描述客观事物的符号，是计算机可以操作的对象，是能被计算机识别、存储，并能被计算机程序所处理的符号集合。计算机中的数据不仅仅包含整型、实型等常见的数值型数据，还包括字符、字符串、图形、图像、声音、视频等非数值型数据。用户打开一个内容丰富、版式精美的网站，几乎就可以看到计算机世界中的各种类型的数据。

初学者也许会对计算机世界中数据的定义感到惊奇和疑惑，字符、字符串、图形、图像、声音和视频等怎么也是数据呢？事实上，计算机世界中的“数据”比我们日常生活中所接触到的数据要丰富得多，计算机展示的所有内容都是以数据的形式存储和计算的。

计算机中的数据具有以下两个基本要素：

（1）可以通过某种手段输入计算机之中；

（2）能被计算机存储和处理。

2.数据的类型

人类在认识客观世界的过程中，通常采用分类的方法。分类是科学研究的基本方法和途径，是人类认识世界和改造世界的实用工具。

计算机是用来对数据进行计算或处理的一种自动装置，而这些被用于计算或处理的数据来源于人对客观世界各个领域处理对象的一种基于认知的观察和抽象，自然地，这些数据也必然是以分类的形式出现。在引入了分类的方法后，我们观察和抽象所获得的数据的一个基本特征就是它的类型。这便产生了“数据类型（Data Type）”这一概念，其基本思想就是把一个语言所处理的对象按其属性不同，分为不同的子集，对不同的子集规定不同的运算操作。

以C语言为例，其数据类型如图4-1所示。

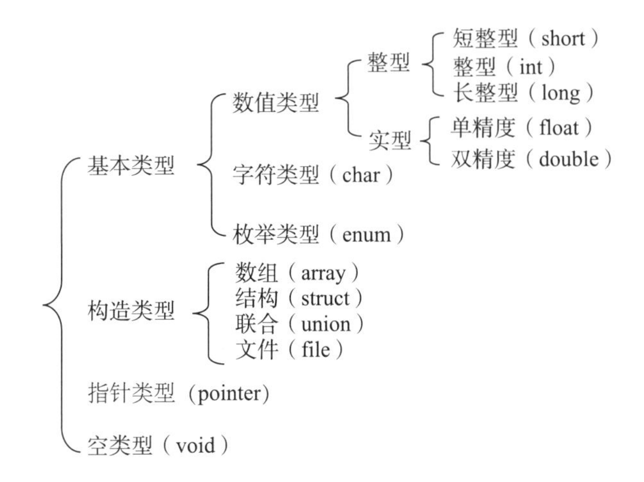

图4-1 C语言数据类型

数据类型是一个非常重要的概念，其关系到该数据值的范围、操作、存储空间、存储方式等。

（1）不同数据类型有不同的取值范围。比如，整型（int）的取值范围：-32768 ~ +32767；字符型（char）的取值范围：-128 ~ +128。以C/C++为例，其各种不同类型数据的取值范围如表4-1所示。

表4-1 不同数据类型的取值范围

类型	说明	长度字节		备注（16位）
		16位	32位	
char	字符型	1	1	-128~127
unsigned char	无符号字符型	1	1	0~255
signed char	有符号字符型	1	1	-128~127
int	整型	2	4	-32768~32767
unsigned [int]	无符号整型	2	4	0~65535
signed [int]	有符号整型	2	4	-32768~32767
short [int]	短整型	2	2	-32768~32767

续表

类 型	说 明	长度字节		备注（16位）
		16位	32位	
unsigned short [int]	无符号短整型	2	2	0～65535
signed short [int]	有符号短整型	2	2	-32768～32767
long [int]	长整型	4	4	-2147483648～2147483647
signed long [int]	有符号长整型	4	4	-2147483648～2147483647
unsigned long [int]	无符号长整型	4	4	0～4294967295
float	浮点型（单精度）	4	4	$-3.4*10^{38}$～$3.4*10^{38}$
double	双精度型	8	8	$-1.7*10^{308}$～$1.7*10^{308}$
long double	长双精度型	10	10	$-3.4*10^{4932}$～$1.1*10^{4932}$

（2）不同类型有不同的操作。例如，整型有取余运算（%），而实型则没有。并且，即便是同一种操作也有不同的内涵。一个非常典型的例子就是“1 + 2”与“1.0 + 2.0”以及“1 + 2.0”，这三个表达式虽然都是加法运算，但其内涵却不同，甚至可以说相差很远。“1 + 2”最简单，就是对应的二进制相加；“1.0 + 2.0”就要经过对阶、尾数相加、规格化三个步骤；而“1 + 2.0”更加复杂，首先需要类型转换，然后才能做对阶、尾数相加、规格化。不同的操作用时也不同，假设在计算机上计算“1 + 2”需要 1 s 的话，那么计算“1.0 + 2.0”可能就需要 20 s，计算“1 + 2.0”可能就需要 30 s。所以理解不同类型对应的操作对提高程序效率非常关键。

思考

在程序设计语言里面引入“数据类型”这一概念有什么好处?

拓展阅读2

（3）不同类型占用的存储空间不同。任何一个数据只要输入计算机之中，就要在内存空间中保存起来，保存该数据的地方就是其存储空间。不同类型的数据所占的存储空间的大小是不一样的。比如，整型（int）数据通常占 2 个字节；字符型（char）数据占 1 个字节；单精度（float）实型数据占 4 个字节；双精度（double）实型数据占 8 个字节等。

（4）不同类型的数据在内存里面的存储方式也不一样，就像整型与实型数据的存储方式是截然不同的。下面用个简单的例子说明二者之间的区别——同样是数据 12，整型和实型的二进制存储方式如下。

整型数据：0000 0000 0000 1100。

实型数据：0100 0001 0100 0000 0000 0000 0000 0000。

4.1.3 计算机中的变量

我们很早就开始接触变量，如在数学、物理等课程里，变量代表在一定的条件下会发生变化的量，通常用一个英文字母来表示。例如，设 t 为环境的温度，r 为环境的湿度等。很显然，t 和 r 会随着时间和地点的变化而变化。

任何一个系统（或模型）都是由各种变量构成的，而这些变量按照影响的主动关系分为自变量和因变量。当我们以世界中的事物为特定的研究对象，在分析这些系统（或模型）时，所选择研究其中一些变量对另一些变量的影响，那么选择的这些变量就称为自变量，而被影响的量就被称为因变量。例如，我们可以分析人体这个系统中，呼吸对于维持生命的影响，那么呼吸就是自变量，生命维持的状态则是因变量。系统和模型可以是一个二元函数，也可以是整个社会系统。

因此，可以这样认为，变量就是指可测量的、具有不同取值或范畴的概念。

1. 变量的特定含义

程序设计里面也有“变量”，也表示某个变化的值，但与数学、物理中所讨论的变量不一样，或者说有着本质的区别。比如，我们经常在程序里面看到类似这样的语句：

```
x = x + 10;
```

这在数学里面不管变量 x 取什么样的值都是不可能成立的，但在程序里面，“=”代表的不是“等号”，而是“赋值号”。

程序中的变量是一段有名字的、连续的存储空间。在源代码中可以通过定义变量来申请并命名这样的存储空间，并可以通过变量的名字来使用这段存储空间。变量是程序中数据的临时存放场所。在代码中可以只使用一个变量，也可以使用多个变量。变量的类型决定了存放数据的类型。

事实上，程序中的变量确有其特殊的含义。

（1）变量是内存空间里的、某一段连续的存储空间，短则 1 个字节，长则若干个字节，具体取决于变量的类型。

（2）变量有唯一的一个名字（C++ 语言还允许给它取个别名，就像我们的“小名”）。

（3）变量就像一个“容器”，里面可以存放相应的数据值。

（4）变量具有特定的类型，里面只能存放与变量类型相匹配的数据值。

（5）可以根据需要改变变量的值（通过赋值语句实现）。

（6）可以利用变量所保存的数据值参与相应的运算。

（7）变量里面的值可能随时发生变化，但它只能记住当前这一刻的值。

（8）变量有自己的生命期。

（9）变量有自己的作用域（也就是在什么范围内起作用）。

下面以图 4-2 进行说明。

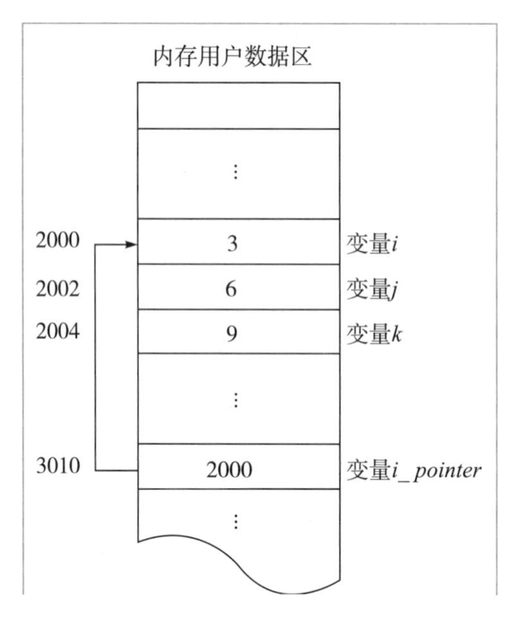

图 4-2　**变量的内涵**

上图中，i、j、k 是 3 个整型变量，分别占 2 个字节的存储空间，里面分别存放了整型数据 3、6、9。变量 *i_pointer* 是一个指针（变量），它指向整型变量 i。

2. “先定义，后使用”规则

通常，当我们在程序设计过程中，需要用到变量时，必须先定义变量，然后才能使用变量。程序设计中的“变量定义”有其特定的含义，它实际上就是为变量分配存储空间，以便后续过程中使用变量来存放相应的数据值。如果不定义，变量自然就不存在，也就不可能有相应的存储空间来存放数据。

讨论

有些程序并不需要提前定义变量就可以直接赋值，这种是怎么实现的？是否违反了“先定义，后使用”的规则？

确切地说，定义变量（或者称之为变量声明）就是事先告诉编译器在程序中使用了哪些变量，以及这些变量的数据类型。这样一来，编译程序在产生程序执行代码时就知道如何给变量分配存储区了，甚至可以优化程序的执行效率。

初学者最容易犯的错误就是未定义就直接使用变量。究其原因，就是没有真正地理解计算机世界中变量的内涵，或者说没有建立起程序思维的概念。

3. 变量的命名规则

当用户定义变量时，首先要对变量进行命名。变量的命名规则本书不做详细介绍，学习使用具体的计算机语言时会有具体明确的要求。下面简单讲解一些命名的基本准则。

首先，给变量命名应遵循的基本准则是“见名知义”，能够让编写代码的程序员明白其大概的用途，如 BookNumber、LineLength 等。另外，对变量命名时应当避开所用的程序设计语言的关键字，否则会引起歧义，导致程序无法正常运行。

初学者对变量命名时往往会采用如“a、b、c”或者“x1，y1”的形式，这在练习或设计小项目时可能无伤大雅，但日后进行大型软件（程序）的开发时，难免会出现混乱。因此，应当在初学时就培养良好的变量命名习惯，以尽量避免后续因为命名混乱而影响代码的使用和维护。

4. 变量的类型

变量像一个“容器”，用来存放相应的数据。正如生活中我们把装水果的“容器”称为“水果盘”、存放汽车的“容器”称为“车库”一样。既然数据有类型之分，变量也一样有类型之分。

赋值语句是所有命令式语言中最重要的语句之一，可以说是使用频率最高的语句。其作用是把一个数据值放入一个指定的变量中去。以 C 语言为例：

```
int    x;
x = 10;
```

“ int x”表示定义一个整型变量，“ x = 10”表示把一个整型数据 10 赋值给变量 *x*，即把整型数据 10 放到变量 *x* 之中。但如果写成下面的程序段，就不再正确了：

```
int    x;
x = 786435.3648;
```

以上程序段错误的原因在于：变量 *x* 是一个整型变量，而 786435.3648 是一个实型数值，二者没有对应关系，因此在对变量进行赋值时，应对数据类型尤为注意。

5. 变量的作用域

所谓作用域（Scope），简单地说就是指起作用的范围。变量的作用域也就是变量起作用的范围（可操作，有意义），超出这个范围变量就没有意义了，即无法对其进行操作。作用域也可以说是变量的可见范围，也就是程序的哪些部分可以“看见”并使用该变量。

变量的作用域与人的权利管辖范围类似，拥有再大权利的人，其管辖范围也是有限的。如一个学校的校长，他的管辖范围就仅限校园内，校园外的人可能不认识他甚至不知道他存在。

变量的作用域可大可小，关键看用户如何定义。通常情况下，变量的作用域有全局与局部之分，对应的变量分别称为全局变量和局部变量。需要说明的是，全局和局部也是一个相对的概念。比如，相对于整个学校来说，校长是全局变量，二级学院的院长是局部变量；但相对于某个二级学院来说，院长是全局变量，学院下面的系主任则是局部变量。程序里面的变量也是如此，有些变量对整个程序有效，有些变量只在某个文件内有效，而有些变量只在某个函数内有效，更有一些只在某个程序块内有效，甚至个别变量只在某个语句内有效。变量的作用域如图 4-3 所示。

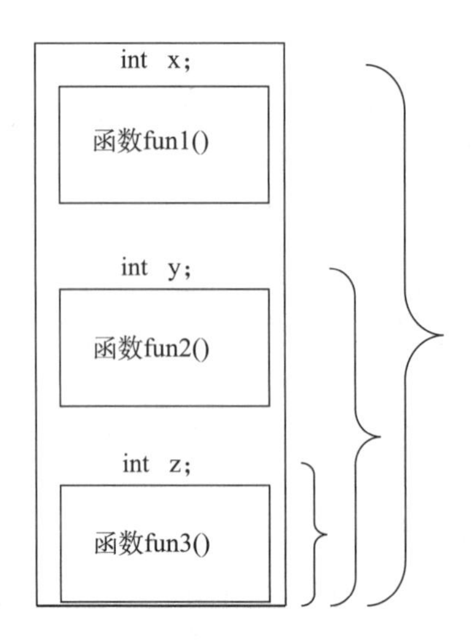

图 4-3 变量的作用域

从图 4-3 中可以看到，整型变量 x 的作用域比整型变量 y 的作用域大，整型变量 y 的作用域又比整型变量 z 的作用域大。换句话说，我们可以在函数 fun2() 中操作变量 x 和 y，也可以在函数 fun3() 中操作变量 x、y 和 z。但是，我们不能在函数 fun1() 中直接操作变量 y 和 z，也不能在函数 fun2() 中直接操作变量 z。以上问题理解起来较为容易，需要认真领会的是图 4-4 所反映出来的问题。

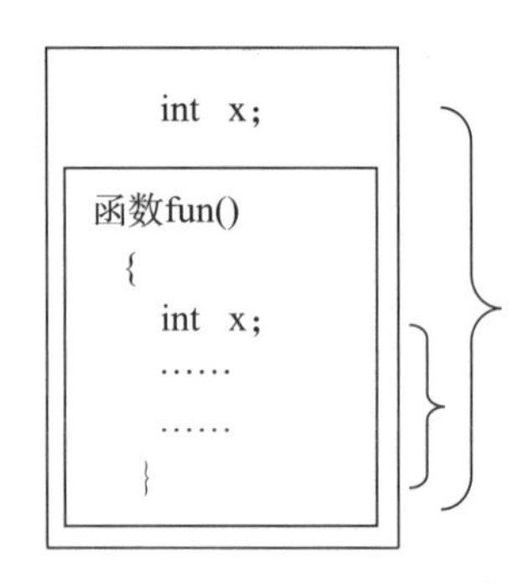

图 4-4 变量的作用域相互覆盖

图 4-4 所反映出来的情况较为特殊：函数外面有一个变量 x，函数 fun() 里面也有一个变量 x。虽然名字都叫 x，但却是两个不同的变量，并且各自的作用域也不一样。那么在函数 fun() 里面起作用的是哪一个变量 x 呢？答案是函数里面的变量 x。道理其实很简单，这就像某个班级里面有一个叫张三的学生，学校里面还有一个名字也叫张三的人，但不在这个班级，该班级上课的时候，老师点名叫张三回答问题，则这个张三当然应该是该班级的张三。

值得注意的是，程序设计里还有一个基本的原则：尽量少用全局变量。原因是全局变量的作用域很大，对程序中所有的函数起作用，这就可能会带来问题。可以用下面的图 4-5 来进一步描述全局变量的副作用。

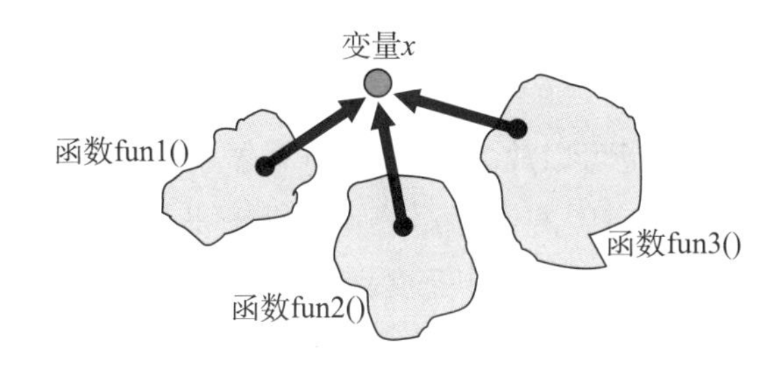

图 4-5 全局变量的副作用

图 4-5 中，如果我们把全局变量 x 看作是一个公共资源，如 x 表示宿舍里的一个水龙头，三个函数 fun1()、fun2() 和 fun3() 看作是同一个宿舍的三个学生，一个水龙头无法同时满足三个学生的需求，若学生数量更多，则出现问题的可能性会更大。至此，我们可以知道，变量的作用域可以提高程序逻辑的局部性，增强程序的可靠性，并减少命名冲突问题。

6. 变量的生命周期

事实上，用户在程序中会经常定义一些变量来保存和处理数据。从本质上看，变量代表了一段可操作的内存，也可以认为变量是内存的符号化表示。当程序中需要使用内存时，可以定义某种类型的变量，此时编译器会根据变量的数据类型分配一定大小的内存空间。程序就可以通过变量名来访问对应的内存了。

如果说变量的数据类型决定了对应内存的大小，那么存储类型则影响着对应内存的使用方式。所谓使用方式，具体说就是在什么时间、程序的什么地方可以使用变量，即变量的生命周期和作用域。

变量的生命周期是指变量从创建到销毁的整个过程，它的本质是指变量在程序执行过程中存在的时间段。这其实是一个拟人化的概念，一个变量“诞生”(创建）以后，在其“管辖范围”(作用域）内起作用，直至其“死亡”(销毁)。实际上，变量的“死亡”，即该变量原来所占的存储空间被重新分配用来存储其他信息。

那么哪些变量的生命周期较长，哪些变量的生命周期较短呢?

要理解这个问题，先了解一些基本常识。

（1）在程序运行时，内存中有三个区域可以保存变量：静态存储区、栈（Stack）和堆(Heap)。另外，在极特殊的情况下，变量也可以放在 CPU 的寄存器（Register）中。

（2）根据变量定义的位置可把变量分为全局变量（定义在函数体外的变量）和局部变量(通常定义在函数体内的变量，也包括函数的形参)。

所有的全局变量和静态局部变量（定义时使用关键字 Static）都保存在静态存储区中，其特点是在编译时分配内存空间并进行初始化。在程序运行期间，变量一直存在，直到程序结束变量对应的内存空间才被释放。显然，此类变量的生命周期相对来说是较长的，其生命周期与程序一样长。

而所有的非静态局部变量（又称为自动变量）保存在栈中，其特点是在变量所在的函数或模块被执行时动态创建（诞生)，函数或模块执行完时，变量对应的内存空间被释放（死亡)。换句话说，函数或模块每被执行一次，局部变量就会被重新分配空间。如果变量定义时没有初始化，那么变量中的值则是随机数（也就是事前无法预测的值)。

所有程序运行时动态分配的内存（又称动态内存）都在堆中，其特点是一般通过指针来访问动态分配的内存。这样的动态内存用完即可立即释放，当然也可以在程序结束时由系统自动释放。

对于极少数频繁使用的变量也可以放在 CPU 的寄存器中，之所以是“极少数”，是因为 CPU 中的寄存器数量非常有限，空闲的寄存器很少。由于寄存器在 CPU 内部（其他变量都在内存之中），存储在寄存器中的变量的操作速度会非常快，所以适合频繁使用的变量。

显然，存放在静态存储区中的全局变量和静态局部变量的生命周期最长，存放在栈中或 CPU 中的非静态局部变量的生命周期最短。

程序的基本控制结构

理论上已经证明：任何可计算问题的求解程序，都可以用顺序、条件和循环这三种控制结构来描述，这也是结构化程序设计的理论基础。

1. 程序流程图

程序流程图是一种表达程序控制结构的方式，主要用于关键部分的程序分析和过程描述，由一系列图形、流程线和文字说明等组成。

流程图的 7 种基本元素如表 4-2 所示。

表 4-2　流程图的 7 种基本元素

图形	描述
	开始/结束框：表示程序逻辑的开始或结束
	处理框：表示一组处理过程，对应于顺序执行的程序逻辑
	判断框：表示一个判断条件，并根据判断结果选择不同的执行路径
	输入输出框：表示程序中的数据输入或结果输出
↓	流向线：表示程序的控制流，以带箭头直线或曲线表示程序的执行路径
	文档：以文件的方式输入输出
	连接点：表示多个流程图的连接方式，常用于将多个较小流程图组成较大流程图

描述一个计算问题的程序过程有多种方式，包括 IPO（Input，Process，Output）、流程图、伪代码和程序代码。其中，流程图采用图形方式最为直观。

2. 控制结构基础

1）顺序控制结构

顺序控制结构是一种线性的、有序的结构，它让计算机按先后顺序依次执行各语句，直到所有的语句执行完为止。

通常，一个复杂的计算任务不可能只用一个语句就可以表达清楚，这就需要把计算任务进行分解，也就是把大的计算任务分解成若干个小的计算任务，直至每个小的计算任务可以用一个语句来表达。图 4-6 就是一个顺序控制结构。

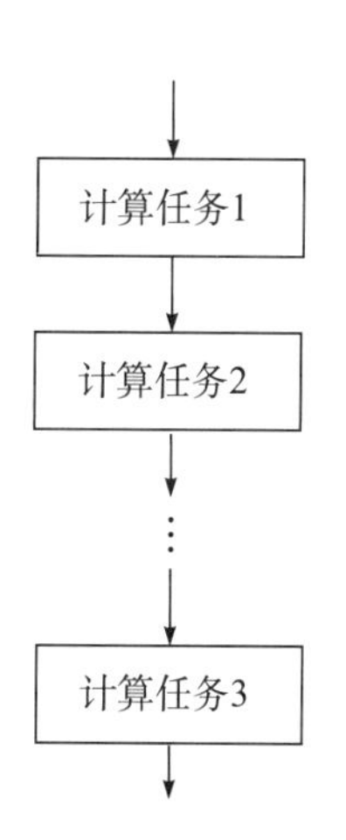

图 4-6 **顺序控制结构**

如果每一个计算任务能用一个语句 S 来表示，则这样的顺序结构可用如下的有序表来表示：(S_1，S_2，S_3，……，S_n)。

这样的顺序控制结构生活中到处都有，比如，召开一个大型的会议，会议的组织者事先就安排好了会议的程序：会议的第一项议程——唱国歌；会议的第二项议程——介绍出席大会的领导和嘉宾；会议的第三项议程——宣读上级主管部门的文件；会议的第四项议程——单位领导致辞；会议的第五项议程——单位职工献词；会议的第六项议程——上级主管领导讲话；……召开会议的时候，如果没有什么特殊的情况，就会按照会议的既定议程逐项来完成，直至会议结束。这就是一个典型的顺序控制结构。

2）条件选择结构

条件选择结构是根据条件成立与否有选择地执行某个计算任务。这样的控制结构在生活中也很常见。比如，如果明天下雨就选择坐公交车去上学，如果不下雨就选择骑自行车去学校。对于选择的人来说，明天要么坐公交车去学校，要么骑自行车去，根据天气情况，二者必选其一，也只能选其一。还有另外一种情况，比如，如果明天天气很好，我们就去爬山。去爬山的前提是天气很好，如果天气不好，自然就不去了。条件选择结构可用图 4-7 表示。不难看出，模式 B 只是模式 A 的特例。

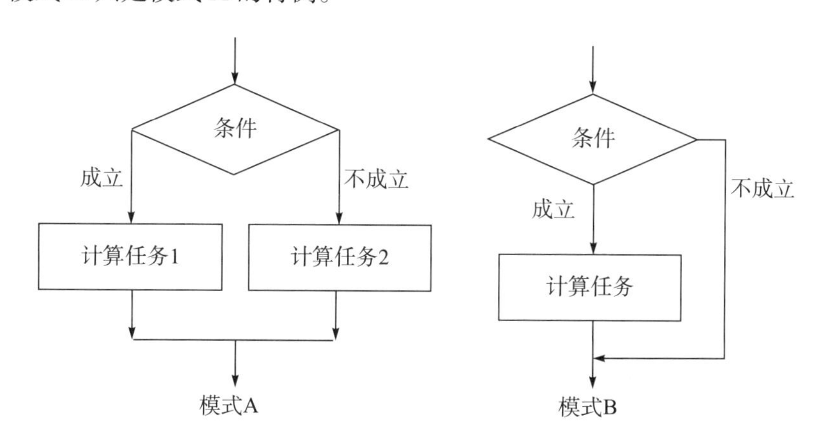

图 4-7 **条件选择结构**

下面通过一个简单的实例帮助理解条件选择结构。

【例 4-1】已知变量 a、b、c，要求它们中的最大值，并将结果存放于变量 z 中。完成此项任务的程序段如下。

```
if ( a > b )
   z = a;
else
   z = b;
```

```
if(c>z)
  z=c;
```

这个例子用到了上述两个选择控制结构。

3）循环控制结构

循环控制结构能控制一个计算任务重复执行多次，直到满足某一条件为止。程序设计语言对于循环控制结构多半都提供了三种不同的语句，比如C语言，就有while循环语句、for循环语句和do…while循环语句。通过进一步的学习，大家可以知道这三种看似不同的循环语句，其实可以相互转换。换句话说，其实一种循环就可以解决问题了。因此，在这里我们只讨论一种循环语句。以while循环为例进行说明：首先判断条件，当条件成立的时候，就执行一次循环体，也就是完成一次计算任务；然后再判断条件，如果条件还成立，则再执行一次循环体；……，如此循环下去，直到条件不成立为止。while循环控制结构如图4-8所示。

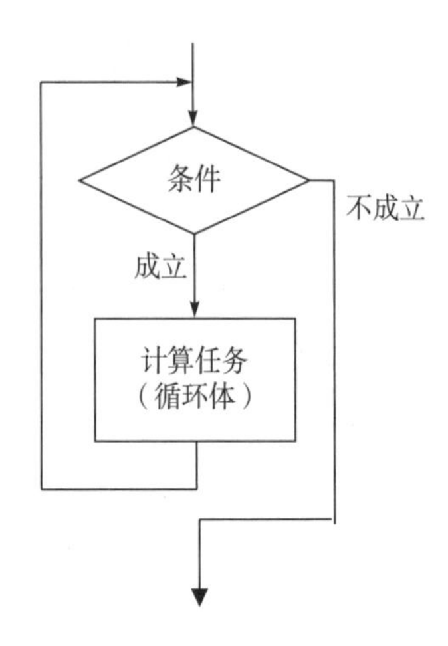

图4-8 while循环控制结构

讨论

日常生活中，大家还发现了哪些循环的例子？它如何用程序实现？

循环控制结构是非常有用的，现实生活中也有很多这样的例子。比如，每一个学期开学前，同学们都可以拿到一张课程表，课程表上详细安排了周一到周五的教学任务。然后从第一周开始，每天按课程表上的安排去上课；第一周结束后，第二周又重复一次课程表上的教学安排；……，如此重复课程表上的教学任务，直到学期结束。

4.1.5 区别于人类思维的程序特性

1.上下文无关文法

上下文无关文法是一个非常重要的概念。首先我们知道，无论哪种自然语言，其语法都不是严格的，某一句话的含义往往取决于上下文以及语言环境。如以下标题：

"人大要求副处长以上干部交护照"

你能明白这个标题想要表达的确切意思吗？这个标题中的"人大"指代的是什么呢？一般来说，在我国"人大"可以指全国人民代表大会，也可以是中国人民大学的简称。因此，如果没有深入了解该新闻的读者，在看到标题中"要求""副处长以上干部"的字眼，很可能会想当然地认为此处的"人大"是指代"全国人民代表大会"。但是，该新闻实际上是中国人民大学发布的一条针对学校副处长以上干部的要求，所以，该标题中的"人大"指代的是中国人民大学，而非全国人民代表大会。对于不了解的人也只有看了下面的正文，才能理解其确切的含义。

"中国人民大学要求副处长以上干部交护照"

但计算机却没有这样的能力，如果计算机分别接收到以上两个句子，它并不能确切地知道"人大"的含义。其原因在于目前计算机使用的语言系统多半是上下文无关文法形式的语言系统。它无法补充缺损信息，无法去掉冗余信息，也无法将暂时不能理解的信息搁置起来，待下文出现或经过推理后予以理解和补充。

理解了上下文无关文法后，下面的程序代码的错误就很好理解了：

```
main()
{
    float   a, b, c, l, s;          /* 定义变量 */
    l = (a + b + c)/2.0;                /* 周长的一半 */
    s = sqrt(l*(l - a)*(l - b)*(l - c));     /* 面积公式 */
    a = 5; b = 7; c = 8;                /* 三条边长 */
    printf( "The area is : %f\n" , s); /* 输出结果 */
}
```

该程序本意是利用公式 $s=\sqrt{(l-a)(l-b)(l-c)}$ 来计算三角形的面积，其中 a、b、c 为已知三角形的三个边长，l 为三角形周长的一半。但由于对 a、b、c 的赋值是在公式之后，而计算机不能将赋值信息补充进公式中，所以输出的结果自然也是错误的。

尽管上下文无关文法在上面的例子中略显“呆板”，但这不影响其重要性，究其原因在于它拥有足够强的表达能力来表示大多数程序设计语言的语法。实际上，几乎所有程序设计语言都是通过上下文无关文法来定义的。另一方面，上下文无关文法又足够简单，使得我们可以构造有效的分析算法来检验一个给定的字符串是不是由某个上下文无关文法产生的。

2. 二义性

程序设计的问题总是用非形式化的自然语言陈述出来的。程序设计的任务就在于将问题的非形式化描述转变为形式化的描述，最后以形式语言实现形式化的描述。这样一来，就会出现某些问题，比如说二义性。

二义性通常指的是一个句子、符号或规则具有两种或多种不同的解释或含义。在日常的交流中，二义性经常会发生，尤其是双方的言语能力不够强、水平有所差异的情况下，更容易出现语用不当，形成了二义性。

从某种意义上来说，计算机世界是刻板的，如果出现了二义性，就很难保证程序的正确性，毕竟计算机不可能像人一样灵活地处理二义性问题。C 语言中有一个典型的例子：

```
z = a +++ b;
```

对于该程序语句，设计者也许想表达 z = a + (++ b)，编译器也许就理解成了 z = (a ++)+ b，程序的阅读者如果对其怎么理解都可以，这就很容易出现问题。

比如，在做 C++ 面向对象程序设计时，当继承时基类之间、或基类与派生类之间发生成员同名时，将出现对成员访问的不确定性——同名二义性；当派生类从多个基类派生，而这些基类又从同一个基类派生，则在访问此共同基类中的成员时，将产生另一种不确定性——路径二义性。作为程序设计者，必须避免这些问题，给计算机一个明确的指令，计算机才能给我们一个准确的答案。

3. 严谨性

原则上，我们做好任何事情都应当准确无误，然而用词不当的文章、印错的乐谱、有错的图纸、不周密的计划却比比皆是。这实质上是人们在处理复杂事物时不可避免的现象。为了准确，往往采用渐近修正的方式。在信息领域里，如果处理的环境可以接受，那么带有一定错误的信息就不认为是个问题。例如，我们很难找到没有口误的教师、没有印刷错误的书籍。但绝大多数情况下，这并不影响教学，因为学生有判断力。计算机世界就不是这样。计算机只能接受准确无误的信息。第四代以前的计算机几乎没有判断力，稍一疏忽不是没有结果就是结果有错。在程序设计中，因为微小的差错而付出极大的代价是常有的事。

让计算机完成一项工作，需要编写程序，并让它执行。而程序必须由用户根据任务要求去编写。必须严格按照计算机语言的语法要求描述任务的求解方法，然后交给计算机去执行，从而得到用户想要的结果。由于计算机语言是一种人工语言（非自然语言），且计算机又是一种“呆板”的机器，因此程序不能有任何语法或语义错误，否则就会导致无法执行或结果错误。这就是程序设计的严谨性，也体现了机器语言与自然语言的巨大差异。

4.2 计算思维下的算法逻辑

计算机与算法有着不可分割的关系。可以说，没有算法就没有计算机。或者说，计算机无法独立于算法之外而存在。从这个层面上说，算法就是计算机的“灵魂”。一个计算机从业人员如果不了解算法，就说明他没有真正了解计算机。

但是，算法却不一定依赖于计算机而存在。算法可以是抽象的，实现算法的主体可以是计算机，也可以是人。多数时候算法是通过计算机实现的，因为很多算法对于人来说过于复杂，计算的工作量太大且常常重复，人脑有时难以胜任。

算法是一种求解问题的思维方式，研究和学习算法能锻炼我们的思维，使我们的思维变得更加清晰、更有逻辑。算法是对事物本质的数学抽象，看似深奥却体现着点点滴滴的基础思想。因此，学习算法的思想，其意义不仅仅在于算法本身，对日后的学习和生活都会产生影响。

4.2.1 算法的认识

我们日常生活中到处都在使用算法。例如，我们到商店购物，首先要确定购买的东西，然后进行挑选、比较，最后到收银台付款，这一系列活动实际上就是我们购物的“算法”。

简单地说，算法就是解决问题的方法和步骤。很显然，方法不同，对应的步骤自然也就不一样。因此，设计算法时，首先应该考虑采用什么方法，方法确定了再考虑具体的求解步骤。任何解题过程都是由一定的步骤组成的。所以，通常把对解题过程准确而完整地描述称作解决该问题的算法。

进一步说，程序就是用计算机语言表述的算法，流程图就是图形化了的算法。既然算法是解决给定问题的方法，算法的处理对象就必然是该问题涉及的相关数据。因而，算法与数据是程序设计过程中密切相关的两个方面。程序的目的是加工数据，而如何加工数据则是算法的问题。程序是数据结构与算法的统一。因此，著名计算机科学家、Pascal 语言发明者尼克劳斯·沃思（Niklaus Wirth）教授提出了如下公式。

程序 = 算法 + 数据结构

这个公式的重要性在于：不能离开数据结构去抽象地分析程序的算法，也不能脱离算法去孤立地研究程序的数据结构，只能从算法与数据结构的统一上去认识程序。换言之，程序就是在数据的某些特定的表示方式和结构基础上对抽象算法的计算机语言的具体表述。

当用一种计算机语言来描述一个算法时，其表述形式就是一个计算机语言程序。当一个算法的描述形式详尽到可以用一种计算机语言来表述时，则程序的设计就十分简单了。因而，算法是程序的前导与基础。由此可见，从算法的角度，可将程序定义成解决给定问题的计算机语言有穷操作规则（即低级语言的指令，高级语言的语句）的有序集合。当采用低级语言（机器语言和汇编语言）时，程序的表述形式为“指令（Instruction）的有序集合”，当采用高级语言时，则程序的表述形式为“语句（Statement）的有序集合”。

【例 4-2】交换两瓶墨水。设有两瓶墨水，一瓶是红墨水，一瓶是蓝墨水，现要求把两瓶墨水交换一下。也就是把原来装红墨水的瓶子改装蓝墨水，把原来装蓝墨水的瓶子改装红墨水。

这是一个简单的问题。其算法如下（也就是解决问题的步骤）。

第一步：将红墨水倒入空瓶子中；
第二步：将蓝墨水倒入原来装红墨水的瓶子中；
第三步：将原来空瓶子中的红墨水倒入原来装蓝墨水的瓶子中；
第四步：结束。

这个简单的算法是用自然语言写的，容易理解但显得有点“啰嗦”。如果我们用变量 *a* 表示红墨水瓶（里面装有红墨水），用变量 *b* 表示蓝墨水瓶（里面装有蓝墨水），用变量 *t* 表示空瓶子，用符号“⇐”表示把一个变量的值放入另一个变量之中（在这里就是指把一个瓶子中的墨水倒入另一个瓶子中），那么上述算法就可以表示为如下。

```
t ⇐ a;
a ⇐ b;
b ⇐ t;
```

这就是常用的两个变量交换的算法。可见，这样表示一个算法是简洁明了的。能用简洁明了的方法表示，何必还用那么复杂啰嗦的方法呢？慢慢地，我们就会喜欢上这种抽象且简洁的表示方法。

解决问题的方法不一样，对应的步骤自然也不一样。还是以“两个变量交换”为例，计算机界的大师 Kruth 为了节省内存空间，就想出了不用中间变量（也就是例 4-1 中的空瓶子）也能实现两个变量交换的方法，算法步骤如下。

```
a ⇐ a - b;
b ⇐ a + b;
a ⇐ b - a;
```

由上面的例子可以看出，一个算法由一些操作组成，而这些操作又是按一定的控制结构所规定的次序执行的。由此可知，算法由操作与控制结构两要素组成。

4.2.2 算法设计的准则

就很多问题来说，算法不是唯一的。也就是说，同一个问题，可以有多种解决问题的算法。正因为算法不唯一，相对好的算法还是存在的（没有最好，但有更好）。设计一个“好”的算法应考虑达到以下几个主要的目标：正确性、可读性、健壮性，以及高效率与低存储量。

1.正确性

确切地说，算法的正确性（Correctness）表现为恰好能够满足问题求解的需求。通常解决一个大型问题的需求，要以特定的规格说明方式给出，而一个实习问题或练习题，往往就不那么严格，目前多数是用自然语言描述需求，它至少应当包括对于输入、输出和加工处理等环节明确且无歧义的描述。设计或选择的算法应当能正确地反映这种需求，否则，算法正确与否的衡量准则就不存在了。

2.可读性

算法主要是为了人的阅读与交流，其次才是变成程序供机器执行。可读性（Readability）好有助于人们理解算法，晦涩难懂的程序容易隐藏较多错误，且难以调试和修改。所以可读性也称可理解性（Understandability），因为易读是可理解的前提。对应地，虽然我们设计一个程序只需要编写一次，可一旦投入使用，阅读程序就不止一次两次了，所以要尽可能写得简明一些。可读性和算法设计语言的表达能力有关，同时也和算法设计风格有关。推行一种约定的风格，使设计人员都按这种风格进行设计，那么算法就易读好懂了。

3.健壮性

讨论

在设计算法时如何保证健壮性？还能想到什么办法？

算法的健壮性（Robustness）是指当输入数据非法时，算法也能适当地作出反应或进行处理，而不会产生莫名其妙的输出结果。例如，一个求凸多边形面积的算法，是采用求各三角形面积之和的策略来解决问题的。当输入的坐标集合表示的是一个凹多边形时，则不应继续计算，而应报告输入出错。并且，处理出错的方法应是返回一个表示错误或错误性质的值，而不是打印错误信息或异常并中止程序的执行，以便在更高的抽象层次上进行处理。

4.高效率和低存储量

效率（Efficiency）和存储量（Storage）指的是执行算法时所需要的时间与空间。对于同一个问题如果有多个算法可以解决，执行时间短的算法效率高；空间自然是存储空间，也就是算法执行过程中所需要的最大存储空间。两者的复杂度都与问题规模有关，求 100 人的平均分求 1000 人的平均分所需的执行时间和运用空间显然不同。算法分析的任务是对设计的每一个算法，利用数学工具讨论其复杂度，探讨具体算法对问题的适应性，而后可以考虑对算法进程进一步优化，尽量满足高效率与低存储量的需求。

4.2.3 算法的比较与分析

根据以上介绍不难看出，解决同一个问题可以有多种不同的算法，这些算法虽然功能相同（都是解决同一问题的），但性能却可能不完全一样。人们自然就会有疑问，在这些算法里面，哪一个算法更好一些？也就是说，如何衡量一个算法的优劣呢？

以计算多项式的值为例。若采用直接法，即直接计算出 n 项多项式中每一项的值，然后将它们相加，需要进行 n 次加法和 $n(n+1)/2$ 次乘法。但如果改用秦九韶法（宋代数学家秦九韶提出的算法，西方称它为霍纳法，秦九韶提出此法较霍纳早 500 余年），只需要计算 $(n+1)$ 次加法与 $(n+1)$ 次乘法。下面对这两种算法的比较。

【例 4-3】计算 n 的多项式：

$$F(x) = a_1x^n + a_2x^{n-1} + a_3x^{n-2} + \cdots\cdots + a_nx + a_{n+1}$$

之值，假设 n、x 及系数 a_1 至 a_{n+1} 均为已知。

【解】以下列出两种算法及其比较：

算法 1 ——直接法

计算第 1 项需要进行 n 次乘法，其中求乘幂需要 $(n-1)$ 次，乘系数需要 1 次。计算第 2 项需要 $(n-1)$ 次乘法，第 3 项需要 $(n-2)$ 次乘法，……，第 n 项需要 1 次乘法。整个算法包括 $n(n+1)/2$ 次乘法以及 n 次加法。

算法 2 ——秦九韶法

首先，将多项式改写为

$$f(x) = (\cdots(a_1x + a_2)x + a_3)x + \cdots + a_n)x + a_{n+1}$$

不难看出，式中每层括号中的值均具有以下的形式：

$$P_i = P_{i-1}x + a_i$$

所以秦九韶算法可以描述为：

```
scan(N, x);
scan(coefficients array  a[N + 1]);
p ⇐ 0;
for ( i = 1;  i ⩽ N + 1; i ++ )
    p ⇐ p * x + a[i];
print(p);
```

该算法对 p 值重复计算 $(n+1)$ 次，共计执行乘法与加法各 $(n+1)$ 次。

两种方法相比较，由于计算机做一次乘法一般比做一次加法在时间上要长数十倍，如果忽略在加法次数上的差异，则直接法的乘法次数与 n^2 成正比，秦九韶法的乘法次数与 n 成正比，差异很大。

那么到底怎么样衡量或评价一个算法的优劣呢？

我们知道，算法执行的确切时间需通过依据该算法编制的程序在计算机上运行时所消耗的时间来度量。而度量一个程序的执行时间通常有两种方法，即事后统计法与事前分析估算法。

探古寻今

秦九韶法

秦九韶法也称霍纳法，不过霍纳在1819年发表的《解所有次方程》论文中的算例，其算法程序和数字处理都远不及五百多年前的秦九韶有条理；秦九韶算法不仅在时间上早于霍纳，处理也更加成熟。

秦九韶是我国古代数学家的杰出代表之一，他的《数书九章》概括了宋元时期中国传统数学的主要成就，尤其是系统总结和发展了高次方程的数值解法与一次同余问题的解法，提出了相当完备的“正负开方术”和“大衍求一术”。对数学发展产生了广泛的影响。

宋淳祐四至七年（公元1244年至1247年），秦九韶在湖州为母亲守孝三年期间，把长期积累的数学知识和研究所得加以编辑，写成了举世闻名的数学巨著《数书九章》。书成后，并未出版。原稿几乎流失，书名也不确切。后历经宋、元，到明建国，此书无人问津，直到明永乐年间，在解缙主编《永乐大典》时，记书名为《数学九章》。又经过一百多年，经王应麟抄录后，由王修改为《数书九章》。

全书不但在数量上取胜，重要的是在质量上也是拔尖的。从历史上来看，秦九韶的《数书九章》可与《九章算术》相媲美；从世界范围来看，秦九韶的《数书九章》也可称为世界数学名著。

他在《数书九章》序言中说，数学“大则可以通神明，顺性命；小则可以经世务，类万物”。所谓“通神明”，即往来于变化莫测的事物之间，明察其中的奥秘；“顺性命”，即顺应事物本性及其发展规律。在秦九韶看来，数学不仅是解决实际问题的工具，而且可以达到“通神明，顺性命”的崇高境界。

1.事后统计法

因为计算机内部都有计时功能，而且可精确到毫秒级，不同算法所对应的程序的执行时间可通过一组或若干组相同的统计数据来度量。图4-9就是几种排序算法的实际测试结果图。但这种方法有两个不足：一是必须先运行依据算法编制的程序；二是所得时间的统计量依赖于计算机的硬件、软件等环境因素，有时容易掩盖算法本身的优劣。另外，衡量算法优劣的时候也不需要非常精确，例如，经实测算法A比算法B快0.0001秒，虽然两个算法有差异，但从算法效率来看，完全可以忽略不计。因此人们常常采用一种事前分析估算的方法。

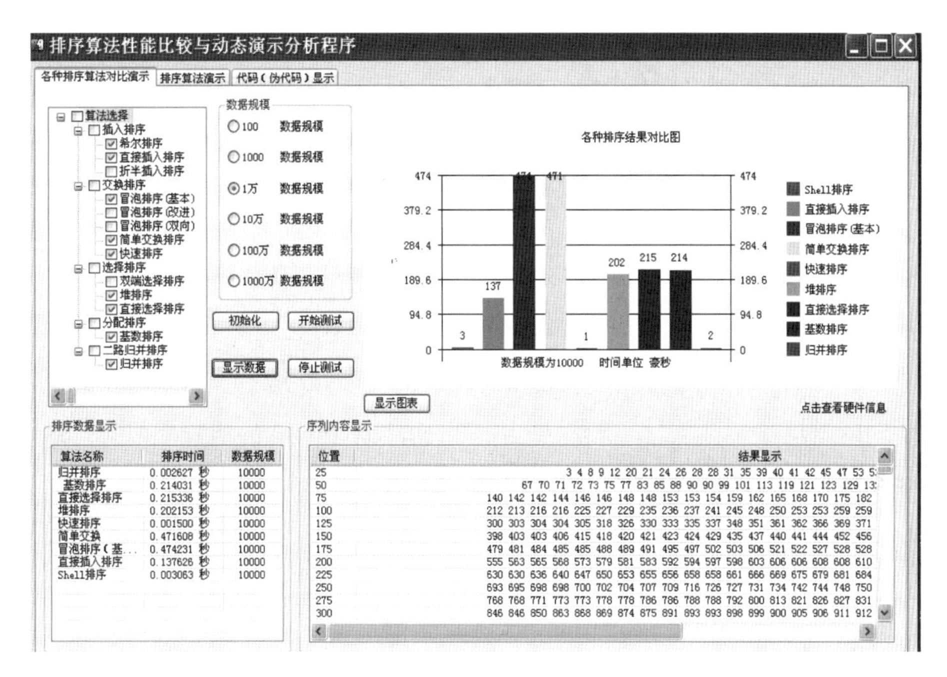

图 4-9 **排序算法的实际测试结果图**

2.事前分析估算法

我们知道，一个程序在计算机上运行时所消耗的时间取决于很多因素，比如：①算法选用何种策略；②问题的规模，如求 100 以内还是 1000 以内的素数；③编写程序的语言（对于同一个算法，实现语言的级别越高，执行效率就越低）；④编译程序所产生的机器代码的质量；⑤操作系统的差异；⑥机器执行指令的速度（硬件平台）等。

显然，同一个算法用不同的语言实现，或者用不同的编译程序进行编译，或者在不同的计算机上运行时，效率均不相同。这表明使用绝对的时间单位衡量算法的效率是不合适的。撇开这些与计算机硬件、软件有关的因素，可以认为一个特定算法“运行工作量”的大小，只依赖于问题的规模（通常用整数量 n 表示），或者说，它是问题规模的函数。

例如，“乘法”运算是“矩阵相乘问题”的基本操作，在如下所示的两个 $N \times N$ 矩阵相乘的算法中，不难计算每个语句的实际执行次数：

```
for ( i = 1; i ≤ n; ++ i)                     n + 1
  for (j = 1; j ≤ n; ++ j)                    n(n + 1)
    {
      c[i][j] ⇐ 0;                            n2
      for (k = 1; k ≤ n; ++ k)                 n2(n + 1)
         c[i][j] ⇐ c[i][j] + a[i][k] * b[k][j];   n3
    }
```

如果我们假定每个语句执行时所需要的时间是相同的，都是一个单位时间（实际有很大的差异，但这样的假设原则上不影响我们对算法的分析），这样就可以得出该算法的执行时间：

$$f(n) = n^3 + n^2(n+1) + n^2 + n(n+1) + n + 1$$
$$= 2n^3 + 3n^2 + 2n + 1$$

显然，这是一个关于 n 的函数。这里的 n 称之为问题的规模。从数学的角度我们不难知道，当 n 很大的时候（如果 n 较小的话，也没有研究算法的效率的必要了），函数中后面几个项甚至都可以忽略不计了，第一项的系数 2 也可以不用考虑（在坐标轴上起平移的作用），也就是说，函数 $f(n)$ 在 n 很大的时候，其变化曲率和 n^3 是接近的，也就是同阶的，记作 $T(n) = \mathrm{O}(n^3)$。

一般情况下，算法的时间效率是问题规模 n 的某个函数 $f(n)$，算法的时间量度记作：

$$T(n) = O(f(n))$$

它表示随问题规模 n 的增大，算法执行时间的增长率和 $f(n)$ 的增长率相同，称作算法的渐近时间复杂度（Asymptotic Time Complexity），简称时间复杂度。

当然，分析算法的时间复杂度有时候很困难，只好考虑最好与最差情况下的时间复杂度，然后取平均值作为算法的时间复杂度。更复杂的方法这里不再赘述。

4.2.4 算法设计的基本思想与方法

人们利用计算机求解的问题是千差万别的，所设计的求解算法自然也各不相同。一般来说，算法设计没有什么固定的方法可循。但是通过大量的实践，人们也总结出某些共性的规律，其中包括穷举法、递推法、递归法、分治法、仿生法、回溯法、动态规划法，以及平衡原则等。

作为入门级教材，我们不可能对每一种算法设计方法都进行深入地讲解，只选择最基本、最典型的几种方法进行讨论，让读者对于算法设计的思想和方法有一个初步的认识，以掌握计算思维中最具方法论性质的算法设计思想。

1.“笨而有效”的穷举法

大家知道，旅行箱现在多半都配了密码锁，外出旅行时，为安全起见，人们都会用密码锁锁住旅行箱。令人尴尬的是，有时候人们会忘记密码，这可怎么办呢？最笨但也许最可行的办法就是从 000 ~ 999 挨个儿试，密码肯定能找出来。作为人类，很难真的这么操作，因为不断重复这些简单的事情容易使人疲劳，人一疲劳就容易出错。

计算机跟人不一样，与人相比，它的最大特点就是计算速度非常快，不怕麻烦，不会疲劳，除非出现硬件故障或停电。穷举法（Enumeration）正是利用了计算机的这一特性，甚至把这一特性发挥到了极致！

穷举法亦称枚举法，它的基本思想是首先依据题目的部分条件确定答案的大致范围，然后在此范围内对所有可能的情况进行逐一验证，直到全部情况验证完为止。若某个情况的验证符合题目的条件，则为本题的一个答案；若全部情况验证完后均不符合题目的条件，则问题无解。枚举的思想作为一种算法能解决许多问题。

【例 4-4】“百鸡问题”：公鸡每只 5 元，母鸡每只 3 元，小鸡 3 只 1 元。花 100 元钱买 100 只鸡，若每种鸡至少买 1 只，试问有多少种买法？

【解】“百鸡问题”是求解不定方程的问题：设 x，y，z 分别为公鸡、母鸡和小鸡的只数，公鸡每只 5 元、母鸡每只 3 元、小鸡 3 只 1 元。对于“百鸡问题”，可写出下面的代数方程：

$$x + y + z = 100$$

$$5x + 3y + z/3 = 100$$

除此之外，再也找不出方程了，那么两个方程怎么解三个未知数？这是典型的不定方程（组），这类问题用枚举法写算法就十分方便：

```
void BuyChicks()
  {
    for (x = 1; x ≤ 20;x ++)      /* 最多可以买 20 只公鸡、33 只母鸡 */
      for (y = 1; y ≤ 33; y ++)
        {
          z ⇐ 100 - x - y;
          if (5x + 3y + x / 3 = 100)
            printf( "%d, %d, %d\n" , x,y, z);
        }
  }
```

其基本思想是把 x、y、z 所有可能的取值组合一一列举（显然，在这里 $1 \leqslant x \leqslant 20$，$1 \leqslant y \leqslant 33$），解必在其中，而且不止一个（组）。枚举法的实质是枚举所有可能的组合情况，用检验条件判定哪些是真正的解，哪些不是，检验条件可从对题目的分析中得到。枚举法的特点是算法简单，在求解那些可确定解的取值范围但一时又找不到其他更好的算法的问题时其效果很好。

2. “顺藤摸瓜”的递推法

如果对求解的问题能够找出某种规律，那么采用归纳法可以提高算法的效率。著名数学家高斯在幼年时，有一次老师要全班同学计算出自然数 1 至 100 之和。高斯迅速算出了答案，令全班吃惊。当时高斯正是应用了归纳法，得出：

$$1 + 2 + \cdots\cdots + 99 + 100 = 100 *(100 + 1) / 2 = 5050$$

的结果。归纳法在算法设计中应用很广，最常见的便是递推和递归。

递推是算法设计中最常用的重要方法之一，有时也称迭代。在许多情况下，对求解的问题不能归纳出简单的关系式，但在其前、后项之间却能够找出某种普遍适用的关系。利用这种关系，便可从已知项的值递推出未知项的值。求多项式值的秦九韶算法，就利用了这种递推关系，其关系式为

$$P_i = P_{i-1} * x + a_i$$

只要知道了前项 P_{i-1}，就可以由此计算出后项 P_i。

按照问题的具体情况，递推的方向既可以由前向后，也可以由后向前。广义地说，凡在某一算式的基础上从已知的值推出未知的值，都可以视作递推。在这个意义上，用算式 $s = s + a_i$ 求累加和，算式 $p = p * a_i$ 求连乘积，都包含了递推思想的运用。

所谓递推法（Recurrence），它的数学公式其实是递归的。只是在实现计算时与递归相反。

【例 4-5】用递推算法计算 n 的阶乘函数。

【分析】关系式：$f_i = f_{i-1} * i$

其递推过程是：

$$f(0) = 0! = 1$$
$$f(1) = 1! = 1 * f(0) = 1$$
$$f(2) = 2! = 2 * f(1) = 2$$
$$f(3) = 3! = 3 * f(2) = 6$$
$$\cdots\cdots$$
$$f(n) = n! = n * (n-1)! = n * f(n-1)$$

要计算 10 的阶乘可以从递推初始条件 $f(0) = 1$ 出发，应用递推公式 $f(n) = n * f(n-1)$ 逐步求出 $f(1)$，$f(2)$，…，$f(9)$，最后求出 $f(10)$ 的值。

【算法】

```
scan(N);
F ⇐ 1;
for (i = 1; i ≤ N; i ++)
   F ⇐ F * i
printf("%d", F);
```

3. “回环往复”的递归法

递归法（Recursion）是一个非常有趣且实用的算法设计方法。

我们已经知道，递推是从已知项的值递推出未知项的值，而递归呢？它则是从未知项的值递推出已知项的值，再从已知项的值推出未知项的值。

我们用一个例子来分析。有一个家庭，夫妇俩生养了 6 个孩子。一日，家里来一客人，见到这一群孩子，难免喜爱和好奇。遂问老大：“你今年多大了？”，老大脑子一转，故意说：“我不告诉你，但我比老二大 2 岁”。客人遂问老二：“你今年多大了？”，老二见老大那样回答，也调皮地说：“我也不告诉你，我只知道比老三大 2 岁”……，客人挨个问下去，孩子们的回答都一样，轮到最小的老六时，他诚实地回答：“3 岁啦”。客人马上就能知道老五的年龄了，再往回就轻易地推算出了老四、老三、老二和老大的年龄了。这就是递归。

递归是构造算法的一种基本方法，如果一个过程直接或间接地调用它自身，则称该过程是递归的。

递归与递推是既有区别又有联系的两个概念。递推是从已知的初始条件出发，逐次递推出最后所求的值。而递归则是从函数本身出发，逐次上溯调用其本身求解过程，直到递归的出口，然后再从里向外倒推回来，得到最终的值。一般来说，一个递推算法可以转换为一个递归算法。

递归算法往往比非递归算法要付出更多的执行时间。尽管如此，由于递归算法编程非常容易，各种程序设计语言一般都有递归语言机制。此外，用递归过程来描述算法不仅非常自然，而且证明算法的正确性也比相应的非递归形式容易很多。因此，递归是算法设计的基本技术。

【例 4-6】相传在古印度圣庙中，有一种被称为汉诺塔游戏。该游戏是在一块铜板装置上，有三根柱子（编号 1，2，3），在 1 柱自下而上、由大到小按顺序放置 64 个金盘。游戏的目的是把 1 柱上的金盘全部移到 3 柱上，并仍保持原有顺序叠好。操作规则为每次只能移动一个盘子，并且在移动过程中三根柱子上都始终保持大盘在下，小盘在上，操作过程中盘子可以置于 1、2、3 任一柱子上。64 个盘子其移动的总次数：

$$2^{64} - 1 = 1.8446744 \times 10^{19}$$

使用计算机模拟移动一次不会用一秒钟，即便如此也需要相当长的时间，不过也比人工省时间，我们不妨写一个算法让计算机来模拟此过程。其思路如下：

要使 *N* 个盘从 1 柱移到 2 柱，我们得先把 *N*-1 个盘移到 3 柱，那么第 *N* 个盘（最大盘）就可以从 1 柱移到 2 柱。至于如何把 *N*-1 个盘从 1 柱移动到 3 柱暂时不管。第 *N* 盘移完之后，按同样方式再将 *N*-1 个盘从 3 柱移到 2 柱。于是 *N* 个盘从 1 柱移到 2 柱的任务就完成了。算法如下：

```
void MoveTower (N, 1, 2)
  {
    MoveTower (N-1,l,3);
    MoveDisk(l,2);
    MoveTower(N-1,3,2);
  }
```

其中，函数 MoveTower 的参数依次表示盘子数量、起始柱和目的柱；函数 MoveDisk 的参数表示从起始柱移到目的柱。移动 *N* 个盘的任务变成两个移动 *N*-1 个盘的任务，加上一个真实的动作，这个问题看似未解决，因为移动 *N* 个和 *N*-1 个差不多，到底如何移动仍没有头绪，但其实这个问题已经解决了。我们把 MoveTower(*N*-l，1，3) 这个新任务如法炮制，把 2 柱当成过渡柱，也可以变为两个子任务加一个 MoveDisk(l，3) 的动作。如此循环下去，每次移动盘子的任务减 1，直到 0 个盘子时任务归零，剩下的全部都是动作。递归算法的内容就这三步，递归程序能自动地运行直至没有任务为止。我们可以拿 3 个盘子检验这个递归算法。

当任务为 0 时，剩下的动作：

$$1\rightarrow2，1\rightarrow3，2\rightarrow3，1\rightarrow2，3\rightarrow1，3\rightarrow2，1\rightarrow2$$

和实际完全一样。

在完善算法时，只要把柱名改成变量，就可以自动改变其值，再加上递归终止条件，可以得到以下算法：

```
void MoveTower (N,From,To,Using)
   {
    if (N ≠ 0)
      {
        MoveTower(N,From,Using,To);
        MoveDisk(From,To);
        MoveTower(N-1,Using,To,From);
      }
   }
```

这是一个典型的递归算法，它从递归给定参数出发（如例4-6中的N个）递归到达边界（N = 0）。

4.“大事化小”的分治法

所谓分治法（Divide and Conquer），就是分而治之。如果求解的问题比较复杂，可以将它分割为若干个较小的子问题来各个击破，以降低问题的复杂性，这就是分治的思想。使用分治法时，往往要按问题的输入规模来衡量问题的大小。若要求解一个输入规模为n且其取值又相当大的问题，应选择适当的设计策略将n个输入分成几个不同的子集合，从而得到k个可分别求解的子问题，其中$1 < k \leqslant n$。在求出各个子问题的解之后，就可以找到适当的方法把它们合并成整个问题的解，分治法便应用成功。如果得到的子问题相对来说还是太大，则可再次使用分治法将子问题分割得更小。在很多使用分治法求解的问题中，往往把输入分成与原问题类型相同的两个子问题，即$k = 2$。分治法在解决设计检索、快速排序等问题的算法中是很有效的，并得到广泛的应用。

分治法解题的一般步骤如下：

（1）分解，将要解决的问题划分成若干规模较小的同类问题；

（2）求解，当子问题划分得足够小时，用较简单的方法解决；

（3）合并，按原问题的要求，将子问题的解逐层合并构成原问题的解。

在科学计算领域，有时候会面对非常大的计算任务，又希望在很短的时间内完成计算。在这种情况下，靠一台计算机来计算，显然是满足不了需求的。这时候分治法就成了很好的办法。比如，两个非常大的矩阵相乘，可以先对矩阵进行分解，然后把子任务分配到若干台计算机上进行计算，最后再把计算结果收集合并起来。具体过程如下：

假定矩阵$A=\begin{bmatrix} a_{11} & a_{12} & \cdots & a_{1N} \\ a_{21} & a_{22} & \cdots & a_{2N} \\ \cdots & \cdots & \cdots & \cdots \\ a_{N1} & a_{N2} & \cdots & a_{NN} \end{bmatrix}$，同时矩阵$B=\begin{bmatrix} b_{11} & b_{12} & \cdots & b_{1N} \\ b_{21} & b_{22} & \cdots & b_{2N} \\ \cdots & \cdots & \cdots & \cdots \\ b_{N1} & b_{N2} & \cdots & b_{NN} \end{bmatrix}$

在这里，N是一个非常大的整数，大到一台计算机存放不下矩阵A或B，现在要计算它们的乘积C，$C = A \times B$。

我们知道，两个矩阵相乘，其结果也是一个矩阵，如下所示：

$$\begin{bmatrix} c_{11} & c_{12} & \cdots & c_{1N} \\ c_{21} & c_{22} & \cdots & c_{2N} \\ \cdots & \cdots & \cdots & \cdots \\ c_{N1} & c_{N2} & \cdots & c_{NN} \end{bmatrix} = \begin{bmatrix} a_{11} & a_{12} & \cdots & a_{1N} \\ a_{21} & a_{22} & \cdots & a_{2N} \\ \cdots & \cdots & \cdots & \cdots \\ a_{N1} & a_{N2} & \cdots & a_{NN} \end{bmatrix} \times \begin{bmatrix} b_{11} & b_{12} & \cdots & b_{1N} \\ b_{21} & b_{22} & \cdots & b_{2N} \\ \cdots & \cdots & \cdots & \cdots \\ b_{N1} & b_{N2} & \cdots & b_{NN} \end{bmatrix}$$

要求矩阵C，就要求矩阵C中的每一个元素C_{nm}，C_{nm}的计算式如下

$$C_{nm} = \sum_{i} a_{ni} \cdot b_{ni}, \quad 1 \leqslant n, m, i \leqslant N$$

也就是说，完成上面的计算就要扫描矩阵A中n行的所有元素，以及矩阵B中m列的所有元素。如果一台计算机无法储存这么大的一个矩阵，求解上面的问题就变得无法解决。接下来，试着用分治法进行求解。首先，假定我们用10台计算机来计算，可把矩阵A按行

拆成 10 个小矩阵 A_1，A_2，…，A_{10}，每一个小矩阵有 N / 10 行。如图 4-10 所示。

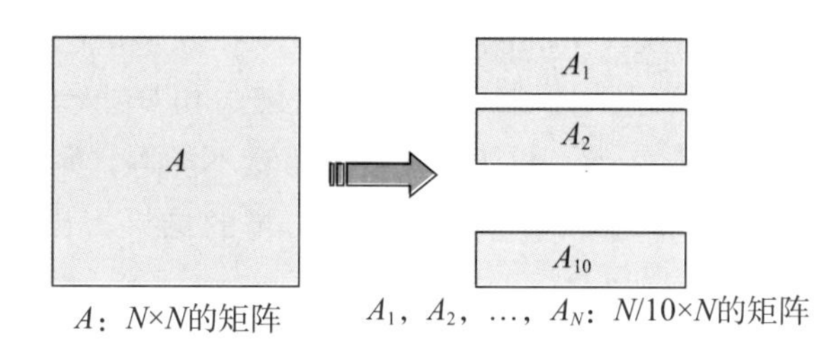

图 4-10　**将矩阵 A 按行分解成 10 个子矩阵 $A_1,A_2,\cdots,A_{10}$**

然后，分别计算每个小矩阵 A_1，A_2，…，A_{10} 和 B 的乘积。为不失一般性，以 A_1 为例来说明，对应的 C_1 中的每一个元素可按如下式子计算：

$$C_{nm}=\sum_{i}a_{ni}\cdot b_{ni}\text{，}\ 1\leqslant n, m, i\leqslant N$$

这样就在第一台计算机上计算出 C 矩阵中前 1/10 的计算任务，如图 4-11 所示。

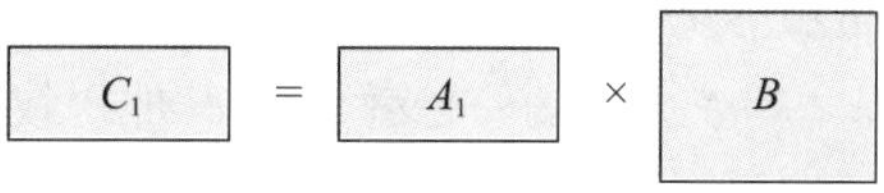

C_1 = A_1 × B

图 4-11　**第一台服务器完成前 1/10 的计算任务**

同理，可以在第二台、第三台、……、第十台计算机上计算出其他元素。

当然，矩阵 B 也和矩阵 A 一样大，一台计算机同样存不下。同样可以按列切分矩阵 B，使得每台计算机只存矩阵 B 的 1/10。上述公式可以直接使用，只是本次只完成了 C_1 的 1/10。这样一来，这次需要 100 台计算机而不是原来的 10 台了，图 4-12 就是第一台计算机的工作被分配到 10 台中，这是其中的第五台。

于是，在单机上无法求解的大问题分解成小问题就得以解决。

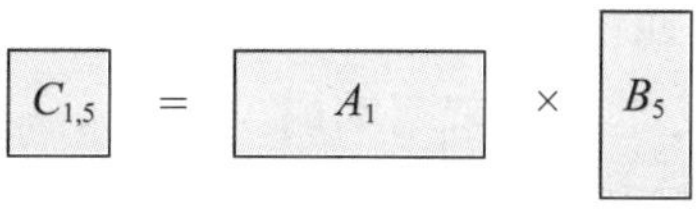

$C_{1,5}$ = A_1 × B_5

图 4-12　**第一台计算机的工作被分配到 10 台中，这是其中的第五台**

不难看出，分治法是非常有意义的。在大型工程项目中也经常使用分治法。比如，生产一辆汽车，通常把汽车分成发动机、车架、底盘、变速箱、轮胎等部件，然后分别予以研制和生产，最后组装成车。飞机、火箭、卫星等莫不如此。

【例 4-7】假设有一个装有 16 枚硬币的袋子。其中，16 枚硬币里有一个是伪造的，并且那个伪造的硬币比真的硬币要轻一些。我们的任务是找出这个伪造的硬币。为了完成这一任务，可以用一台仪器来比较两组硬币的重量。

【分析】一种容易想到的方法：比较硬币 1 与硬币 2 的重量。假如硬币 1 比硬币 2 轻，则硬币 1 是伪造的；假如硬币 2 比硬币 1 轻，则硬币 2 是伪造的，这样就完成了任务。假如两枚硬币重量相等，则比较硬币 3 和硬币 4。同样，假如有一枚硬币轻一些，则寻找假的那枚硬币的任务完成。假如两硬币重量相等，则继续比较硬币 5 和硬币 6。按照这种方式，最多通过 8 次比较则可完成任务。

另外一种方法就是利用分治法。假如把 16 枚硬币看成一个大的问题。第一步，把这一问题分成两个小问题。随机选择 8 枚硬币作为第一组，称为 A 组，剩下的 8 枚硬币作为第二组，称为 B 组。这样，就把 16 枚硬币的问题分成两个 8 枚硬币的问题来解决。第二步，判断 A 和 B 组中是否有假币。可以利用仪器来比较 A 组硬币和 B 组硬币的重量。假如两组硬币重量相等，则可以判断假币不存在。假如两组硬币重量不相等，则存在假币，并且可以判断它位于重量较轻的那一组硬币中。第三步，用第二步的结果得出原先 16 枚硬币问题的答案。

继续划分成两组硬币来寻找假币。假设 B 是轻的那一组，因此再把它分成两组，每组有 4 枚硬币。称其中一组为 B1，另一组为 B2。比较这两组，肯定有一组轻一些。如果 B1 轻，则假币在 B1 中，再将 B1 分成两组，每组有两个硬币，称其中一组为 B1a，另一组为 B1b。比较这两组，可以得到一个较轻的组。由于这个组只有两枚硬币，因此不必再细分。比较组中两枚硬币的重量，可以立即知道哪一枚硬币轻一些。较轻的硬币就是所要找的假币。

5.“模拟自然”的仿生法

蚂蚁是生活中很常见的昆虫。据研究，当蚂蚁找到食物并将之搬回来时，就会在其经过的路径上留下一种“信息素”（蚂蚁分泌的一种激素），其他蚂蚁可以跟着这条路径觅食或返回。不但如此，这还能帮助他们找到觅食的“最短路径”。

得益于简单规则的涌现，如果我们要为蚂蚁设计一个具有人工智能的程序，我们不需要考虑如何计算最短路径，也不需要考虑如何搜遍空间中所有的点以寻找食物。事实上，蚂蚁只关心很小范围内的信息，并且利用这些局部信息和几条简单的规则进行决策，其规则如下。

（1）范围。蚂蚁所观察到的范围是一个方格世界，蚂蚁有一个参数为速度半径（一般为 3），那么它能观察到的范围就是 3×3 的方格世界，并且能移动的距离也在这个范围之内。

（2）环境。蚂蚁所在的环境是一个虚拟的世界，其中有障碍物，有其他的蚂蚁，还有信息素。信息素有两种，一种是找到食物的蚂蚁洒下的食物信息素，另一种是找到窝的蚂蚁洒下的窝信息素。每个蚂蚁都仅仅能感知它范围内的环境信息。环境以一定的速率让信息素消失。

（3）觅食规则。在每只蚂蚁能感知的范围内寻找是否有食物，如果有就直接过去，否则继续寻找是否有信息素，并且比较在能感知的范围内哪一点的信息素最多，这样，蚂蚁就会朝信息素多的地方走，并且每只蚂蚁会以小的概率犯错，从而往信息素不是最多的点移动。蚂蚁找窝的规则同觅食一样，只不过它只对窝信息素有反应，而不对食物信息素有反应。

（4）移动规则。每只蚂蚁都朝向信息素最多的方向移动，并且当周围没有信息素指引的时候，蚂蚁会按照自己原来运动的方向惯性运动下去。为了防止原地转圈，蚂蚁会记住最近刚走过了哪些点，如果发现要走的下一点刚刚走过，它们就会尽量避开。

（5）避障规则。如果蚂蚁要移动的方向有障碍物挡住，它们会随机地选择另一个方向，并且有信息素指引的话，它会遵循觅食的规则行为。

（6）播撒信息素规则。每只蚂蚁在刚找到食物或者窝的时候散发的信息素最多，并随着它走远的距离，播撒的信息素会越来越少。

根据这几条规则，蚂蚁之间并没有直接的关系，但是每只蚂蚁都和环境发生交互，并且通过信息素这个纽带，把各个蚂蚁之间联系起来。比如，当一只蚂蚁找到了食物，它并没有直接告诉其他蚂蚁这有食物，而是向环境播撒信息素，当其他的蚂蚁经过食物附近的时候，就会感觉到信息素的存在，进而根据信息素的指引找到了食物。

蚂蚁能够找到最短路径，一是要归功于信息素，另外要归功于环境。信息素多的地方会有更多的蚂蚁聚集过来。假设有两条路从窝通向食物，开始的时候，走这两条路的蚂蚁数量同样多。蚂蚁沿着一条路到达终点以后会马上返回来，对于短的路，蚂蚁来回一次的时间就短，这也意味着重复的频率就快，因而在单位时间里走过的蚂蚁数目就多，洒下的信息素自然也会多，因此会有更多的蚂蚁被吸引过来，从而洒下更多的信息素⋯⋯；而长的路正相反，越来越多的蚂蚁聚集到较短的路径上，最短的路径就找到了。

【例4-8】设一群蚂蚁随机地向四面八方觅食。当某只蚂蚁觅到食物时，一般就沿原路回巢，同时在归途上留下信息素，信息素随着向四周散发，其浓度会不断下降。若有两只蚂蚁从 O 出发，都在 A 点找到食物，且都沿原路返回（见图4-13）。从图4-13中可以看出，OA 比 OBA 短，当第一只蚂蚁回到 O 点时，第二只蚂蚁（沿路径 OBA 走的蚂蚁）才回到 C 点。于是 OA 路上有两次信息素（去一次、回来一次），而 OC 路上只有一次的信息素，故 OA 的信息素浓度比 OC 的大。蚂蚁就会沿信息素浓度大的路径上前行。于是后面的蚂蚁会渐渐地沿由 O 到 A 的最短程到达 A 点。以上就是蚂蚁能以最短路径找到食物的原因。

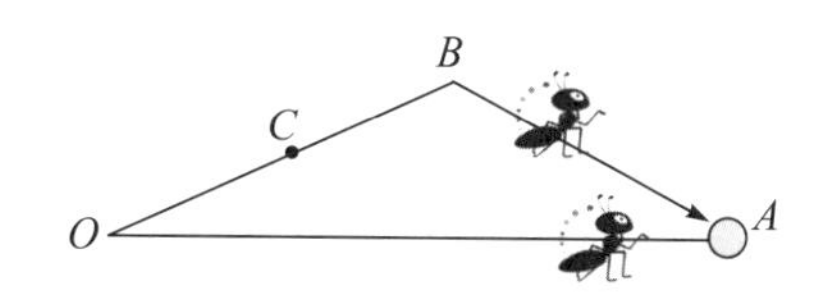

图4-13 **蚂蚁寻找最短路径**

实际上蚂蚁是从局部最短路径逐渐接近全局最短路径的。这是由于蚂蚁会犯错误，也就是它会按照一定的概率不往信息素高的地方走而另辟蹊径，这可以理解为一种创新，这种创新如果能缩短路途，那么根据刚才叙述的原理，更多的蚂蚁会被吸引过来。

通过上面的原理叙述和实际操作，我们不难发现蚂蚁之所以具有智能行为，完全归功于它的简单行为规则，而这些规则综合起来具有两个方面的特点：①多样性；②正反馈。

多样性保证了蚂蚁在觅食的时候不至于走进死胡同而无限循环，正反馈则保证了相对优良的信息能够被保存下来。我们可以把多样性看成一种创造能力，而正反馈是一种学习强化能力。正反馈的力量也可以比喻成权威的意见，而多样性是打破权威意见的创造性，正是这两点的巧妙结合，才使得蚂蚁具有如此智能行为。

延伸来讲，大自然的进化，社会的进步、人类的创新实际上都离不开多样性和正反馈。多样性保证了系统的创新能力，正反馈保证了优良特性能够得到强化，两者要恰到好处地结合。如果多样性过剩，也就是系统过于活跃，这相当于蚂蚁会过多的随机运动；相反，如果多样性不够，正反馈机制过强，那么系统就好比一潭死水。

本节详细介绍了蚂蚁的行为并引出“最短路径”算法，一方面是为了更直观地体现使用仿生法设计计算机算法时的思路，以及仿生法在生活中的应用。另一方面，借助蚂蚁的算法只是诸多利用仿生法设计出的算法之一，通过对大自然的观察，人们还能够获得很多的灵感，并可以利用这些灵感来解决客观世界的实际问题。

4.3 软件开发与过程管理

算法是程序的灵魂，在实际的软件开发项目中，不管是有意设计或是无意为之，我们几乎随时都在和算法打交道。小到定义一个变量，大到编写一个函数，这些都是算法的实现过程。软件开发人员通过运用算法来完成软件的编写。

那么常说的软件开发到底是什么呢?

软件开发是一个涉及需求分析、设计、编码、测试和维护等一系列复杂活动的系统工程。软件开发通常使用特定的程序设计语言，如 Java、Python、C++ 等，并可能涉及软件开发工具以辅助软件开发过程。软件分为系统软件和应用软件，不只是包括可以在计算机上运行的程序，与这些程序相关的文件一般也被认为是软件的一部分。

4.3.1 软件开发的基本过程

软件开发流程包括：需求分析—概要设计—详细设计—编写代码—软件测试—软件维护。

1. 需求分析

需求分析的目的：获取用户的需求，界定项目的范围与规模，并针对用户的需求确定技术解决方案。

在该过程中，通过与用户的交流沟通，可以形成用户需求书，该文件可以明确软件开发的范围、需要实现的功能、采用的技术、内部与外部的接口、软件面向的环境、用户对系统的性能要求，以及其他特殊要求，乃至开发软件的安全性、可用性、灵活性、可靠性、可维护性和可扩展性，可能的故障和对故障处理的要求等事项。需求分析流程如图 4-14 所示。

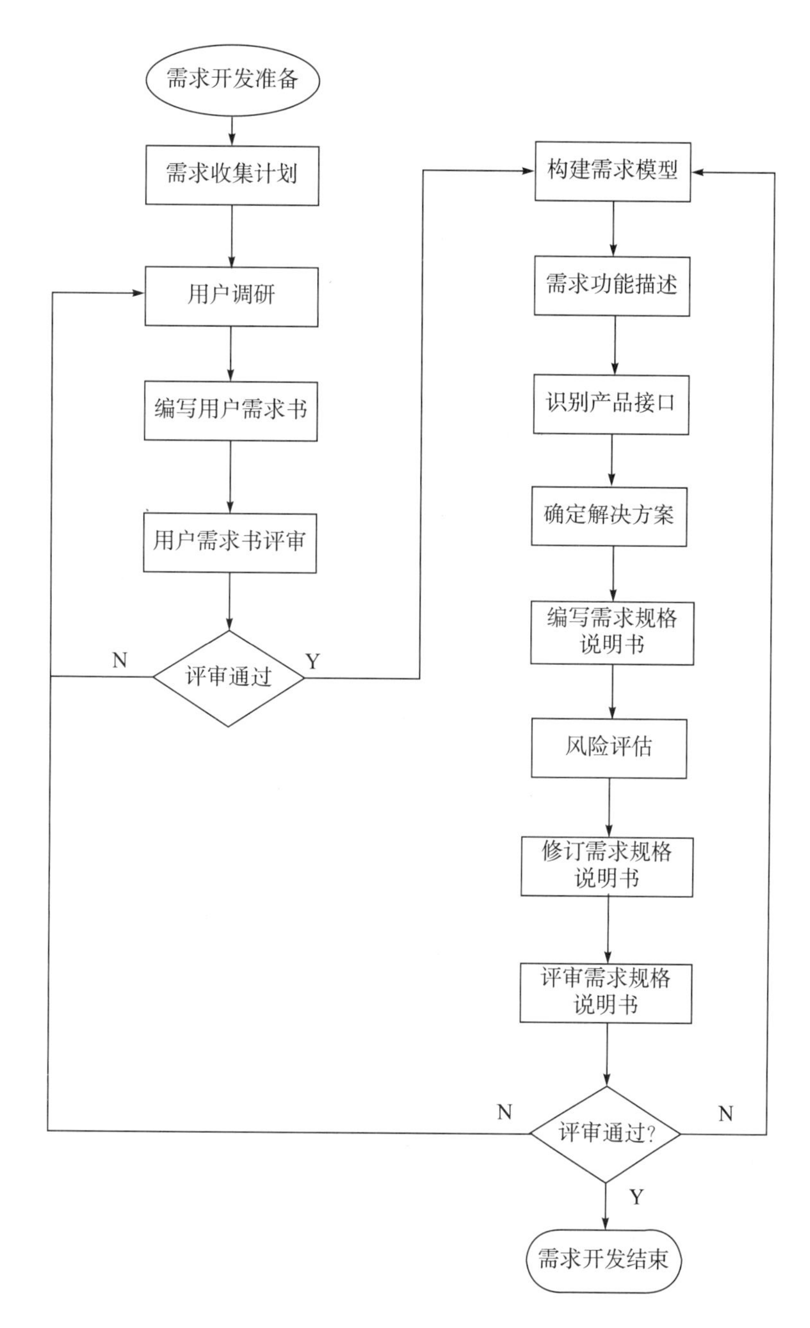

图 4-14　**需求分析流程**

（1）许多大型应用系统的失败，最后均归因于需求分析的失败。要么获取需求的方法不当，使得需求分析不到位或不彻底，导致开发者反复多次地进行需求分析，致使设计、编码、测试无法顺利进行；要么客户配合不好，导致客户对需求不确认，或客户需求不断变化，同样致使设计、编码、测试无法顺利进行。

（2）需求规格说明书是客户、软件开发人员、软件测试人员和项目管理人员四者共同工作的基线，是项目 Apha 测试和 Beta 测试的准则，是供方交付产品和需方验收产品的依据。

（3）需求分析通常要占用整个软件开发时间或工作量的 30% 左右。

（4）需求分析阶段的错误属于软件开发过程中的早期错误，将给项目带来极大风险，因为这些错误会在后续的设计和实现中进行发散式的传播。

试一试

你是否想设计一款软件？希望软件具有什么样的功能？试着写一下该软件的需求分析说明书。

基于以上4项原因，IT企业对需求分析特别重视，通常派经验最丰富的人员去做软件或项目的需求分析。

2. 概要设计

开发者需要对软件系统进行概要设计，即系统设计。概要设计需要对软件系统的设计进行考虑，包括系统的基本处理流程、系统的组织结构、模块划分、功能分配、接口设计、运行设计、数据结构设计和出错处理设计等，为软件的详细设计提供基础。

概要设计过程是从收到需求规格说明书后开始的。该过程通过定义软件的概要设计，指导设计人员去实现能满足用户需求的软件产品。

在这个阶段，设计者会大致考虑并照顾模块的内部实现，但不过多纠缠于此。主要集中于划分模块、分配任务、定义调用关系。模块间的接口与传参在这个阶段要制定的十分细致、明确，需要编写严谨的数据字典，避免后续设计产生不解或误解。概要设计一般不是一次就能做到位的，而是要反复地进行结构调整。典型的调整是合并功能重复的模块，或者进一步分解出可以复用的模块。在概要设计阶段，应最大限度地提取可以重用的模块，建立合理的结构体系，节省后续环节的工作量。

概要设计文档最重要的部分是分层数据流图、结构图、数据字典，以及相应的文字说明等。以概要设计文档为依据，各个模块的详细设计就可以并行展开了。

3. 详细设计

在概要设计的基础上，开发者需要进行软件系统的详细设计。在详细设计中，描述实现具体模块所涉及的主要算法、数据结构、类的层次结构及调用关系，需要说明软件系统各个层次中的每一个程序、每一个模块或子程序，以便进行编码和测试。应当保证软件的需求完全分配给整个软件。详细设计文档应当足够详细，能够根据详细设计文档进行编写代码。

详细设计过程从概要设计文档经过客户认可后开始，是由设计人员负责将概要设计文档中的概要设计转化为开发人员能实现的详细设计文档的过程。该过程的目的：通过定义软件详细设计过程，指导设计人员去实现能满足用户需求的软件产品。

详细设计文档最重要的部分是模块流程图、状态图局部变量及相应的文字说明等。一个模块对应一篇详细设计文档。详细设计阶段常用的描述方式有流程图、N-S图、PAD图、伪代码等。一般来说，详细设计由项目简介、模块说明（具体说明每一个模块内部的流程、功能、逻辑、消耗，以及未解决问题）、接口设计（包括内部接口和外部接口）、数据结构设计（包括物理结构和逻辑结构）、特殊处理等几个部分构成。软件的详细设计最终是将软件系统的各个部分的具体设计方法、逻辑、功能等进行表述。在实现的过程中，编码人员原则上严格按此文档进行代码实现即可。

4. 编写代码

在编写代码阶段，开发者根据详细设计文档中对数据结构、算法分析和模块实现等方面的设计要求，开始具体地编写程序，分别实现各模块的功能，从而实现对目标系统的功能、性能、接口、界面等方面的要求。在规范化的研发流程中，编码工作在整个项目流程里的时间最多不会超过1/2，通常在1/3。设计过程完成得好，编码效率就会极大提高。编码时不同模块之间的进度协调和协作是最需要小心的，也许一个小模块的问题就可能影响整体进度，让很多程序员因此被迫停下工作等待，这种问题在很多研发过程中都很容易出现，编码时的相互沟通和应急的解决手段都是相当重要的。

详细设计完成之后，就进入了编码及单元测试的过程，该过程要在编码人员对详细设计文档学习完成后开始。在该过程中，应当规范编码过程，提高编写代码的质量，便于代码编写者以外的人员对代码进行审查、修改、维护。同时也应该规范单元测试过程，确保能有效地找出软件中的缺陷，提高软件的质量。编写代码流程如图 4-15 所示。

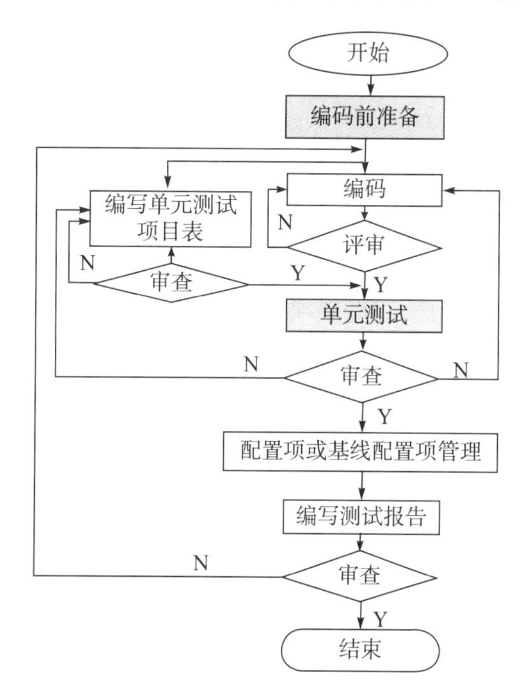

图 4-15 编写代码流程

5. 软件测试

软件测试有很多种：按照测试执行方，可以分为内部测试和外部测试；按照测试范围，可以分为模块测试和整体联调；按照测试条件，可以分为正常操作情况测试和异常操作情况测试；按照测试的输入范围，可以分为全覆盖测试和抽样测试。总之，测试同样是项目研发中的一个相当重要的步骤，对于一个大型软件，3 个月到 1 年的外部测试都是正常的，因为永远都会有不可预料的问题存在。项目测试后，完成验收并完成最后的一些帮助文档，整体项目才算告一段落，当然日后少不了升级、修补等后续工作。

6. 软件维护

在软件开发交付之后，为了防止产品上架之后出现问题，一般需要维护一段时间，这个维护周期随地区的服务水平和项目的总体大小不同而变化，如专业 APP 开发公司一般维护周期是 3~12 个月。

总的来说，软件开发流程是一个迭代的过程，需要不断地完善和优化。对于每个阶段的输出成果，可以在接下来的阶段中，根据业务需求和技术特点反复进行确认和优化，并不断提高软件质量。

拓展阅读

12306——中国铁路系统

2012 年，铁路系统 12306 正式上线。从线下到线上，这是中国铁路客票发售革命性的一步，也成为中国铁路现代化的主要标志。作为中国最大的在线铁路售票平台，12306 系统以其无可比拟的便捷性和高效性，在信息爆炸的时代中遥遥领先。它允许用户随时随地查询和购买车票，通过简单地点击鼠标或屏幕即可完成整个购票过程。此外，12306 系统提供了多元化的支付方式，如支付宝、微信和银联等，进一步简化了购票流程。

国家铁路集团有限公司数据显示，2024 年春运期间铁路发送旅客 4.84 亿人次，日均发送 1208.9 万人次，较 2023 年春运增长 39 %。面对这样的“超大流量”，12306 技术团队早早就做起了准备，在加强系统资源、公有云应用、网络带宽扩容、防范恶意抢票等方面重点发力，确保售票系统稳定、高效运行。

值得注意的是，近年来部分旅客会选用第三方软件进行抢票。中国铁科院电子计算技术研究所副总工程师单杏花指出，第三方软件不仅会对个人信息安全造成威胁，同时也破坏了购票环境的公平性。铁路系统 12306 将针对第三方抢票软件进行防范，利用大数据技术识别“抢票机器人”并予以拦截，将其放入“慢速队列”中。

4.3.2 低代码开发

低代码可以理解为一种全新的应用开发理念。主要以可视化、参数化的系统配置方式进行应用程序的开发，可以大幅减少代码编写的工作，从而提高开发效率。

低代码开发（LowCode Development）使应用程序开发更加自主化，特别是对于没有编码经验的业务用户，如业务分析师或项目经理等。这些工具使技术水平较低的员工能够以多种方式处理工作中遇到的问题，如减轻 IT 部门积压的工作、减少业务流程管理等。

低代码开发平台通常提供拖放式的界面元素、预先构建的组件、自动化的业务逻辑和集成 API 等功能，使得开发人员可以快速创建应用程序和业务流程。

1. 低代码开发分类

低代码开发按技术路径的角度区分，通常可分为如下几类。

（1）表格驱动：核心围绕着表格或关系数据库的二维数据定义，通过工作流配合表格完成业务流转，是一种面向业务人员的开发模式，大多面向类似 Excel 表格界面的企业信息应用程序。

（2）表单驱动：核心围绕表单数据定义，通过软件系统中的业务流程来驱动表单，从而对业务表单数据进行分析和设计，构建适合轻量级应用场景。

（3）数据模型：核心围绕业务数据定义，包括数据名称、数据类型等，抽象表单展示与呈现业务流程，在实践层面通过数据模型建立业务关系，通过表单与流程支持业务模式。其优势在于灵活性高，能够满足企业复杂场景开发需求和整体系统开发的需求，适合对大中型企业的核心业务创新场景进行个性化定制。

（4）领域模型：核心围绕业务架构定义，对软件系统所涉及的业务领域进行领域建模，从领域知识中提取和划分不同子领域（核心子域、通用子域、支撑子域），并对子领域构建模型，再分解领域中的业务实体、属性、特征、功能等，并将这些实体抽象成系统中的对象，建立对象与对象之间的层次结构和业务流程，最终在系统中解决业务问题，适合业务框架与技术架构非常成熟的大型企业。

2. 低代码开发优势

低代码开发相比传统开发是具有一系列的显著优势的，这主要是因为低代码开发可以让应用系统开发过程更为高效、灵活和易于维护。

（1）快速开发和部署。借助低代码平台，开发人员可以利用预构建的组件和可视化界面快速构建应用程序。这极大地缩短了开发周期，加速产品上市时间。

（2）降低开发成本。通过减少手动编码的需求，低代码开发可以降低开发成本，提高开发效率。

（3）易于维护和更新。低代码开发平台通常提供了易于维护和更新的应用程序结构，使应用程序的维护和更新变得更加简单。

（4）提高协作效率。低代码开发平台使非技术人员（如业务分析师、设计师等）也能参与应用程序的开发过程，提高团队间的协作效率。

（5）集成和可扩展性。低代码开发平台通常提供了丰富的集成选项，使开发者能够方便地连接到其他系统和服务。这有助于实现更广泛的业务流程自动化和数据分析，提高企业的运营效率。另外，低代码开发平台提供了丰富的组件库和插件机制，使开发人员可以根据自己的需求扩展应用的功能。

3. 低代码开发平台

低代码开发平台通过对业务场景高度抽象、提炼，提供了一系列图形化、可视化的拖拽及参数配置工具组件，用户可以利用低代码开发平台实现快速构建、数据编排、连接生态、中台服务等业务需求。常用的几种低代码开发平台如下。

（1）宜搭——阿里巴巴。

宜搭（见图 4-16）是阿里巴巴集团在 2019 年 3 月公测的面向业务开发者的零代码业务应用搭建平台。开发者可以通过可视化开发单据页面、流程页面、报表页面、展示页面、外部链接页面，将这些页面组合在一起形成轻应用，一键发布到 PC 和手机端。2018 年，宜搭在阿里巴巴集团内部发布，阿里巴巴作为首个种子用户，到目前为止已有上万个应用在上面使用。在 2019 年 9 月，宜搭发布了升级版宜搭 Plus，在单据、流程、报表等方面都进行了全面升级，成为一款面向独立软件开发者的低代码开发平台，能够满足企业进行复杂业务管理系统开发所需的数据建模、逻辑与服务编排、专业软件页面设计等需求。

图 4-16　宜搭低代码开发平台

（2）织信 Informat——基石协作。

织信 Informat（见图 4-17）是面向业务人员的低/零代码平台，具有高度灵活的“数据 + 权限 + 流程”动态信息管理模型，用户不需要依赖代码开发，可以通过自主配置的方式，快速搭建企业运营所需的各类管理系统。织信 Informat 的亮点是提供永久免费版试用。

图 4-17　织信 Informat 低代码开发平台

（3）爱速搭——百度。

爱速搭（见图 4-18）是百度智能云推出的低代码开发平台，支持多种应用页面构建形式和数据接驳方式，既可自建数据模型，也可灵活接驳客户已有数据源或对接外部 API。爱速搭平台支持海量功能组件，并支持自定义代码、系统变量和接口适配能力，灵活度可以媲美代码开发。

图 4-18　爱速搭低代码开发平台

（4）云程。

云程（见图 4-19）低代码平台是一款基于 SpringBoot + VUE 的低代码开发框架。采用微服务、前后端分离架构，基于可视化流程建模、表单建模、报表建模工具，低代码快速构建云端业务应用，平台既可本地化部署，也可基于 K8S（kubernetes，开源容器集群管理系统）云原生部署。云程平台也是一款专业的 BPM（Business Process Management，业务流程管理）软件，既可独立部署，支撑企业级端到端流程落地，也可嵌入您的 OA（Office Automation，办公自动化）、ERP（Enterprise Resource Planning，企业资源计划）等系统中，作为流程引擎组件使用。云程平台的主要目的是让开发者专注业务，降低技术难度，从而节省人力成本，缩短项目周期，提高软件安全质量，为企业信息化建设降本增效。

图 4-19 云程低代码开发平台

（5）微搭——腾讯。

微搭（见图 4-20）低代码开发平台以云开发作为底层支撑，通过行业化模板、拖拽式组件和可视化配置可以快速构建多端应用（小程序、H5 、PC Web 应用等），免去代码编写工作。基于腾讯的生态链，微搭可以集成企业微信、链接腾讯 SaaS 生态、快速搭建小程序等。

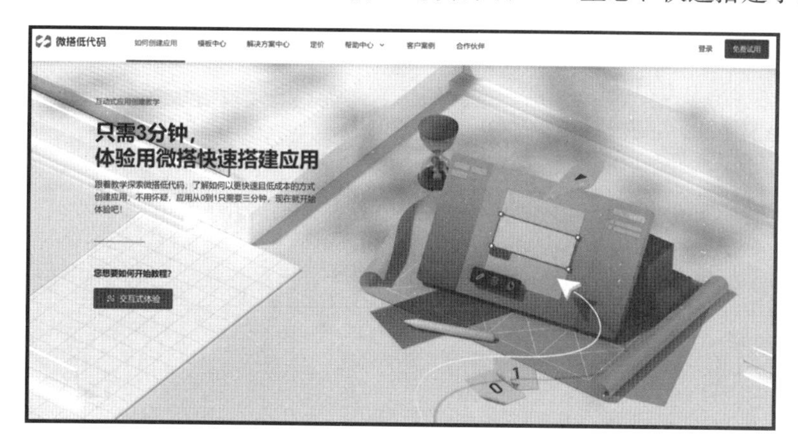

图 4-20 微搭低代码开发平台

“十四五”以来，针对数字经济发展和数字化转型的政策频出，这些政策对数字技术和实体经济的进一步融合以及企业的数字化转型提供了有力的支撑。在国家层面的政策鼓励下，深圳、山东、上海等地方政府也相继出台政策，重点提出支持低代码等技术和平台发展，低代码正处于政策利好期，低代码将朝着更快速、合规的方向发展，进一步赋能企业，特别是中小型企业的数字化转型升级。

拓展实践

以计算思维求解“韩信点兵”问题

韩信是汉高祖刘邦手下的大将，他英勇善战，智谋超群，为汉朝建立了卓越的功劳。据说韩信的数学水平也非常高超，他在点兵的时候，为了知道有多少兵，同时又能保住军事机密，便让士兵排队报数：

按从 1 至 5 报数，最末一个士兵报的数为 1；

再按从 1 至 6 报数，最末一个士兵报的数为 5；

再按从 1 至 7 报数，最末一个士兵报的数为 4；

最后按从 1 至 11 报数，最末一个士兵报的数为 10。

请设计一个算法，计算总共有多少名士兵。

提示：

我们可以从小到大一个数一个数地试，但这样的效率必然比较低，是否有更高效率的算法呢？

算法设计完成后，分小组分析讨论各自算法的优劣，并思考在我们日常的学习中，如何应用算法思维提高我们的学习效率？

第5章 畅游数据海洋

回顾人类社会发展史，新要素一般都会引发新变革。在新一代信息技术的引领下，数据成为新生产要素，激发出一批新模式新业态。而数据价值的充分发挥，离不开数据治理水平的不断提升。

在国家政策的大力支持下，伴随着数据治理顶层设计的不断完善，数据作为新生产要素，正加速融入生产、分配、流通、消费和社会服务管理等各环节，成为加快经济社会发展质量变革、效率变革、动力变革的重要引擎，深刻改变着生产方式、生活方式和社会治理方式。

我国数据产业在整体规模、基础设施建设以及创新发展方面均取得了可圈可点的成绩。2023年12月，相关数据显示，在规模方面，2022年我国大数据产业规模达1.57万亿元，同比增长18%，成为推动数字经济发展的重要力量。在创新发展方面，我国数据产业正迸发出强大的创新活力，人工智能、大数据等核心领域的发明专利授权量达33.5万件，居全球前列；数商企业数量10年间增长10倍，现已超过100万家，且质量和效益也在不断提升。在基础设施建设方面，我国已建成总里程近6000万千米、全球最大的光纤网络，建成5G基站超321.5万个，算力总规模位居全球第二，为我国数字经济不断做强做优做大打下了坚实基础。

本章从数据和数据元素的基本概念讲起，介绍数据的存储与管理、分析与处理，以及数据的可视化应用，帮助读者了解大数据时代数据的意义和应用方式，为我们后续的工作和生活提供帮助。

知识目标

1. 了解数据和数据元素的相关概念。
2. 掌握数据的存储结构和存储方式。
3. 了解数据的呈现方式。
4. 熟悉智能化大数据时代的相关技术和理念。

能力目标

1. 能够应用简单的 SQL 语句进行数据管理。
2. 能够利用智能化工具进行数据统计、分析及可视化呈现。

素质目标

1. 体会人工智能带来的变革，坚定科技强国的信念。
2. 感受数字中国的意义，形成创新发展的理念。

5.1 客观世界实体的表示

大数据时代、数字时代的关键问题是现实世界实体的数据化。这些实体在计算机世界中如何表示，如何把客观世界的问题及其求解方法以某种方式映射到计算机世界之中，是我们要面临的首要问题。那么什么是数据以及数据元素呢？

5.1.1 数据

数据是生活中很常见的概念，如年龄 22 岁、身高 178 cm、占地 80 m^2 等都是数据。广义上讲，数据是指对客观事件进行记录并可以鉴别的符号，是对客观事物的性质、状态，以及相互关系等进行记载的物理符号或这些物理符号的组合。它是可识别的、抽象的符号。

需要注意的是，数据不仅指狭义上的数字，还可以是具有一定意义的文字、字母、数字符号的组合、图形、图像、视频、音频等，也可以是客观事物的属性、数量、位置及其相互关系的抽象表示。例如，“0、1、2……”“阴、雨、下降、气温”，还有学生的档案记录、货物的运输情况等都是数据。数据经过加工后就成为信息。

在计算机科学中，数据是指所有能输入到计算机并被计算机程序处理的符号的介质的总称，是用于输入电子计算机进行处理，具有一定意义的数字、字母、符号和模拟量等的通称。计算机存储和处理的实体（对象）十分广泛，表示这些实体（对象）的数据也随之变得越来越复杂。

5.1.2 数据元素

数据元素是数据的基本单位，通常作为一个整体进行考虑和处理。一个数据元素可由若干个数据项组成。而数据项是数据不可分割的最小单位，分割了就没有实际意义了。比如，张三的身高是 170 cm，在这里，“170”就是一个数据项，如果进一步分割成“1”“7”“0”，那就仅仅是数字，没有实际意义了。

客观世界中的实体（对象）通常具有多个属性，每一个属性可用一个数据项来描述。例如，一个学生，有姓名、性别、年龄、身高、体重、籍贯、政治面貌、家庭住址、所学专业等属性，用数据描述出来就是“张三”“男”“18”“170”“55”“柳州市”“团员”“柳州市城中区高新路 36 号”“软件工程”……。把这些数据项“封装”起来所形成的整体，就是一个数据元素。因此，我们可以用一个数据元素来描述客观世界中的一个实体（对象）。

当然，一个数据元素到底由哪些数据项组成，取决于具体的需要。假设我们需要做一个学生信息管理系统，如果我们关心的是学生的姓名、年龄、性别、身高、体重、籍贯、出生日期、所学专业、所在班级、所学课程及成绩、手机号码、e-mail 地址、家庭住址等，那么这些都是组成数据元素的数据项。而爱好、发型、视力等信息，就不是我们所关注或者感兴趣的内容，也就不应该选做数据项。

进一步说，客观世界问题域中的实体（对象）不止一个，有时甚至数量很庞大，如全国人口普查，我国人口有 14 亿多，每一个人都用一个数据元素来表示，总体上就有 14 亿多个数据元素。要对这些数据元素做各种分析、统计等处理，就必须先获取这些数据，然后解决它们的存储问题。

5.2 数据的评估与获取

数字化时代，数据已经成为经济增长的关键动力之一，是驱动数字经济发展的核心生产要素，数据资产化是释放数据要素价值的重要方式。

5.2.1 数据的价值评估

生产力是经济社会发展的根本动力。生产力由生产要素构成。传统经济中，生产要素主要指土地、劳动力、资本和技术。随着科学技术不断发展，特别是大数据、人工智能、互联网和物联网、云计算、区块链等数字技术涌现后，数据成了新的生产要素；同时，在数据和数字技术的作用下，原有的土地、劳动力、资本和技术等要素也有了新内涵；由这些新生产要素所构成的新生产力，推动人类社会进入到数字经济新时代。

1.数据生产要素的价值

数据生产要素的巨大价值和潜能可分为三个层次：第一个层次，数据是“新资源”；第二个层次，数据是“新资产”；第三个层次，数据是“新资本”。在每一个层次上又体现为两个层面，即分别在物理空间和数字空间中的体现。“新资源”“新资产”“新资本”，三个层次既可以单独作用，也可以叠加在一起发挥更大作用。

1）数据是一种新的“资源”

在物理空间中，数据是对现实世界里客观事物和客观事件的记录和反映。其实很早的时候，数据就以间接、隐性的方式作用于人类的生产和经济活动，比如我国的二十四节气就是一种“数据”，几千年来，我国劳动人民运用这个“数据”来指导农业生产活动，取得了惊人的成就。信息技术出现并不断发展以后，数据真正成了一种新型生产资料，推动人类经济社会实现了新的飞跃。对于数字空间、虚拟世界而言，数据不仅仅是生产资料，更是“生命”基础。没有数据，数字空间、虚拟世界就无从谈起。

2）数据是一种新的“资产”

数据资产是个人、企业乃至国家资产的重要组成部分。对于个人而言，一个人在学习、工作、生活中形成的经验、知识、人脉等，乃至于在个人同意前提下的个人信息，这些数据实际上也是个人的重要“资产”，是一个人生存、发展的保障和动力。对于企业而言，企业在生产、经营、管理等过程中形成的大量数据，比如客户信息、市场分析信息、产品设计信

息、生产规程、专利、著作权、管理制度等，能为企业的后续发展带来经济利益。对于国家而言，数据已经逐渐渗透到国家经济社会中的每一个角落，关乎国家发展与安全，是一国的重要国家资产。

3）数据是一种新的“资本”

随着数字经济的不断发展以及数字技术对传统经济的改造和重构，海量数据给原有的市场形态和市场机制带来了重大变革，货币这一传统意义上的资本对经济的驱动作用慢慢被数据这个“新资本”所替代，人类经济社会进入了数据资本新时代。在消费互联网，“流量为王”成为人们的共识，而随着进入产业互联网时代，人们会逐渐发现，仅仅有流量还不够，更重要的是数据本身的价值凝聚和价值创造。数据价值与新兴技术相结合，在数据“新资本”的驱动下，就能够再造业务流程、企业结构，进而重构整个产业生态，实现价值的成倍递增。

数据成为新型、数字化生产要素，以及土地、劳动力、资本、技术等传统生产要素数字化后，构成了新时代的新生产力，推动人类社会进入数字经济新领域、新阶段。新生产力必然要求有新生产关系与之相适应，这是人类历史发展的必然，也是中国在全球格局新时代迎来的最重大、最关键的机遇和挑战。

2.数据价值的评估

要充分发挥数据潜力，必须首先解决如何准确估算数据价值的问题，这对正处于数字经济和科技创新快速发展阶段的我国尤为重要。因此，加快构建具有中国特色的数据资产估值体系已成为当务之急，对促进数据资产定价、交易和流通，丰富和拓展数据资产应用场景，激活和完善数据要素市场，以及提高数据基础制度建设质量具有重要意义。

《中共中央 国务院关于构建数据基础制度更好发挥数据要素作用的意见》（简称“数据二十条”）于2022年12月对外发布，系统性布局了数据基础制度体系的“四梁八柱”，是推进数据要素流通、交易和收益分配的纲领性文件。财政部2023年8月印发《企业数据资源相关会计处理暂行规定》，并于2024年1月1日起施行，为企业数据资源入表提供了基本指引。中国资产评估协会2023年9月印发《数据资产评估指导意见》，为数据资产入表、交易、流通、转让等环节的顺利进行奠定了基础。

拓展阅读

数据泄露与数据安全

我国的数据泄露问题和数据安全形势近年来呈现出复杂多变的特点。2023年的“45亿快递信息泄露”“非法出售万份员工简历”“数据保护不力造成医院数据泄露，医院及第三方技术公司均被罚”“上海一政务信息系统技术服务公司泄露公民个人信息”“交管12123信息系统遭‘黄牛党’入侵，非法操作数百次”……数据泄露事件的频发，不仅会给相关单位机构造成巨大的财产损失和声誉风险，更是危及无数人的个人隐私和信息安全。个人信息尤其是隐私信息一旦泄露，很可能被不法分子利用，对个人财产安全构成极大威胁。

面对与日俱增的数据泄露事件、愈发严峻的数据安全形势，我国在法律层面上对数据安全给予了高度重视，并设定了明确的保护义务和责任框架。党中央、国务院高度重视数据安全和新型工业化工作，习近平总书记多次作出重要指示，强调要“把安全贯穿数据治理全过程”“把必须管住的坚决管到位”“统筹发展和安全，深刻把握新时代新征程推进新型工业化的基本规律”。《中华人民共和国数据安全法》《工业和信息化领域数据安全管理办法（试行）》等法律政策陆续出台，为工信领域数据安全监管和保护工作提供了指导和依据。为贯彻落实习近平总书记重要指示精神和党中央、国务院决策部署，将法律政策要求在工业领域再细化、再落实，切实提出符合行业特色、针对突出问题的任务举措，有效促进工业领域数据安全保护水平跃升，工信部研究起草了《工业领域数据安全能力提升实施方案（2024—2026 年）》，分步骤、有重点地指导各方扎实推进工业领域数据安全工作。

每一位公民都应该增强安全意识，充分认识到数据安全的重要性，在生活和工作中有意识地去维护数据安全，减少个人信息的泄露。

数据的获取

在信息化时代，如何获取数据是我们每一个人应该掌握的技能，这不只是指大数据意义上的数据获取，还包括我们日常生活中的信息检索等数据获取。

1.数据获取的方式

数据获取的方法有很多，根据数据的来源和形式，可以分为以下几类。

1）数据库

数据库是存储和管理数据的软件系统，常见的数据库有关系型数据库、非关系型数据库、数据仓库等。数据库通常提供了一种结构化查询语言（SQL），可以通过 SQL 语句来查询、插入、更新、删除数据库中的数据。相关内容将在 5.3.3 中详述。

2）文件

文件是存储在计算机或其他设备上的数据，常见的文件格式有文本文件（如 TXT、CSV、TSV 等）、电子表格文件（如 XLS、XLSX 等）、图像文件（如 JPG、PNG、GIF 等）、音频文件（如 MP3、WAV、OGG 等）、视频文件（如 MP4、AVI、MKV 等）等。文件通常可以通过文件管理器或编程工具（如 Python、R 等）来打开、读取、写入、修改文件中的数据。

3）网络

网络是指互联网或其他网络，是数据的重要来源之一。网络上有大量的数据，包括网页、新闻、社交媒体、博客、论坛、视频、音乐、地图、天气、股票、电商等。网络上的数据通常可以通过浏览器或编程工具（如 Python、R 等）来访问、下载、解析、提取。

4）API

API 是指应用程序接口，是一种数据交换的标准和规范，可以让不同的应用程序之间进行数据的传输和共享。API 通常提供了一种简单、方便、高效的数据获取方式，只需要通过发送特定的请求，就可以获得相应的响应数据。

5）爬虫

爬虫是指一种自动化的数据获取程序，可以模拟人类的浏览行为，从网络上批量地抓取和下载数据。爬虫通常需要使用编程语言（如 Python、Java 等）来编写，可以实现复杂的数据获取逻辑，包括网页解析、数据提取、数据存储、反爬虫策略等。

2.信息检索

信息检索是人们进行信息查询和获取的主要方式，是查找信息的方法和手段。面对互联网上多而杂的信息，如何准确快速地找到自己所需要的信息，掌握一些基本的网上搜索策略和搜索技巧是必要的。

1）搜索策略

搜索策略是为实现搜索目标而制订的全盘计划或方案，是对整个搜索过程的谋划与指导。有效的搜索策略由以下几个过程组成。

（1）明确搜索目标。在正式搜索之前，要确切了解搜索的背景和目的，明确所需要的信息类型（全文、摘要；中文、外文；DOC、PDF、TXT）、检索范围、检索方式、时间跨度等。

（2）选择合适的搜索工具。各种搜索引擎在查询范围、检索功能等方面各有千秋，不同目的的检索应选择不同的搜索引擎。选择合适的搜索工具主要从工具的类型、收录范围、检索问题的类型、检索具体要求等方面综合考虑。花一点时间选择合适的搜索工具是有必要的，可以借助于各搜索引擎的主页与联机帮助进行了解和评判。通常，优秀的搜索工具有以下几条判断标准：快速、准确、易用、强劲。

（3）抽取适当的关键词。应尽量选专指词、特定概念或专业术语作为关键词，避免选普通词和泛指词。

（4）正确构造检索式。检索式是搜索过程中用来表达搜索提问的一种逻辑运算式，又称检索表达式或检索提问式。它由关键词和搜索引擎允许使用的各种运算符组合而成，是搜索策略的具体体现。可以认为检索式就是输入搜索引擎搜索框中的文字和符号。许多搜索引擎都提供简单查询和高级查询，建议使用后者，如组合使用布尔逻辑运算符、双引号、括号、大小写，可使检索结果控制在一定范围之内。

（5）根据结果及时调整检索策略。搜索通常不是一蹴而就的，而是一个多步骤的过程，需要逐步接近目标。要观察每次返回的搜索结果，及时调整检索策略。

2）搜索技巧

各个搜索引擎都提供一些方法来帮用户精确地查询信息，使之符合用户的要求。不同的搜索引擎，提供的查找技巧和实现的方法各有不同，但一些常见的技巧是可以通用的。

（1）注意词的不同形式。在利用关键词进行检索时，为了对需求主题进行全面系统地检索，必须考虑词的变化。通常主题词有 4 种变化：等同词（同义词）、上位词、下位词和相关词（同类词）。表达同一个明确的概念、互相等同的词称为等同词；概念上外延更广的词为上位词；概念上内涵更窄的词为下位词。要想结果查找得更全面、系统，就要考虑把词的几种形式都用上，但网络信息太多、太泛，因而对检索结果的精确度要求较高，能使用下位词时就不要使用上位词。

（2）布尔逻辑语的使用。逻辑“与”，其常用的表示方法为“and”或“+”。其含义是只有关键词全部出现时，搜索到的结果才算符合条件。逻辑“或”，其常用的表示方法为“ or”。其含义是只要关键词中有任何一个出现，搜索到的结果就算符合条件。逻辑“非”，其常用的表示方法为“ not”或“ -”。其含义是搜索的结果不应含有“非”后面的关键词。在有些搜索引擎中，其关键词输入框边已设有“与”“或”按钮，只要选中相应的按钮，在输入的各类关键词间插入空格，按下“搜索”按钮后搜索引擎会自动在各关键词间加“与”“或”符号。

（3）精确检索的应用。精确检索符引号（“”）通常表示用户希望把输入的内容作为一个完整的词进行检索，如“中文搜索引擎的检索技巧”，检索的结果中必须有把引号内的内容作为一个完整检索项的表达。检索结果的量相对较少，但比较准确，但若没有引号，则只要包含“中文”“搜索引擎”“检索”“技巧”这几个词的信息内容都会被检索出来，检索到的信息量大，但检准率较低。

（4）通配符“*”或“?”的使用。在大多数搜索引擎中，可以把“*”作为通配符使用，可用它代替任意几个字符。例如，在搜索引擎的关键词输入框中输入“电脑 *”，它可以代表关键词“电脑硬件”“电脑软件”等。

（5）字段检索。网络信息实际上不分字段，但有的搜索引擎设计了类似于字段检索的功能，运用字段设置，可以把检索词限制在一定位置范围内。“检索词 site：网站地址”表示把结果限制在某个网站或者网站频道，或者某个域名之内；“ intitle ：检索词”表示检索词应该在网页标题中出现；“inurl：检索词”表示检索词应该在网址中出现；“link：网址”表示检索某网页被谁链接。

（6）位置检索。部分搜索引擎运用了位置运算符，位置远算符是表示词与词位置和距离关系的符号，通常运用“ *n*W”“ *n*N”两种，前者表示所连接的两个词相隔不超过 *n* 个单词的距离且顺序不变，而后者表示所连接的两个词相隔不超过 *n* 个单词的距离但顺序可以变换。

（7）找不同类型的信息。有些搜索引擎还用“filetype :”这个语法来对搜索对象作限制，冒号后是文档格式，如 PDF、DOC、XLS 等，如“幼儿健康 filetype : pdf”表示要找 PDF 格式的关注幼儿健康的文档。

提示

在输入汉字作关键词的时候，不要随意加空格，因为许多搜索引擎把空格认作特殊操作符，其作用有的与“and”一样，有的与“or”一样；有的搜索引擎查询时以“&”代表 and，以“|”或“，”代表or，以“！”代表not，具体是哪一种用法，要根据具体的搜索引擎来定。

拓展阅读3

5.3 数据的存储与管理

对于计算机而言，数据的存储与管理是其最本质也是最核心的问题。通常情况下，我们必须先解决数据的存储问题，然后再讨论数据的管理问题（当然，数据管理方法也反过来会影响到数据的存储结构）。

5.3.1 数据的内部存储结构

假定要做一个全校学生信息管理系统，通过计算机来管理学生的相关信息（如学号、姓名、年龄、性别、籍贯、专业、手机号码、家庭住址等)。首先要解决的问题就是全校学生的数据存储问题。可以把每个学生的相关信息看做一个整体，也就是前面所说的数据元素，用一个符号 a 来表示。全校共有学生 n 个，可表示成一个线性表：

$$(a_1, a_2, a_3, \cdots\cdots, a_n)$$

其中 a_i（$1 \leqslant i \leqslant n$）表示第 i 个学生。在这里，被管理的学生的集合称为数据对象，也就是要管理的对象。

接下来要讨论的问题是这么多学生的信息输入到计算机里面后，放在哪里？怎么存放？

1.顺序存储结构

所谓顺序存储，就是按照先后顺序从某个地方开始依次顺序存放所有被管理的学生的信息。所谓依次顺序存放就是先存放第一个学生 a_1，然后紧接着存放第二个学生 a_2……以此类推，一个紧挨着一个，中间不留空隙，直到所有学生全部存完为止。另一个问题是，到底从哪里开始存放呢？这个起始位置也称首地址，系统会根据实际情况和需要来确定。顺序存储结构及其简化表示如图 5-1 所示。

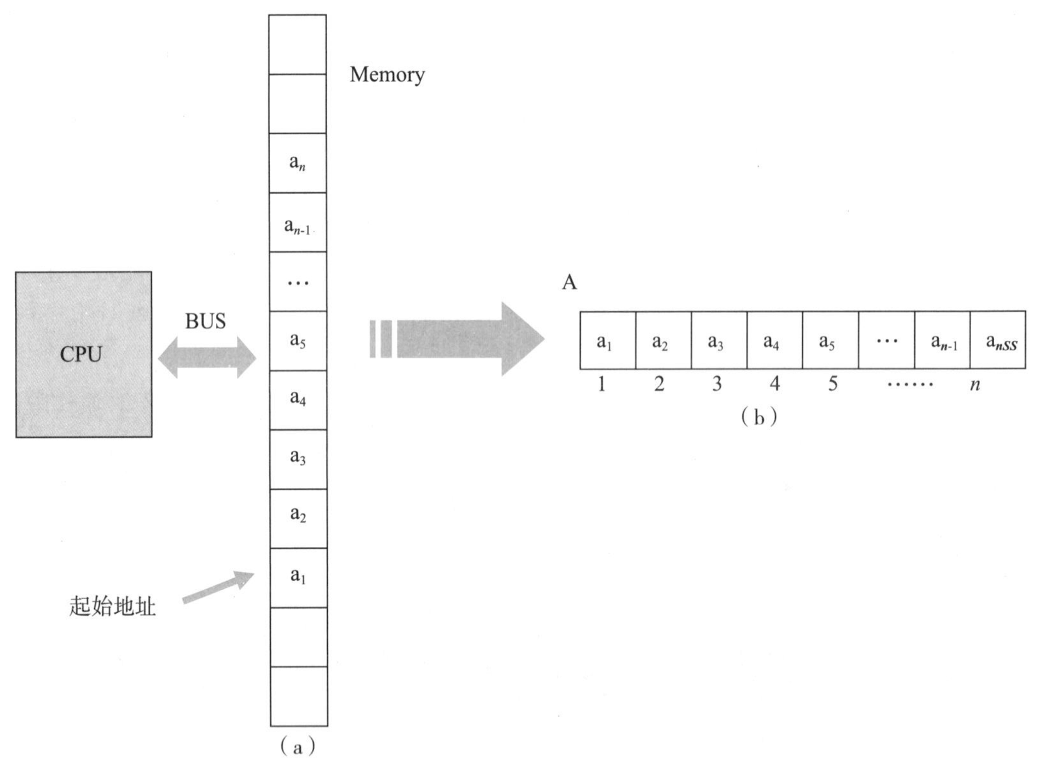

图 5-1　顺序存储结构及其简化表示

(a) 顺序存储结构；(b) 简化表示

图 5-1 中（a）为顺序存储结构在计算机内部的表示。如果把不影响讨论存储问题的部分去掉，就可以得到图 5-1 中（b）这样更加简洁的表示，有时简称为顺序表。很显然，这是一种非常简单的存储结构。在程序设计语言里面，把这种存储结构称作数组，A 为数组名，它也表示数组的起始地址。

1）顺序存储结构优点

（1）数据元素的存储结构非常紧凑（元素一个紧挨着一个），存储效率很高，也就是存储空间的利用率非常高。在内存空间非常宝贵且空间容量总是不够用的情况下，显得非常有意义。

（2）数据元素之间的逻辑关系可以通过数据元素在存储器中的位置关系反映出来，不需要额外的开销。

（3）相对来说，顺序存储结构线性表的操作比较简单，通过数据元素的序号（或下标）可实现对这种线性表的操作，比较容易理解和掌握。

2）顺序存储结构缺点

（1）当问题规模不大时（即数据元素个数不多时），采用顺序存储结构非常恰当，效果非常好。由于顺序存储结构是通过位置的相邻关系体现数据元素的线性关系的，因此当问题规模很大时，就需要一大块连续的存储空间，否则就无法解决数据的存储问题。事实上，对于多用户、多任务计算机系统而言，运行时间稍长，就有可能出现内存空间“零碎化”，即原来可分配使用的、大块的、连续的存储空间被分割成了许多小块的、不连续的存储空间。也就是说，在问题规模很大时，存储空间难以满足顺序存储结构的需求。

（2）程序设计实现时需借助计算机语言中的数组机制，而数组是编译时确定的静态结构。用一种静态结构映射问题域的动态结构肯定是有所欠缺的。典型地，对于长度可变的线性表需要预先分配足够的空间，这就有可能使一部分存储空间长期闲置而不能充分利用，还有可能造成表的容量难以扩充。

（3）在顺序表中做插入或者删除操作时，需平均移动大约表中一半的元素，因此 n 越大的顺序表效率越低。

为解决以上问题，必须找到一种新的存储结构——链式存储结构。

2.链式存储结构

针对顺序存储结构所带来的问题，我们逐一分析并加以解决。

首先，对于顺序存储结构需要大块的、连续的存储空间问题，不难想到可以采用哪里有空间就存放在哪里的方法，先把线性表中的元素全部存进去。元素顺序存储与分散存储的对比如图 5-2 所示。

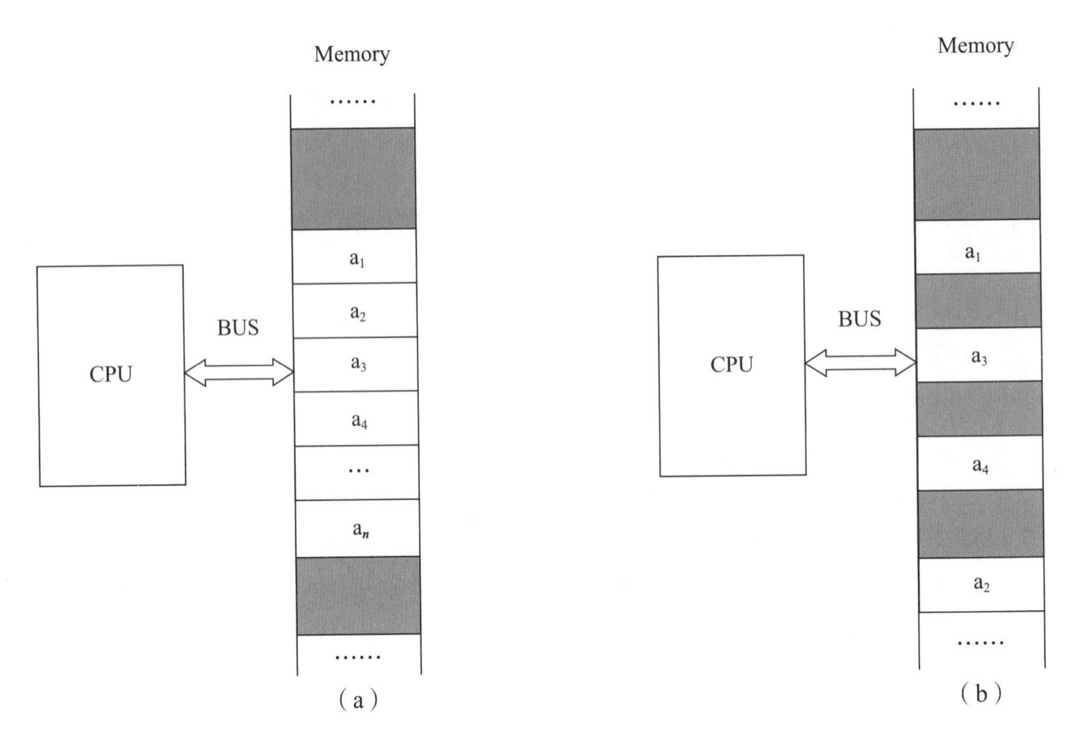

图 5-2　元素顺序存储与分散存储的对比

(a) 元素顺序存储；(b) 元素分散存储

如果我们不要求线性表中的数据元素连续存放，自然就可以想到图 5-2 中（b）这样的分散存储结构。很显然，这样的存储方式可以充分利用系统的存储空间，也就是说哪里有空间就存放进哪里。但问题是，这仅仅解决了“存储”问题。因为我们面对的是线性表，表中的数据元素是有线性关系的。我们选定的数据结构不仅要存储所有的数据元素，还要确切地表达元素之间的关系，否则，这样的数据结构是没有意义的。

那么，如何描述元素之间的关系呢？

既然元素分散地存放在存储空间里，相互之间不在一起，人们想到了利用“指针”来建立元素之间的线性关系，也就是用一个指针指出一个元素的后继在存储器中的存放位置，即链式存储结构，如图 5-3 所示。

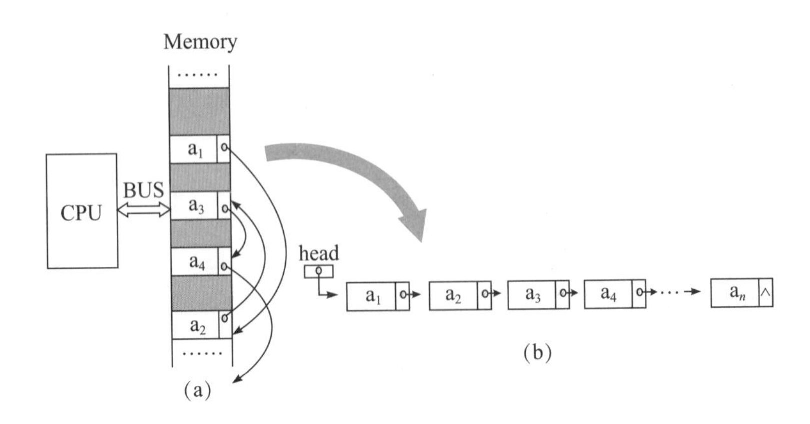

图 5-3　链式存储结构

这样，无论线性表中元素存放在什么地方，通过指针就可以建立其元素间的线性关系。

为了清晰地描述这种数据结构，我们把图 5-3 中（a）中不影响我们分析问题的部分抹去，并把元素之间的关系梳理一下，就可以得到图 5-3 中（b）所示的数据结构，这就是链式存储结构的线性表，简称线性链表，或者链表。可见，用线性链表表示线性表时，数据元素之间的逻辑关系是由节点中的指针描述的，逻辑上相邻的两个数据元素其存储的物理地址不要求相邻，由此，这种存储结构为非顺序映象或链式映象。

很显然，顺序存储结构的线性表所存在的第一个问题已经解决了。那么，非顺序映像是动态的数据结构吗？

计算机系统中的内存资源统一由操作系统（OS）控制，如果需要一块存储空间来存储数据，需要先向操作系统提出申请，操作系统响应了请求并分配了满足需求的内存块后，才能使用该内存块。

在链式存储结构中，每存放一个数据元素，都需要向操作系统提出申请，所申请的存储块除了存放数据元素外，还需要存放一个指针，用于描述元素之间的关系。可以把这样一个既存放数据元素又存放指针的存储块称为节点（Node）。

C 和 C++ 语言提供了向操作系统申请存储块的手段。比如在 C 语言中，可以通过调用函数 malloc() 来实现。当用完一个节点，不再需要它时，要将该节点（对应的内存块）归还给操作系统。在 C 语言里面只要调用标准函数 free() 即可。

正是基于这样的标准函数，使得链表可以在程序执行的过程中动态地生成或取消，随时满足系统需求。所以链表是一种动态数据结构。

进一步地，针对这样一种链式存储结构，当需要在表中插入一个元素（节点）或删除一个元素（节点）时，只要修改相应的指针即可，不需要像顺序存储结构一样移动不相关的数据元素，所以第三个问题也就不存在了。

由此可见，链式存储结构能解决顺序存储结构所存在的问题。

当然，链式存储结构也有自己的不足：它的存储效率不高（每个数据元素需要一个额外的指针），而且不能随机访问（存取）其中的数据，对数据的处理相对来说比较复杂，不太容易掌握。

3.索引存储结构

有些书籍后面附有一个索引表，按照英文字母的排序，给出书中一些重要的概念、名字、定理等在书中的具体位置，让读者很容易找到自己关心的内容。可见这样的索引表对于内容的检索是非常有用的。如果给存储在计算机中的数据元素建立一个索引表，通过索引表，就可以得到数据元素在存储器中的位置，就可以对数据元素进行操作，这就是索引存储。一种可能的索引存储结构如图 5-4 所示。

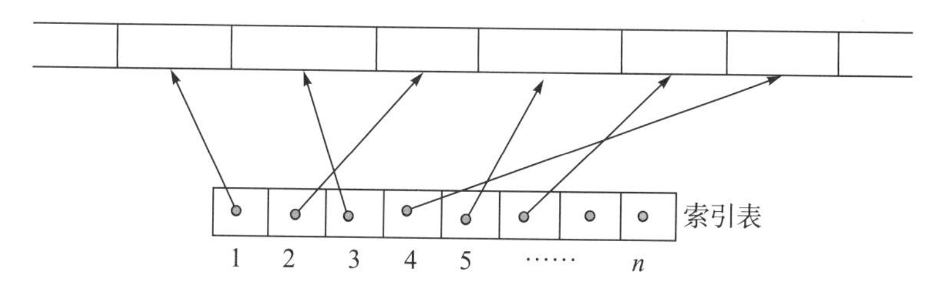

图 5-4　索引表

讨论

生活中有很多建立索引的例子，你知道哪些？

从图 5-4 不难看出，索引存储是顺序存储的一种推广，它使用索引表存储一串指针，每个指针指向存放在存储器中的一个数据元素。它的最大特点就是可以把大小不等的数据元素（所占的存储空间大小自然也不一样）按顺序存放。

进一步，我们还可以建立两级或多级索引，也就是建立索引的索引。很显然，索引存储需要额外的索引表，增加了额外的开销。

4.散列存储结构

假定已经把若干个数据元素存放在计算机的存储器中，当需要访问（即存取）某个数据元素时，首先要知道该数据元素存放在存储器中的具体位置，然后才能对其进行操作。

要知道一个数据元素在存储器中的具体位置，最简单直接的办法就是逐个寻找比对。不难想象，当数据元素个数很多时，这种逐个寻找的办法效率就会很低。那么，能否通过要查找的数据元素的某个"特征"直接算出其存储位置？散列存储就是为此目的而设计的。

要达到这样的目的，在存储数据元素的时候就需要预先考虑如何存放。具体方法是根据每个数据元素的"特征"（专业术语叫关键字），依据特定的计算公式（即哈希函数），算出一个个对应的值，然后把对应的数据元素存放在以该值作为存储位置（地址）的存储器中。既然数据元素是这么存储的，因此查找时也就可以依据"特征"计算存储地址了。

理想状态下该方法相当巧妙。

但理想状态很难达到，非理想状态下就需要解决如下两个问题。

（1）设计一个恰当的计算公式（哈希函数），这并不太容易。

（2）当两个不同的数据元素依据哈希函数计算出相同的结果时，就会导致冲突（即两个不同的数据元素要存放到同一个地方）。不解决冲突问题，这种存储方法自然就不能使用了。

另外，为尽量减少冲突，该方法的存储效率不高。

5.3.2 数据的管理工具——数据库系统

面对存储的大量数据，接下来要做的就是对这些数据进行有效管理。管理数据的软件称为数据库系统。

1.数据库系统相关概念

数据库系统（Database System）是用于支持数据管理和存取的软件，包括数据库、数据库管理系统和用户应用等，其主要内容包括数据库设计、数据模式、数据定义和操作（查询、存储、更新等）语言、数据库理论、共享数据的并发控制、数据完整性和相容性、数据库恢复与容错、死锁控制、数据安全性和保密性等。

数据库（Database，DB）是相互关联的、在某种特定数据模式指导下组织而成的各种类型数据的集合。也就是说，数据库是长期存储在计算机内、有组织、可共享的数据集合。数据库中的数据按一定的数据模型组织、描述和存储，具有较小的冗余度、较高的数据独立性和易扩展性，并可为各种用户共享。

数据库管理系统（Database Management System，DBMS）是在操作系统支撑下对数据库中的数据资源实现集中控制和管理的系统软件，使用户可以把数据作为抽象项进行存取、共享、使用和修改，它一般包括模式翻译、应用程序的编译、查询命令的解释执行以及运行管理等部分。用户通过 DBMS 访问数据库中的数据，数据库管理员也通过 DBMS 进行数据库的维护工作。

2.数据库的分类

数据库作为信息系统的核心组件，其分类多样，根据不同的标准可以划分为不同的类型。按数据结构分类，数据库主要分为关系型数据库和非关系型数据库。基于关系型数据库的关系数据库管理系统（RDBMS）基于关系模型，使用结构化查询语言进行数据操作，如 Oracle、MySQL、达梦等。非关系型数据库则包括键值对、文档、列族和图形数据库等，适用于处理非结构化数据，这类型数据库有 edis、MongoDB 等。

按部署模式分类，数据库可以分为云托管数据库、云原生数据库、本地部署数据库和混合部署数据库。云托管数据库部署在云服务提供商的数据中心，用户通过网络访问；云原生数据库则是为云环境设计的数据库；本地部署数据库则部署在用户自己的服务器或数据中心；混合部署结合了云和本地部署的特点。

商业模式上，数据库可以分为开源数据库和商业数据库。开源数据库如 MySQL、华为的 openGauss 等，用户可以免费使用并根据需要进行定制；商业数据库则由公司提供，如 Microsoft 的 SQL Server、华为云 GaussDB 等，通常提供更全面的技术支持和服务。

从架构角度来看，数据库可以分为单机式数据库和分布式数据库。单机式数据库运行在单个服务器上，而分布式数据库则将数据分布在多个服务器上，以提高性能和可靠性。

业务负载分类中，数据库可以分为 OLTP（联机事务处理）事务型数据库、OLAP（联机分析处理）分析型数据库和 HTAP（混合事务 / 分析处理）混合型数据库。OLTP 数据库强调事务处理能力，适用于日常业务操作；OLAP 数据库则侧重于数据分析和报告；HTAP 数据库则试图同时满足事务处理和分析需求。

按存储介质分类，数据库可以分为内存数据库和硬盘数据库。内存数据库将数据存储在内存中，以获得更快的访问速度；而硬盘数据库则将数据存储在磁盘上，成本较低，但访问速度相对较慢。

3.数据库的发展趋势

数据库技术的发展趋势受到多种因素的影响，包括技术进步、市场需求和政策导向等。当前，数据库领域的主要发展趋势如下。

（1）国产替代加速推进。在全球数据库市场中，国产数据库厂商正在逐步提升市场份额。在政策支持和市场需求的双重推动下，国产数据库厂商有望在信创领域实现“自主可控”，从而加速国产替代进程。

（2）公有云数据库市场的快速增长。随着云计算技术的成熟和企业数字化转型的推进，公有云数据库市场呈现出强劲的增长势头。公有云数据库以其可扩展性、灵活性和成本效益等优势，正逐渐成为企业的首选。

（3）非关系型数据库的创新与应用。非关系型数据库因其处理非结构化数据的能力而受到关注。随着大数据和物联网的发展，非关系型数据库在处理海量、多样化数据方面展现出独特的优势，成为数据库领域的研究热点。

这些趋势反映了数据库技术不断适应新的需求和挑战，同时也预示着数据库市场的未来发展方向。随着技术的不断进步和市场的不断变化，数据库技术将继续发展，为各行各业提供更加强大、灵活和高效的数据管理和分析解决方案。

科技强国

国产开源数据库openGauss

数据存储是数据安全的最后一道防线，其中数据库系统作为承载数据存储和计算功能的专用软件，是各企业数据工作流程的核心，是助力数据价值释放的核心引擎。数据库也是三大基础软件之一，但该领域长期以来存在过度依赖国外主流数据库产品的现象。

2020 年 6 月，华为宣布开源数据库能力，开放 openGauss 数据库源代码，并成立 openGauss 开源社区。截至 2024 年 1 月，openGauss 社区已经汇集了 6100 多名核心贡献者，超过 570 家知名企业和学术机构；全球版本下载量超 230 万，覆盖全球 118 个国家和地区、1519 个城市，开源代码达 2100 万行。在国内最大的代码托管平台 Gitee 上，openGauss 已成为最活跃的开源数据库根社区。

根据 openGauss Summit（开源高斯峰会）的数据，2023 年国产数据库 openGauss 系新增市场份额达 21.9%，已规模应用于金融、政府、电信、能源、制造、公路水运、邮政、教育等十大关键行业核心场景。这标志着 openGauss 已跨越生态拐点，正式踏入生态发展期，对于保障数据安全、产业安全具有重要意义。

随着 openGauss 在各行各业规模应用，涌现出大批优秀的创新实践。在 openGauss 社区联合国家工业信息安全发展研究中心、携手业界专家学者共同评审出的 13 个 2023 年度 openGauss 标杆应用实践案例中，包括邮储银行、民生银行、兴业银行、中国移动、中国联通、京东、国网江苏电力、京东方等行业头部企业的核心业务创新实践，为推动产业技术创新、促进形成规模化应用起到了示范带动作用。

5.3.3 SQL 语句简单应用

SQL 是一种访问关系型数据库的标准语言，自问世以来得到了广泛的应用。除各种关系数据库使用 SQL 外，很多非关系数据库虽然不必使用 SQL，但为了增加适用性，也部分支持 SQL。可以说，SQL 是对数据进行访问和操作的基础语言，即使是非相关领域的人员，也有必要对 SQL 进行初步了解，并从中理解数据的管理理念。

1.SQL的概念

SQL 是 Structured Query Language 的缩写，意思是结构化查询语言，是一种在关系数据库管理系统（Relational Database Management System, RDBMS）中查询数据，或通过 RDBMS

对数据库中的数据进行更改的语言。

使用 SQL 在 RDBMS 中查询数据的过程如图 5-5 所示。

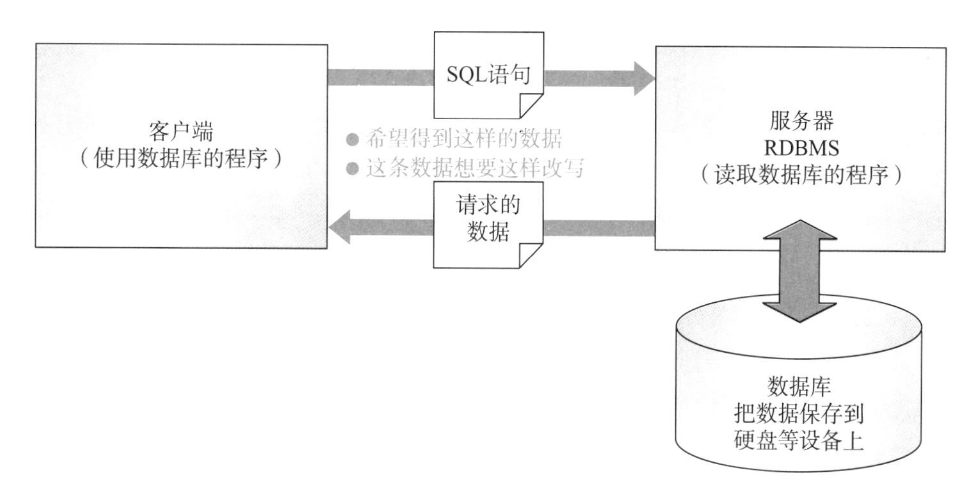

图 5-5 **使用 SQL 在 RDBMS 中查询数据的过程**

2.SQL的分类

根据对 RDBMS 赋予的指令种类的不同，SQL 语句可以分为以下三类。

1）DDL

DDL（Data Definition Language，数据定义语言）用来创建或者删除存储数据用的数据库以及数据库中的表等对象。DDL 包含以下几种指令。

（1）CREATE：创建数据库和表等对象。

（2）DROP：删除数据库和表等对象。

（3）ALTER：修改数据库和表等对象的结构。

2）DML

DML（Data Manipulation Language，数据操纵语言）用来查询或者变更表中的记录。DML 包含以下几种指令。

（1）SELECT：查询表中的数据。

（2）INSERT：向表中插入新数据。

（3）UPDATE：更新表中的数据。

（4）DELETE：删除表中的数据。

3）DCL

DCL（Data Control Language，数据控制语言）用来确认或者取消对数据库中的数据进行的变更。除此之外，还可以对 RDBMS 的用户是否有权限操作数据库中的对象（数据库表等）进行设定。DCL 包含以下几种指令。

（1）COMMIT：确认对数据库中的数据进行的变更。

（2）ROLLBACK：取消对数据库中的数据进行的变更。

（3）GRANT：赋予用户操作权限。

（4）REVOKE：取消用户的操作权限。

说明

SQL是不区分大小写的，本书稿SQL命令和关键字用大写，对象用小写。此处语句，CREATE是创建命令，DATABASE是关键字，表示创建的是一个数据库，shop是对象，表示创建的数据库对象是shop。

提示

一个数据库中可以建立多个数据表，建立的数据表必然属于某一个数据库。在建立数据表之前，需要指定它属于哪个数据库。指定数据库的语句为“USE 数据库名称”。

说明

省略列清单的情况下，必须写出所有数据列对应的值，如果只插入部分值，需要列出对应的列名称。

3.SQL的简单应用

本处仅对相关语句的基础应用做介绍，读者若想继续深入了解，可参考相关专业书籍。下面分别介绍 SQL 三个类别的语句应用。

1）DDL应用

（1）创建数据库。

```
CREATE DATABASE shop; // 创建一个名为 shop 的数据库
```

（2）创建表。

```
CREATE TABLE product  // 创建一个名为 product 的数据表，括号中的内容为数据表的相关信息
(product_id CHAR(4) NOT NULL, // 表中有多个数据，不同数据用逗号隔开。每个数据由数据名称、类型、属性构成
 product_name VARCHAR(100) NOT NULL, // 第一列是数据名称，如产品的名字
 product_type VARCHAR(32) NOT NULL, // 第二列是数据的类型，具体类型后续说明
 sale_price INTEGER,// 第三列是数据的属性，NOT NULL 表示非空，就是说这个数据必须要有一个具体的值
 purchase_price INTEGER,//
 regist_date   DATE,
 PRIMARY KEY (product_id)); // 数据表中的数据描述完成后，以分号结束
```

每一列的数据必须指定数据类型，数据类型包括 INTEGER（整数）、NUMERIC（小数）、CHAR（固定长度的字符串）、VARCHAR（可变长度的字符串）、DATE（日期）。

（3）删除表。

```
DROP TABLE product;
```

（4）对表的结构进行修改。

```
// 在表中增加一列 (ADD COLUMN)
ALTER TABLE product ADD COLUMN product_name_pinyin VARCHAR(100);
// 在表中删除一列 (DROP COLUMN)
ALTER TABLE product DROP COLUMN product_name_pinyin;
// 变更表名 (RENAME)，将表名改为 product2
RENAME TABLE product to product2;
```

2）DML应用

（1）向表中插入数据。

```
// 包含列清单
INSERT INTO product (product_id, product_name, product_type, sale_price, purchase_price, regist_date) VALUES ('0001', 'T 恤衫 ',' 衣服 ', 1000, 500, '2009-09-201');
// 省略列清单
```

```
INSERT INTO product VALUES ('0001', 'T 恤衫 ', ' 衣服 ', 1000, 500, '2009-09-20');
```

（2）从表中查询数据。

```
// 查询需要的列
SELECT product_id, product_name, purchase_price  FROM product;
// 查询所有的列
SELECT *  FROM product;
// 为查询的列设定别名 (AS)，这个别名只是用于本次查询的显示，不改变原数据列的名字
SELECT product_id AS id,
     product_name AS " 产品名 ",
     purchase_price AS " 价格 "
 FROM product;
// 指定查询的条件 (WHERE)，查询产品类型是“衣服”的产品名字和产品类型
SELECT product_name, product_type FROM product WHERE product_type = ' 衣服 ';
```

（3）从表中删除数据。

```
// 清空表
DELETE FROM product;
// 指定删除对象（搜索型 DELETE）
DELETE FROM product WHERE sale_price > = 4000;
```

（4）对表中的数据进行更新。

```
// 更新整列
UPDATE product SET regist_date = '2009-10-10';
// 指定条件的更新（搜索型 UPDATE）
UPDATE product SET sale_price = sale_price * 10 WHERE product_type =' 厨房用具 ';
// 多列更新
UPDATE product
   SET sale_price = sale_price * 10,
   purchase_price = purchase_price / 2
   WHERE product_type = ' 厨房用具 ' ;
```

3）DCL应用

```
// 创建事务 (START TRANSACTION) 然后提交处理 (COMMIT)
START TRANSACTION;
   // 将运动 T 恤的销售单价降低 1000 元
   UPDATE product
     SET sale_price = sale_price - 1000
    WHERE product_name = ' 运动 T 恤 ';
```

说明

查询的条件除了“=”外，还可以使用不等于（<>）、大于（>）、大于等于（>=）、小于（<）、小于等于（<=）。此外，还可进行加（+）、减（-）、乘（*）、除（/）、与（AND）、或（OR）、非（NOT）运算。

```
    // 将 T 恤衫的销售单价上浮 1000 元
    UPDATE product
      SET sale_price = sale_price + 1000
     WHERE product_name = 'T 恤衫 ';
COMMIT;
// 取消处理 (ROLLBACK)
START TRANSACTION;
    // 将运动 T 恤的销售单价降低 1000 元
    UPDATE product
      SET sale_price = sale_price - 1000
     WHERE product_name = ' 运动 T 恤 ';
    // 将 T 恤衫的销售单价上浮 1000 元
    UPDATE product
      SET sale_price = sale_price + 1000
     WHERE product_name = 'T 恤衫 ';
ROLLBACK;
```

用户权限管理一般在图形化界面处理，和通常的软件操作类似，此处不再介绍。

5.3.4 大数据存储与管理

在大数据时代的背景下，整理海量的数据成了各个企业急需解决的问题。大数据存储与管理的技术对整个大数据系统都至关重要，数据存储与管理的好坏直接影响了整个大数据系统的性能表现。

1.大数据存储与管理面临的问题

相对于传统的数据存储与管理，大数据存储与管理面临以下问题。

1）存储规模大

大数据的一个显著特征就是数据量大，起始计算量单位至少是 PB，甚至会采用更大的单位 EB 或 ZB，导致存储规模相当大。

2）种类和来源多样化，存储管理复杂

目前，大数据主要来源于搜索引擎服务、电子商务、社交网络、音视频、在线服务、个人数据业务、地理信息数据、传统企业、公共机构等领域。因此数据呈现方法众多，可以是结构化、半结构化和非结构化的数据形态，这不仅使原有的存储模式无法满足数据时代的需求，还导致存储管理更加复杂。

3）对数据服务的种类和水平要求高

大数据的价值密度相对较低，数据增长速度、处理速度较快，对时效性要求也高。在这种情况下如何结合实际的业务，有效地组织、存储、管理这些数据，使用户能从浩瀚的数据中挖掘其更深层次的数据价值，是当下需要尽快解决的问题。

大规模的数据资源蕴含着巨大的社会价值，有效管理数据，对国家治理、社会管理、企业决策和个人生活、学习有巨大的作用和影响，因此在大数据时代，必须解决海量数据的高效存储问题。

2.大数据存储与管理技术

针对以上问题，在大数据存储与管理中主要的解决思路就是分布式处理，将对大量数据的存储管理放到一个计算集群中处理，而不是传统地在一台计算机中处理。这里有两个重要技术：分布式文件系统和数据仓库。其中数据仓库是贯穿大数据处理的整个过程的。

1）分布式文件系统

分布式文件系统（Distributed File System，DFS）是指文件系统管理的物理存储资源不一定直接连接在本地节点上，而是通过计算机网络与节点（可简单地理解为一台计算机）相连；或是若干不同的逻辑磁盘分区或卷标组合在一起而形成的完整的有层次的文件系统。DFS 为分布在网络上任意位置的资源提供一个逻辑上的树形文件系统结构，从而使用户访问分布在网络上的共享文件更加简便。下面以 Hadoop 大数据框架的分布式文件系统 HDFS 为例，简要说明分布式文件系统的实现方式。

HDFS 是一个典型的主 / 备（Master/Slave）架构的分布式系统，由一个名字节点 Namenode（Master）+ 多个数据节点 Datanode（Slave）组成。其中 Namenode 提供元数据服务，Datanode 提供数据流服务，用户通过 HDFS 客户端与 Namenode 和 Datanode 交互访问文件系统。

如图 5-6 所示，HDFS 把文件的数据划分为若干个块（Block），每个 Block 存放在一组 Datanode 上，Namenode 负责维护文件到 Block 的命名空间映射以及每个 Block 到 Datanode 的数据块映射。

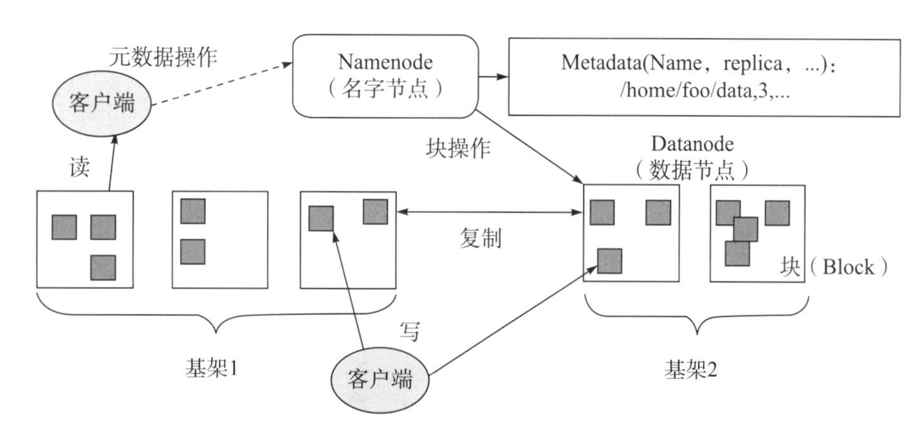

图 5-6 HDFS 架构

客户端完成 HDFS 文件写入的主流程如图 5-7 所示。

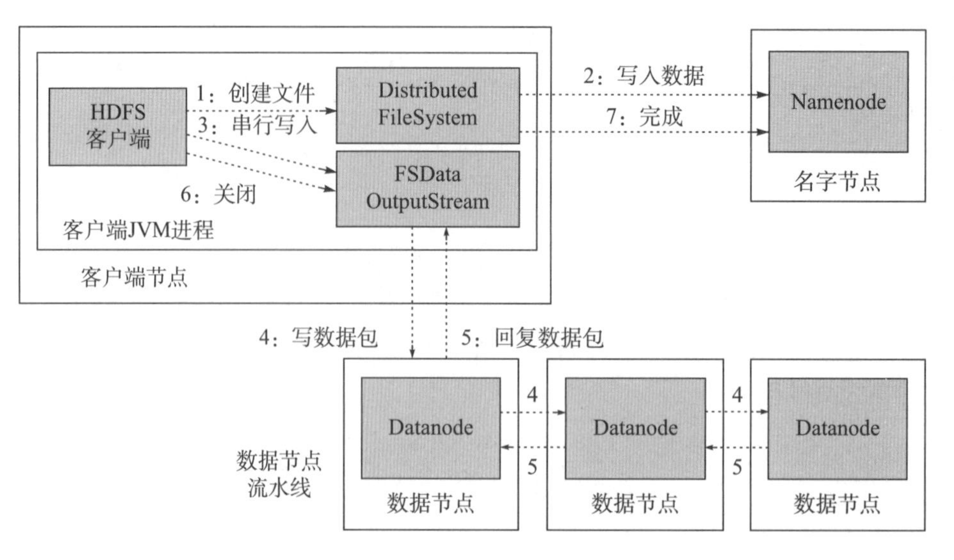

图 5-7　客户端完成 HDFS 文件写入的主流程

HDFS 客户端通过调用 DistributedFileSystem 来实现远程调用 Namenode，Namenode 在指定的路径下创建一个空的文件并为该客户端创建一个租约（在续约期内，将只能由这一个客户端写数据至该文件）。Namenode 返回相应的信息后，客户端将使用这些信息，创建一个标准的 FSDataOutputStream 输出流对象，DFSOutputStream 根据副本数向 Namenode 申请若干 Datanode 组成一条流水线来完成数据的写入，数据写入完成后执行关闭文件操作，HDFS 客户端将会在缓存中的数据被发送完成后远程调用 Namenode 执行文件来关闭操作，释放租约。

相对于 HDFS 文件写入流程，HDFS 读取流程相对简单，如图 5-8 所示。

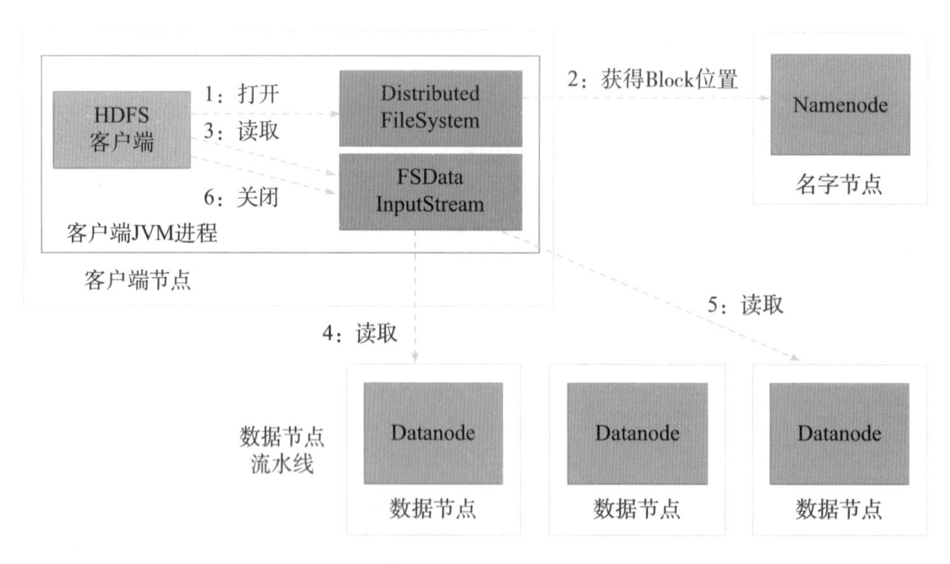

图 5-8　客户端完成 HDFS 文件读取的主流程

2）数据仓库

数据仓库，英文名称为 Data Warehouse，缩写为 DW 或 DWH，是一个很大的数据存储集合，出于企业的分析性报告和决策支持目的而创建，对多样的业务数据进行筛选与整合。它为企业提供一定的 BI（商务智能）能力，指导业务流程改进、监控时间、成本、质量。

数据仓库将各个异构的数据源数据库的数据给统一管理起来，并且完成了质量较差的数据的剔除、格式转换，最终按照一种合理的建模方式来完成源数据组织形式的转变，以更好地支持前端的可视化分析。数据仓库的输入是各种各样的数据源，最终的输出用于企业的数据分析、数据挖掘、数据报表等方向。

按照数据流入流出的过程，元数据管理（数据集成化管理平台）可分为源数据、数据仓库、数据应用，如图 5-9 所示。

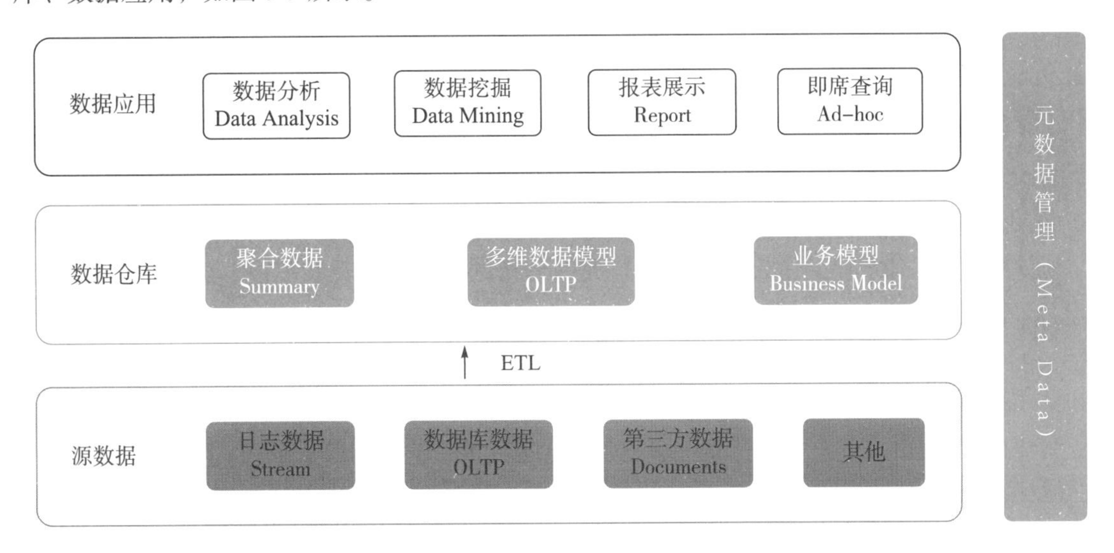

图 5-9 元数据管理

数据仓库的数据来源于不同的源数据，并提供多样的数据应用，数据自下而上流入数据仓库后向上层开放应用，数据仓库层只是中间集成化数据管理的一个平台。

源数据是数据库到数据仓库的一种过渡，其数据周期一般比较短，为后一步的数据处理做准备；数据仓库是数据的归宿，这里保存着所有从“源数据”来的数据，并长期保存，而且这些数据不会被修改；数据应用是为了特定的应用目的或应用范围，而从数据仓库中独立出来的一部分数据，也可称为部门数据或主题数据，该数据面向应用，如根据报表、专题分析需求而计算生成的数据。

DW 的数据应该是一致的、准确的、干净的数据，即对源数据进行了清洗（去除了质量较差的数据）后的数据。因此，数据从源数据到数据仓库的过程中需要经过抽取、转换、加载，这个过程称为 ETL（Extract、Transform、Load），如图 5-10 所示。

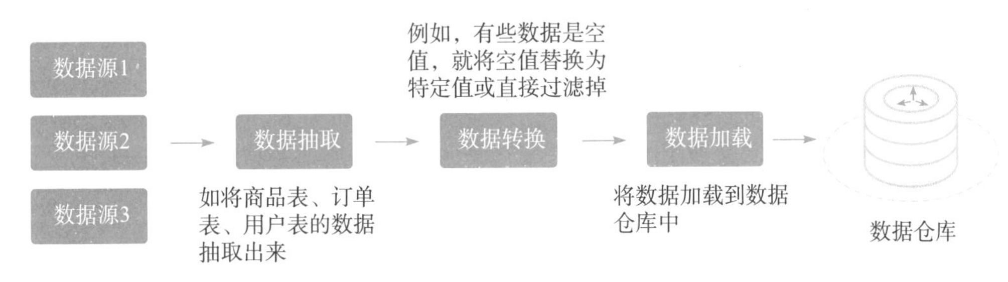

图 5-10 ETL 过程

5.4 数据分析与呈现

对于已经拥有的数据，要经过分析和呈现才能展现出数据的价值。本书不对具体的数据分析与呈现方法进行详细介绍，而是重点说明数据分析与呈现的思维方式和在学习生活中的应用。

5.4.1 数据分析的三种核心思维

在我们日常生活中经常可以遇到需要进行数据分析的场景，如通过考试数据分析学习效果，通过考勤数据分析工作状态等。拥有数据分析的思维能够让我们的学习和工作更有效率。下面介绍数据分析的三种核心思维——结构化、公式化、业务化。

1.结构化

结构化思维用来解决”为什么”，帮助我们理清分析思路。它是对影响问题的相关因素进行罗列，站在宏观的角度思考问题。其实结构化思考来源于麦肯锡的金字塔思维（见图5-11），每一个论点都围绕上一个问题目标，层层拆解相互独立，最终会形成金字塔结构。

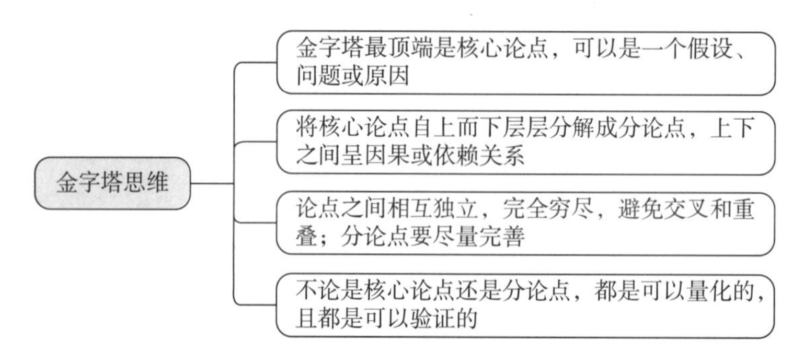

图 5-11　**金字塔思维**

常用的结构化分析工具有 Xmind、Process On 等思维导图、流程图软件，甚至我们经常用的便利贴都可以作为数据分析的结构化工具。

结构化的过程如下。

（1）查看资料，将结论列成一张表或卡片。

（2）把表上的结论依据主题分类。

（3）将同一类型的结论按顺序区分。

（4）讨论同一级别的共通结论，将其结论放在上一段位置。

2.公式化

公式化就是对建立的分析结构进行公式上的关联。公式化的特点是上下互为计算、左右呈关联，核心是一切结构皆可优化至最小不可分割。公式化用到的符号主要包括“+”“–”“×”“÷”具体应用如下。

"+"：不同类别的业务叠加可以用加法。

"-"：减法常用来计算业务间的逻辑关系。

"×"或者"÷"：乘法和除法用来计算各种比例或者比率。

图 5-12 是一个公式化数据分析的例子，其将获取用户分解为主动流量和被动流量，然后对两者的具体内容进行公式计算，从中分析出获取用户的相关结论。

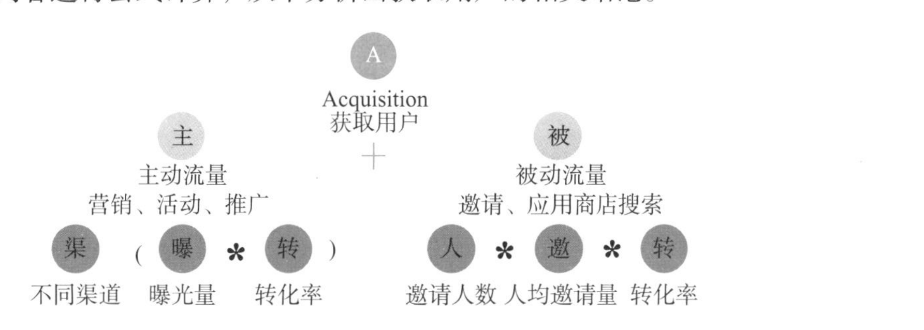

图 5-12　公式化数据分析示例

讨论

假如你是一家互联网公司的数据分析师，某天产品的DAU（日活跃用户数）突然下降了20%，请你分析原因。你拥有查看基础用户和行为数据的权限，面对这一需求，你会怎样进行分析？

案例分析

3.业务化

分析问题如果仅仅通过结构化 + 公式化，那么难免会出现分析出的数据不符合当前业务的情况。这是因为我们在数据分析时没有深入理解业务。对所要进行分析的问题的相关业务进行详尽了解是分析的前提，在进行数据分析后也要套入具体业务环境进行验证。

5.4.2 数据分析的思维技巧

前面介绍的三种核心思维方法只是框架型的指引，实际应用中也应该借助思维的技巧工具，达到四两拨千斤的效果。

1.象限法

象限法也称象限分析法、策略分析模型等，通俗点来说就是把数据放到几个象限里面进行分析，这种数据分析方法在企业经营分析、市场策略、运营策略等领域得到广泛的应用，它可以从更直观的角度，帮助决策者站在更高的视角，俯瞰整体情况，了解整个局势分布，找到不同项目的改进策略。

象限法可以是二维平面（见图 5-13），也可以是三维立体（见图 5-14）。

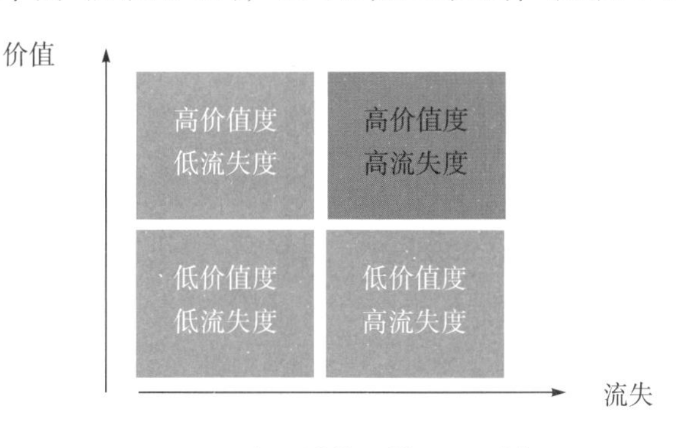

图 5-13　象限法的二维平面示例

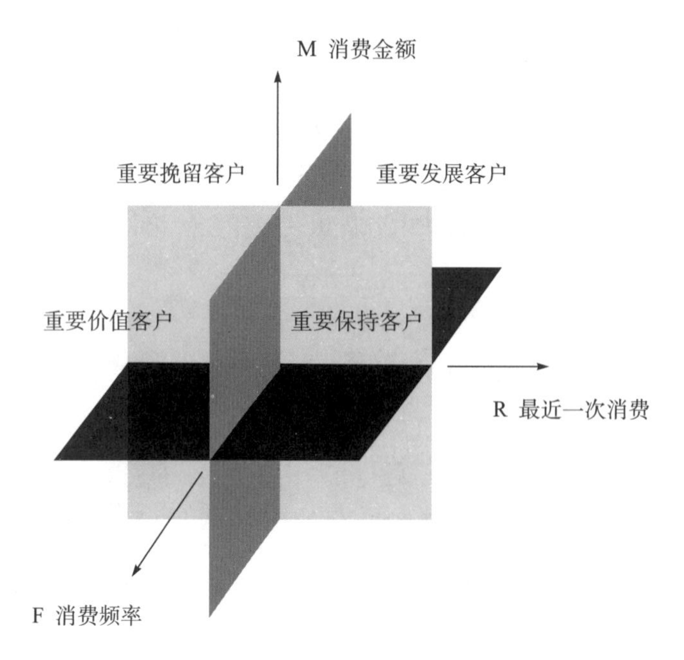

图 5-14　象限法的三维立体示例

2.多维法

多维法也称多维度分析法，实质是细分分析。多维度分析主要基于两个方面展开，一个是指标的细化，一个是维度的多元，如时间维度，竞品维度等。决策如果只看综合指标、总值，是无法真正发现问题的，通常需要具体的、细分的数据来支撑决策。例如，某平台每天有访问用户 100 万，每天购买的用户 1 万，但这 100 万用户是通过什么渠道知道平台的？在平台哪个模块停留时间长？哪个模块转化率高？需要通过这些细分的指标才能做出最终决策。

多维法的示例如图 5-15 所示。

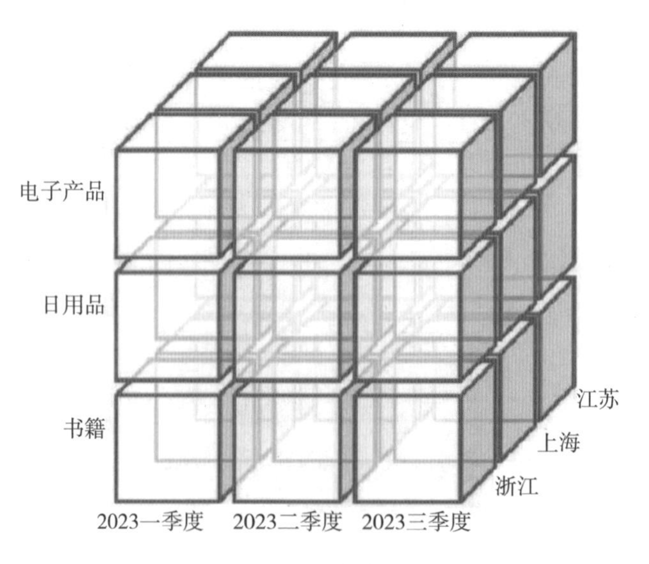

图 5-15　多维法示例

3.假设法

很多时候，数据分析是没有数据可明确参考的，这时就用到了假设法。简单理解，假设法是在已知结果数据，在影响结果的多个变量中假设一个定量，对过程反向推导的数据分析方法。

假设法在数据分析中最常见的有以下两种场景。

（1）已知结果找原因，做过程变量假设。

（2）结果导向做计划，做结果数据假设。

假设法是一种启发思考的思维，其优点在于可以对没有数据支持的情景做假设分析。用假设法的时候不止可以假设前提，也能假设概率或者比例，一切都能假设，只要能够自圆其说即可。

讨论

现在，公司要派你去非洲出差，如果你只能携带一个背包，你会往里面装什么东西？你为什么要往里面装它？

4.指数法

指数法在日常生活中应用很广泛。比如，中国今年的经济指标如何？竞争对手产品表现得如何？很多时候，我们有数据，但不知道怎么应用，就是因为缺乏了一个有效性的方向。这个方向可以成为目标指数。通过将数据加工成指数，达到聚焦的目的。

指数法是一种目标驱动的思维，其优点是目标驱动力强、直观、简洁、有效，对业务有一定的指导作用。假设法是缺乏有效的数据，指数法是无法利用数据而将其加工成可利用的形式。指数法没有统一的标准，很多指数更依赖经验的加工。

5.对比法

对比法是将两个及两个以上的数据进行比较，分析它们的差异，从而揭示这些数据所代表的事物发展变化情况和规律性的一种分析方法，它可以非常直观地看出事物某方面的变化或者差距，并且可以准确地量化这种变化或差距是多少。

对比法是一种挖掘数据规律的思维方式，其优点是可以发现很多数据间的规律，可以与任何思维技巧结合，比如多维法、象限法、假设法等。

6.漏斗法

漏斗法从字面上理解就是用类似漏斗的框架对事物进行分析的一种方法，这种方法能对研究对象在“穿越漏斗”时的状态特征进行时序类、流程式的刻画与分析。

漏斗分析涉及四个方面的要素：时间、节点、研究对象、指标。时间指的是事件是何时开始、何时结束的，也包括我们应用漏斗模型进行研究的时间段（也就是取数的时间范围），还涵盖前后两个节点之间的时间间隔、某节点的停留时长等；节点包括起点、终点和过程性节点，涵盖这些节点的命名、标识等，节点的数量对应漏斗的层级数；研究对象指的是参与事件或流程的主体，可能是某类用户或某个人；指标则是对整个事件流程进行分析的工具，也是对漏斗的描述与刻画。

漏斗模型包括 AARRR 模型、消费漏斗模型、AISAS 模型（见图 5-16）等。

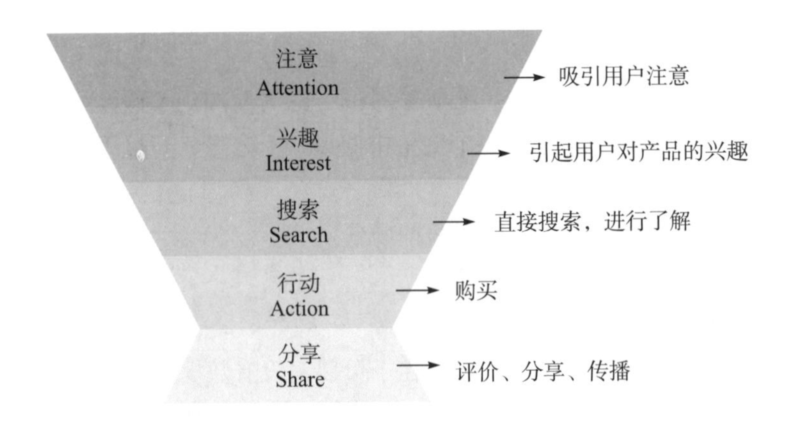

图 5-16　AISAS 模型

5.4.3 数据呈现方式

数据反映和记录着发生过的事实，如何把数字变成人们一眼可识别的信息，中间需要我们选择好呈现数据结果的角度、框架、逻辑，并用合适的图表形式来展现数据想告诉我们的事实。这也就是我们通常所说的数据可视化。下面对常见的数据呈现方式进行简单介绍。

1.比较类

如果想表达数据之间的比较，可以用比较类型的图表，如柱形图、分区折线图、雷达图、词云、聚合气泡图、玫瑰图等。

柱形图包括对比柱形图、分组柱形图和堆积柱形图等。对比柱形图使用正向和反向的柱子显示类别之间的数值比较，用于展示包含相反含义的数据的对比，如图 5-17 所示。若不是相反含义的建议使用分组柱形图。分组柱形图经常用于相同分组下，不同类数据的比较。用柱子高度显示数值，用颜色来区分不同类的数据。堆积柱形图可以对分组总量进行对比，也可以查看每个分组包含的每个小分类的大小及占比，非常适合处理部分与整体的关系。

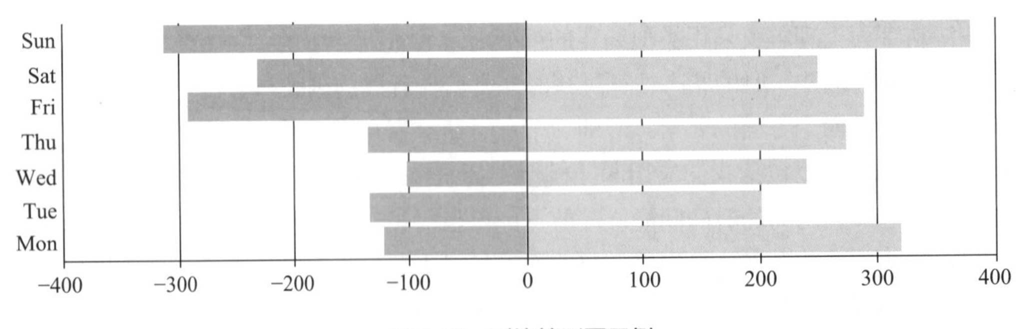

图 5-17　对比柱形图示例

分区折线图是折线图的一种，它能将多个指标分隔开，反映事物随时间变化的趋势，适合对比趋势，避免多个折线图交叉在一起。

雷达图又被叫作蜘蛛网图，它的每个变量都有一个从中心向外发射的轴线，所有的轴之间的夹角相等，同时每个轴有相同的刻度，如图 5-18 所示。雷达图非常适合展示性能数据，但变量过多时会降低图表的可阅读性。

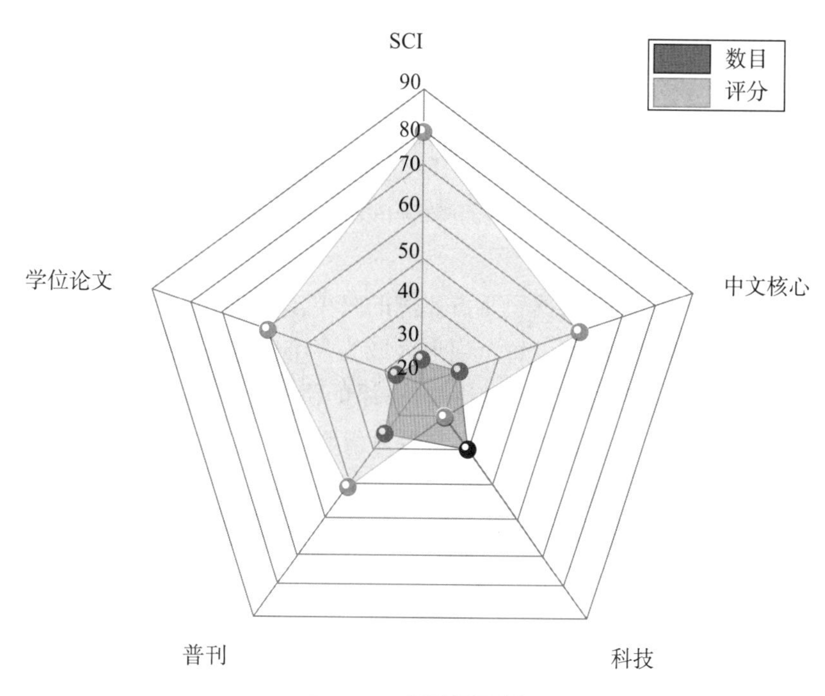

图 5-18 雷达图示例

词云是文本大数据可视化的重要方式，常用于将大量文本中的高频语句和词汇高亮展示，快速感知最突出的文字，常用于网站高频搜索字段的统计，如图 5-19 所示。

图 5-19 词云示例

聚合气泡图中，维度定义各个气泡，度量定义气泡的大小、颜色。聚合气泡图不适合区分度不大的数据。

玫瑰图的作用与柱形图类似，主要用于比较，数值大小映射到玫瑰图的半径。数据比较相近时，不适合用饼图，而是适合用玫瑰图。

2.占比类

如果想表达数据的层级关系，可以用占比类型的图表，如矩形块图、百分比堆积柱形图、饼图等。

矩形块图适合展现具有层级关系的数据，能够直观体现同级之间的比较。父级节点嵌套子节点，每个节点分成不同面积的矩形，使用面积的大小来展示节点对应的属性。

百分比堆积柱形图用来对比同一个分组数据内不同分类的占比，是对比类堆积柱形图的一种，只是数值用百分比表示。

饼图将一个数据集按照每个数据项所占比例的大小，将整个数据集表示为一个圆形，再将圆形分割成不同大小的扇形区域，每个扇形区域的大小表示该数据项所占的比例大小。多层饼图是具有多个层级，且层级之间具有包含关系的饼状图表，如图 5-20 所示。多层饼图适合展示如地理区域数据、公司上下层级、季度月份时间层级等信息。

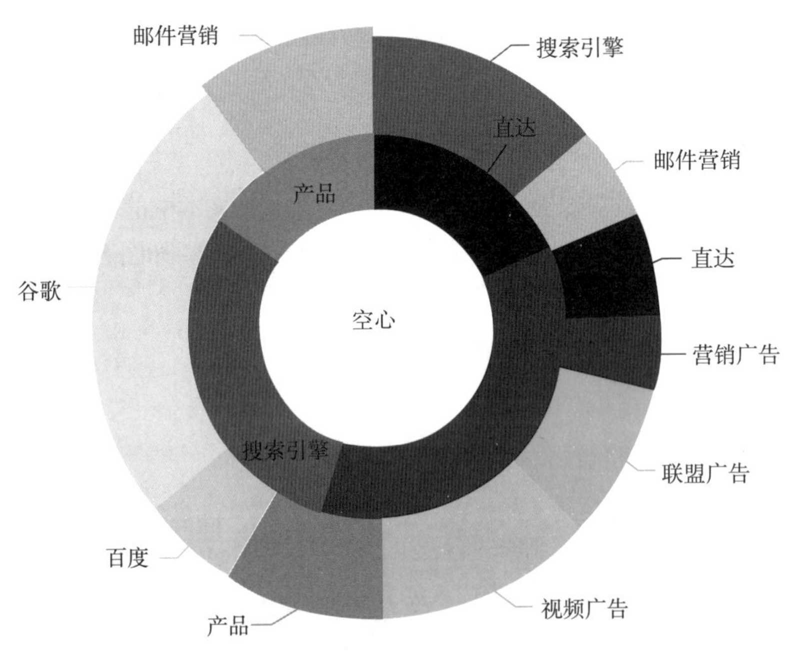

图 5-20 **多层饼图示例**

3.趋势关联类

如果想表达数据随时间变化的关系，可以用趋势关联类的图表，如折线图、面积图、瀑布图等。

折线图用来体现事物随时间或其他有序类别而变化的趋势。折线数量不能过多，否则会导致图表可读性变差。

面积图是在折线图的基础上进化而来的，也能很方便地体现事物随时间或其他有序类别而变化的趋势，由于有面积填充，所以比折线图更能体现趋势变化，如图 5-21 所示。

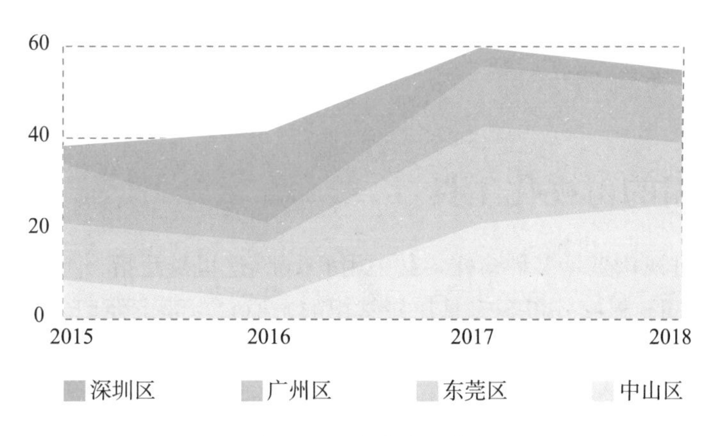

图 5-21 面积图示例

瀑布图显示加上或减去值时的累计汇总，通常用于分析一系列正值和负值对初始值（如净收入）的影响，如图 5-22 所示。瀑布图通过悬空的柱形图，可以更直观地展现数据的增减变化。

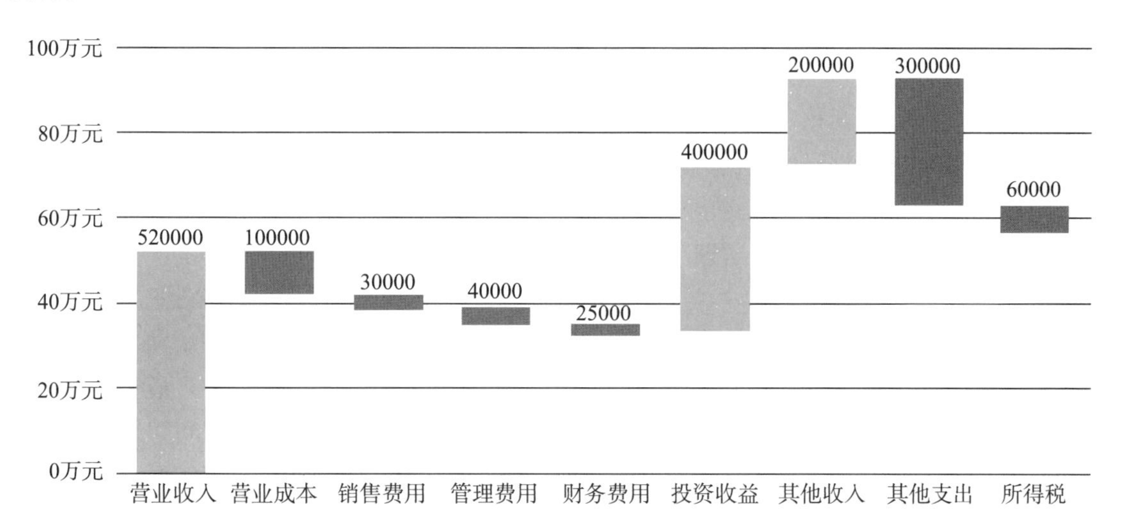

图 5-22 瀑布图示例

4.分布类

如果想表达数据的分布状态，可以用分布类的图表，如散点图、热力区域图、地图、漏斗图等。

散点图可以显示数据集群的形状，分析数据的分布。通过观察散点的分布，推断变量的相关性，如图 5-23 所示。散点图在有比较多的数据时，才能更好地体现数据分布。

热力区域图以特殊高亮的方式展示坐标范围内各个点的权重情况。热力区域图不适合精确的数据表达，主要用于看分布。

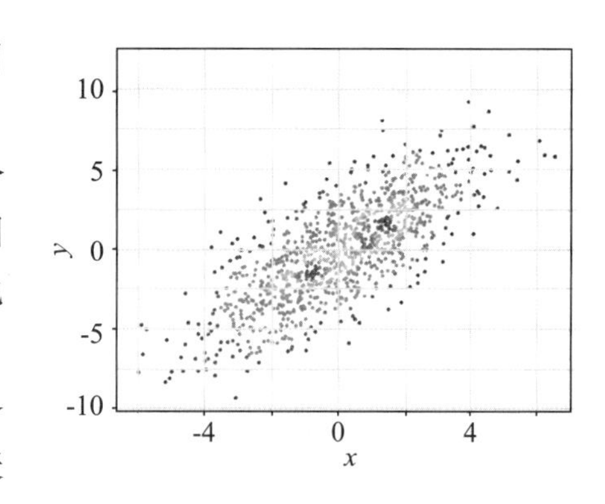

图 5-23 散点图示例

地图指将数据反映在地理位置上的图形或图像，有热力地图、区域地图、流向地图、点地图等，可以非常直观地观察不同区域的数据关系。

讨论

我国经济飞速发展，基础建设日益壮大。和十多年前相比，我们的生活，尤其在出行、安全、信息获取等方面的体验有了哪些质的飞跃?

漏斗图又称倒三角图，该图从上到下有逻辑上的顺序关系，经常用于流程分析，比如分析哪个环节的流失率异常。

5.4.4 常用的可视化工具

市面上的数据可视化工具多种多样。其中用 Excel（这里是泛指，不限于微软办公软件，WPS 表格也可，后同）制作分析图表是比较常用的，但它也要求使用者具有一定的技术能力；从数据可视化的自动化方面来看，用 Python 编程来实现比较常见，但使用门槛更高些；从数据可视化工具的敏捷性方面来看，BI 类软件则比较流行。

1.办公类

办公类可视化工具主要指办公软件自带的图表工具，其中 Excel 功能最强大。用 Excel 可以创建专业的数据透视表和基本的统计图表，其最大的特点就是简洁方便，它内置了较为全面的图表样式和丰富的设置选项，但操作逻辑都是极为简便易懂的，几乎不需要教程即可摸索掌握。

相比于专门的可视化工具，办公类可视化工具只能算作数据可视化的入门级工具。一是因为它难以支撑大数据量的数据可视化，二是它内置的图表在样式、颜色、线条上都只能选默认的，更改自由度不够。

办公软件的图表操作将在实训手册中具体介绍，此处不再详述。

2.编程类

大部分编程语言都支持数据的可视化展示，其中 Python 语言和 R 语言是最受欢迎的两种语言。Python 的可视化库非常强大，作为编程语言，也有很高的灵活性，可以做出非常符合自己心意的可视化图表，不过相对地，操作门槛也比较高。有兴趣的读者可学习了解，此处不再详述。

3. BI类

相对于基础的办公类可视化工具和高门槛的编程类可视化工具，易于使用和自动化的 BI 可视化工具更符合广大企业和个人用户的需求。

国外的 BI 类可视化工具有 PowerBI、Tableau、Qlik 等。

PowerBI 是微软旗下的 BI 工具，定位是个人报表 / 可视化工具，也可用作整个企业的分析决策引擎。该产品综合能力强，但价格偏高，且需要依靠第三方代理商来落地实施，然而第三方公司的实施水平参差不齐，实施质量和售后服务不受保障，无法提供一些偏本土化的需求支持。

Tableau 是软件巨头 Salesforce 旗下的产品，定位是轻型的数据可视化工具，产品目的是帮助人们查看和理解数据。该产品的显著优势也是可视化，基于可视化能做很多数据分析功能扩展。劣势与 PowerBI 大致相同，由于是国外产品，因此无法很好满足国内企业的本土化需求。此外，在 2021 年 Tableau 宣布退出中国直营市场后，其影响力也被间接影响。

Qlik 于 1993 年在瑞典成立，目前总部在美国，原厂已退出中国市场，交由代理商服务，最大的竞争者是 Tableau，属于新一代的轻量化 BI 产品。主推产品为 Qlikview 和 Qliksense。数据处理速度极其依赖内存大小，在处理大量复杂数据场景上不占优势，需要消耗大量内存，且对于复杂的数据准备需要额外编程进行处理，操作成本高。

国内的 BI 类可视化工具有 FineBI、永洪 BI、有数 BI 等，其中 FineBI 使用较为广泛。

FineBI 是帆软旗下的 BI 工具，支持 SaaS（软件即服务）和本地化部署，支持完善的售后服务。它支持 30 种以上的大数据平台、SQL 数据源及 Excel 文件，数据分析与可视化构建均在浏览器端完成，维护升级成本降低。同时，由于是国产工具，目前拥有信创版本，可解决企业在国产化替代中遇到的痛点，支持全栈信创、一键式迁移。

相较于国外产品而言，FineBI 最大的优势在于帆软自主搭建的实施团队和服务团队，整个销售、实施和服务的流程都由帆软公司把控，而不是通过代理商或者其他第三方的机构，所以 FineBI 在服务上的优势较为明显，在国内市场具有较高的占有率。

永洪 BI 是面向业务的一站式 BI 平台，由北京的一家创业公司开发。永洪一站式大数据 BI 平台把大数据分析所需的产品功能全部融入一个平台下，进行统一管控，为各种规模的企业提供灵活易用的全业务链的大数据分析解决方案，让每一位用户都能使用这一平台轻松发掘大数据价值，获取深度洞察力。此外，还有面向部门级或中小企业的自助式分析应用快速整合海量数据，提供易用、高效的数据可视化分析。

有数 BI 是网易推出的面向企业客户的可视化敏捷 BI 产品。有数 BI 拥有数据填报和自助式商业智能分析产品，提供网页端和手机端应用，帮助客户快速实现数据填报、多维分析、大数据探索、实时大数据展示和成员分享。

BI 可视化工具的个人版大都可免费使用，大家可实际体验，然后选择一款工具进行熟悉和使用。此外，随着人工智能技术的发展，像 ChatGPT 和文心一言等大模型也拥有了数据可视化展示的功能，通过对话即可完成数据的收集和可视化过程，大家可尝试使用。

5.4.5 数据可视化的典型应用

相比于单调地阅读文字，数据可视化总是能让人更快速、更直观地接收到有价值的信息。数据可视化在各行各业中应用越来越广泛，在教育、政务、交通运输、能源等领域，到处能够看到数据可视化的身影，数据可视化俨然成了一种流行且有效的形式。

1. 法院数据分析系统

法院行政案件大数据分析系统包含了结案特征分析、当事人分析、实效分析和管辖改革成效分析。对于收案 / 结案的数量和增幅，分别用时间、领域、地区等维度分析案件变化趋势，从结构方式、矛盾化解情况、重点质效指标、舆情热点案件、败诉案件和败诉案件信息来分析结案特征，用信访案件变化趋势和分布情况分析机关滥用职权情况。通过不同角度分析不同数据，实现案件大数据全方位解读。法院行政案件大数据分析系统如图 5-24 所示。

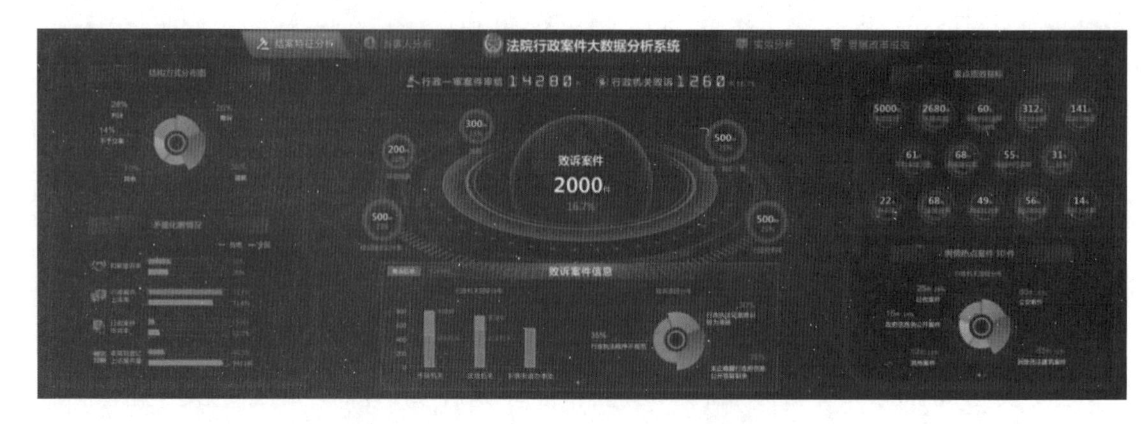

图 5-24　法院行政案件大数据分析系统

2. 医疗服务分析展示平台

用医师日均工作量、病床使用率、门诊病人次均诊疗费用、出院病人人均医药费用、急诊人次、出院人数来分析医疗服务情况，病人分布情况可通过数据联动实现对应地图刷新。从妇幼保健、计划免疫、卫生监督、案件查处分类、居民健康档案、历年建档人数、建档率、出院病人前十疾病的角度分析公共卫生情况，实现医疗卫生智慧化管理。医疗服务分析展示平台如图 5-25 所示。

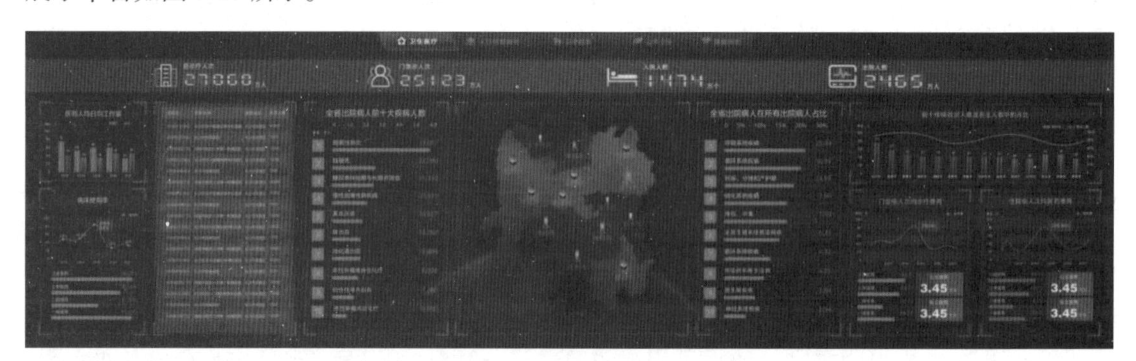

图 5-25　医疗服务分析展示平台

3. 智慧交通管理平台

智慧交通管理平台综合运用交通科学、系统方法、人工智能等理论与工具，深度挖掘交通运输相关数据，实现行业资源配置优化能力、公共决策能力、行业管理能力、公众服务能力的提升。平台通过扩展交通领域直接产生的静态和动态数据、公众互动交通状况数据、相关行业数据和重大社会经济活动关联数据，实现智慧出行、智能运营和智慧决策。交通设施物联网云平台如图 5-26 所示。

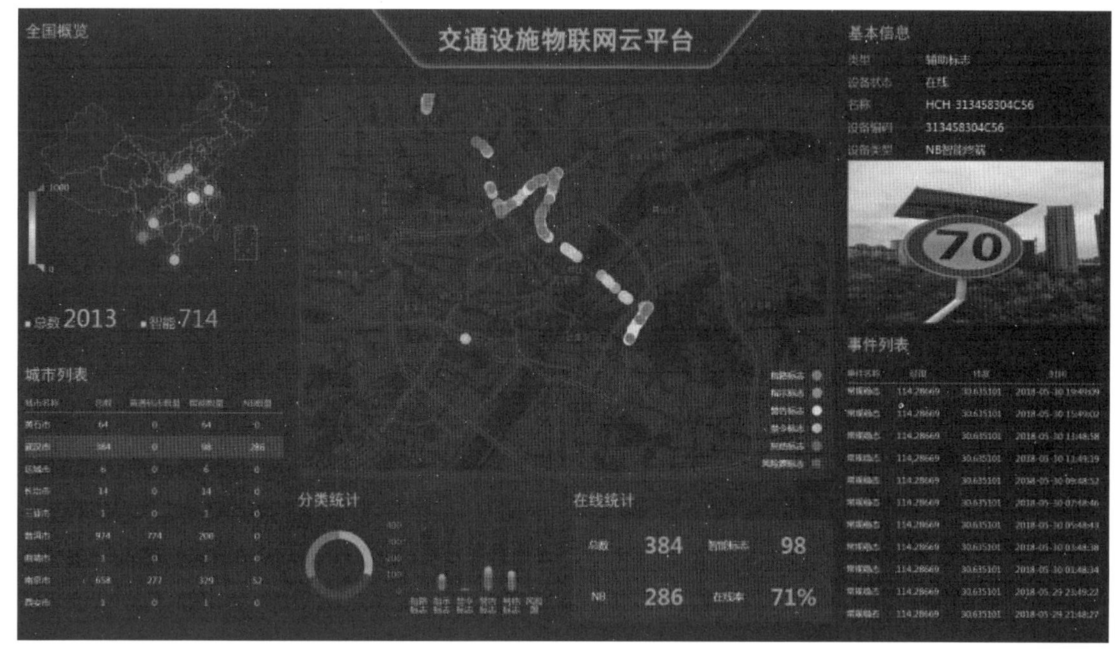

图 5-26　交通设施物联网云平台

拓展实践

从两会“教育热点”感知民生温度

发展教育事业不仅是对国家全体国民个人素质的保证，而且关系国家的前途和命运。二十一世纪，人才是最重要的，而人才的出现是与教育事业密不可分的，大力发展教育事业也是保证国家人才培养所需的条件。另外，教育是基础性事业，它的发展关系到国家每一个行业，这种牵一发而动全身的关键领域，其水平直接决定了社会的发展水平。两会中的报告也多次提到关于教育的政策方针。社会的进步和发展依赖人才建设，所以，大力发展教育事业的意义是重大的。

下面请尝试利用数据可视化来分析中国近年的政策下教育的变化情况。

提示：

（1）可尝试使用 Python 或者 BI 类工具来进行分析；

（2）从中国政府网 (http://www.gov.cn) 上得到所需文件；

（3）使用图表来分析历年招生人数的变化。

第6章 深入办公软件

2012年以前，在全球信息产业蓬勃发展的大潮下，我国主动融入全球软件产业链分工，各行业信息化应用需求旺盛，软件产业保持高速增长，却长期处于中低端，核心软件受制于人。随着市场红利逐步向产业链上游转移，提升自主创新能力，加速向产业价值链中上游攀升，成为软件业高质量发展的必由之路。

在激烈竞争中，以金山软件为代表的国产办公软件的应用越来越广泛。截至2023年6月末，WPS Office PC版和移动版分别拥有2.53亿和3.27亿的当月活跃用户，移动端已超过微软Office。同时金山办公加速信创产品渗透，已累计和300余家国内办公生态伙伴完成产品适配，与龙芯、飞腾、鲲鹏、统信、麒麟、长城等基础厂商紧密合作。自主研发的WPS Office Linux版已经全面支持国产整机平台和国产操作系统，已在国家多项重大示范工程项目中完成系统适配和应用推广。

本章以金山办公的WPS办公软件为基础，讲解办公软件分类和应用。本章仅对相关功能做简要介绍，详细操作可通过本书配套的实训手册进行练习。

知识目标

1. 熟悉 WPS Office 的组件分类。
2. 掌握 WPS 文字、演示、表格三个组件的界面和功能。
3. 理解办公软件的布局结构和功能特点。

能力目标

1. 能够根据已掌握的软件自学其他办公软件的使用。
2. 能够利用 AI 工具辅助文档编辑。

素质目标

1. 关注我国办公软件的发展，了解国产办公软件的相关信息，积极投身相关产业的自主创新，激发爱国情怀。
2. 增强创新、钻研精神。

6.1 WPS Office办公软件

办公软件是指可以进行文字处理、表格制作、幻灯片制作、图形图像处理、简单数据库处理等工作的软件。随着技术的发展，办公软件朝着操作简单化、功能细化、智能化等方向发展。

办公软件的应用范围很广，大到社会统计，小到会议记录，数字化的办公离不开办公软件的协助。另外，政府用的电子政务系统、税务用的税务系统、企业用的协同办公软件，这些都属于办公软件。

在办公软件中，Office 办公软件是大家接触最多的办公软件，而 Office 办公软件中使用最多的是微软的 MS Office 和金山的 WPS Office。这两者在功能和界面上比较相似，某些格式还可通用。随着国产软件的发展，WPS Office 在国内的使用人数已超过 MS Office。

铭记历史

WPS的辉煌、失落与逆袭

WPS 是 Word Processing System 的简称，写出这款软件程序的是求伯君，年轻人对于这位“程序员”的名字可能并不熟悉，但提到金山软件，大家应该还是有所了解的，而求伯君就是金山软件的创始人。

从 1988 年 5 月到 1989 年 9 月的一年多时间里，求伯君将自己关在房间内用十几万行的代码写出了 WPS 1.0。没有铺天盖地的广告，没有隆重的发布会，甚至连具体发售日期都没有，仅凭口口相传的美誉，横空出世的 WPS 就迅速风靡全国，拿下了 90% 的市场份额。以一己之力树立起民族通用软件的标杆，求伯君一夜之间成为程序员们的偶像。

1994 年，中国接入国际互联网，IBM、微软等跨国软件企业开始进军中国市场，WPS 也迎来了强劲对手——微软 Office。当时，金山公司凭借 WPS 依旧如日中天，并接下了给微软做汉化的业务。这时微软顺水推舟，主动抛出橄榄枝，希望金山 WPS 在文档格式上能与自家 Word 互通。求伯君这些秉持着技术大同的理想主义程序员们欣然答应且未收取任何报酬。然而微软琢磨的却是如何通过捆绑销售挖走 WPS 的用户。

在微软纵容下，国内盗版系统泛滥，个人电脑从 DOS（磁盘操作系统）过渡到 Windows 平台，随之而来的是 WPS 用户在短时间迅速流失。到了 1996 年，金山公司已经连工资都快发不出了。曾经为理想走在一起的开发团队也只剩一二十人。就在这个关口，微软还开出七十万年薪来挖求伯君，一旦成功便能彻底终结 WPS 这个对手。

求伯君拒绝了微软的盛邀，甚至把房子和车都卖了，只为筹集资金开发出新一代 WPS。1997 年 10 月，WPS 97 发布。一年后，WPS 97 就被列入国家计算机模拟考试内容。但十几个人开发的 WPS 97 终究没能动摇微软多年重金打造的 Office 霸主地位。

1998 年，金山开始重组。重组之后的金山趁热打铁不断推出新版本 WPS，以更高的性价比超越了微软同类产品。万万没想到，在 2001 年金山推出自己的 WPS Office 办公套件的时候，微软为了维持垄断地位，竟然不惜将多年前的互通协定撕毁，抹去了 MS Office 兼容 WPS 的功能。这种封杀举动导致 WPS 一度在市场上销声匿迹。

但金山没有放弃，2011 年，金山率先发布了安卓版 WPS，并以一个月一个版本的速度不断优化更新。在接下来几年里的移动互联网时代，凭借“软件免费 + 服务增值”的策略，WPS 用户年增速超过 15%，移动端更是近乎 300% 的爆发式增长。如今，WPS 在移动端市场份额已经高达 90%，遥遥领先于包含微软在内的其他所有对手，确立了国产办公软件的地位。此外，WPS 还覆盖所有主流操作系统，彻底突破了微软或者谷歌单一平台的限制。

“因为 WPS，微软在中国乃至世界办公软件市场才不敢掉以轻心；因为 WPS，让全世界了解到在中国还有一家公司能够和微软抗衡。”国内软件界人士曾如此评价。

不同的办公软件虽然在功能、布局等方面有所差异，但基本的操作逻辑是一致的，在掌握一种办公软件使用方法的前提下，学习其他办公软件的使用是比较快速的。本章重点介绍 Office 办公软件中的金山 WPS Office 办公软件，对其界面和相关功能进行说明。本章不做具体的实训练习，相关实训内容可参考本书实训篇的内容。

WPS Office 包括 Office 文档、在线智能文档、应用服务三个模块，其中 Office 文档包括文字、演示、表格、PDF，在线智能文档包括智能文档、智能表格、智能表单，应用服务包括多维表格、思维导图、流程图、设计，如图 6-1 所示。

图 6-1 “新建”界面

下面主要介绍日常办公中常用的文字、演示、表格三个组件，其他组件读者可参考实训篇的内容进行学习。

6.2 WPS文字

利用 WPS 文字进行编辑和排版工作有许多技巧，本节将介绍一些基本的输入操作技巧，从而提高录入的效率以及降低出错率。在对一些较长的文章进行排版时，令人头疼的问题就是自动化程度不高、重复劳动，其实很多重复劳动是没有必要的，用 WPS 文字可以解决这些问题。

6.2.1 工作界面

WPS 文字的界面如图 6-2 所示，由标题栏、功能区、编辑区、状态栏等部分组成。

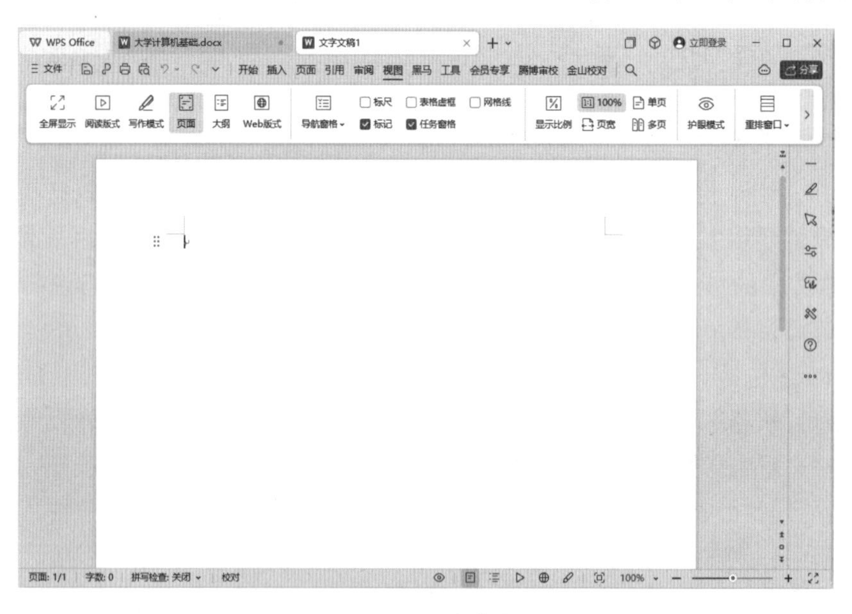

图 6-2　WPS 文字界面

标题栏（见图 6-3）位于窗口的最上方，用于显示文档的标题。单击“+”可以新建文档；打开多个文档时可以单击文档名称快速切换；右侧可以登录账号，单击最左侧的“WPS Office”按钮可以管理所有文档。

图 6-3　标题栏

功能区（见图 6-4）位于标题栏的下方，用于放置常用的功能按钮和下拉列表等调整工具，其中包含了多个选项卡。在功能区内单击不同的选项卡就会显示不同的操作工具，平时使用比较多的就是“开始”“插入”“页面”等选项卡。一个选项卡中有多个命令按钮。

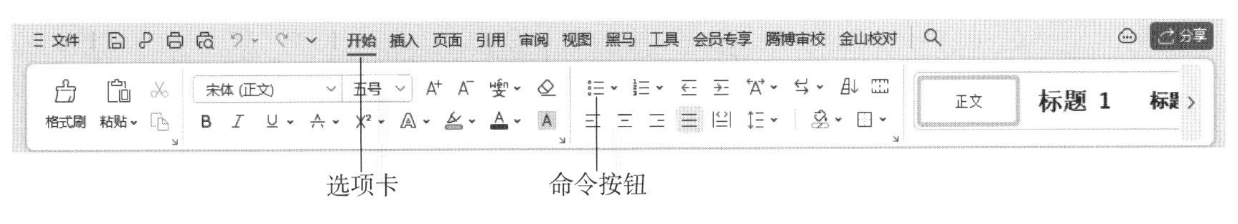

图 6-4 **功能区**

> **提示**
> 选项卡除默认拥有的之外，还可以通过安装插件的方式增加功能，图6-4中的金山校对就是安装插件后出现的选项卡。

WPS 文字界面中间的大块空白区域就是文本区，是窗口的主体部分，用于显示文档的内容，供用户编辑。编辑区由文本区、滚动条组成，如图 6-5 所示。

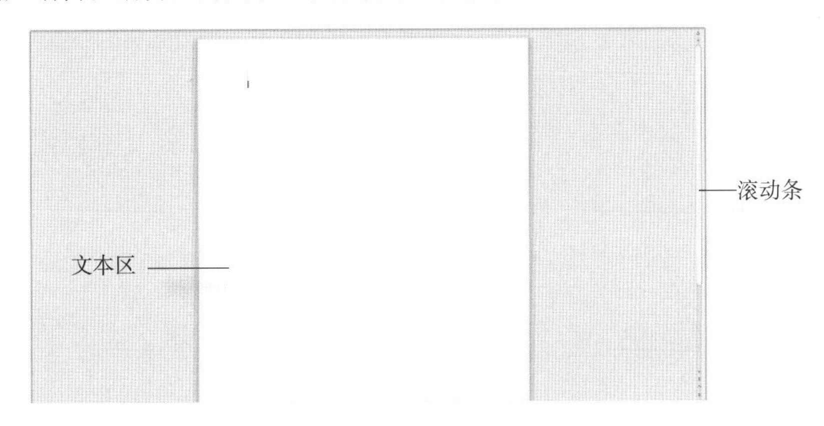

图 6-5 **编辑区**

其中，滚动条的作用是使文本内容在窗口中滚动，以便显示被挡住的文本内容，右侧的滚动条称为垂直滚动条。

状态栏（见图 6-6）位于主窗口的底部，用于显示文档的状态信息，可以看到当前文档的字数和页数，单击“字数”可以看到具体的字数统计，还可以快捷打开 / 关闭“拼写检查”功能。

图 6-6 **状态栏**

在状态栏的右侧是视图切换及页面缩放比例功能：视图切换默认是“页面视图”，我们可以快速开启护眼模式，切换大纲、阅读版式、Web 版式和写作模式；页面缩放比例区域最左侧是“最佳显示比例”按钮，旁边可以让我们随意地拖动“显示比例”按钮，控制比例大小。

6.2.2 文件菜单

软件所拥有的功能大体上通过两种方式进行展现，一种是菜单，一种是选项卡。菜单就是单击后出现的从上而下的一系列命令，选项卡则将这些命令直接在一个功能区中显示出来。可以说选项卡是菜单的变种，这样寻找命令更加方便快捷。

WPS 整体上采用选项卡式布局，同时保留了文件的菜单格式，如图 6-7 所示。

图 6-7 “文件”菜单

保存是一个重要的操作，第一次存盘时我们首先要选择存盘的位置，然后给文件设置文件名，可以使用“文件”功能区下的“保存”或“另存为”命令，如果文件已经保存过，这时想另存一个版本，可以使用“另存为”命令。“.doc”是 Word 2003 以及之前版本保存的文档格式，“.docx”是 Word 2007 及以上版本保存的文档格式，“.wps”是 WPS 文字保存的文档格式，由于 WPS 软件兼容微软 Office 软件，所以 WPS 也可以保存成“.doc”或“.docx”格式。如果 Office 和 WPS 两个软件都在使用，可将文档保存为“.docx”格式，Office 软件无法打开 WPS 格式的文件。

选择“文件”功能区中的“打印”选项，它包括了打印、打印预览、批量打印、高级打印四个命令。在打印窗格，用户可以选择或输入要打印的页、选择已安装的打印机、设置打印份数等，最后单击“确定”按钮即可打印文件。打印预览用来显示文件打印稿的外观，预览一般从插入点所在页开始。在打印预览窗格可以利用比例调整显示多个页面。

6.2.3 自定义快速访问工具栏和选项窗口

由于有些常用的命令每次打开文件菜单寻找似乎比较麻烦，因此有了快速访问工具栏（见图 6-8）。我们可以将常用的命令放到这里，如保存、打印等命令。

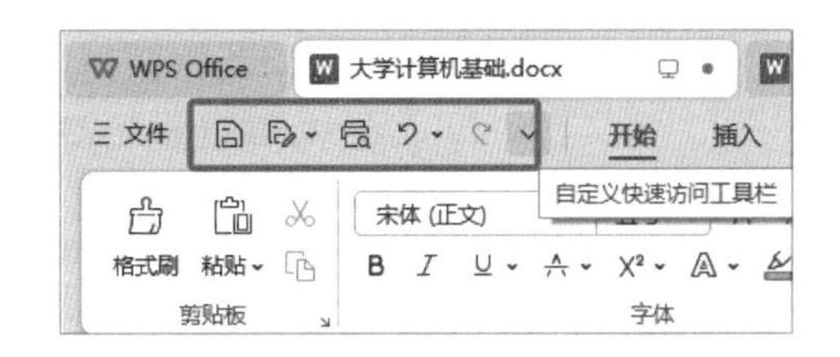

图 6-8　**快速访问工具栏**

可以通过下拉箭头设置功能区样式和快速访问工具栏命令，如图 6-9 所示。单击“其他命令”可打开“选项”窗口（见图 6-10），“选项”窗口除可设置快速访问工具栏命令外，还可对视图、编辑等进行设置。也可通过“文件”菜单中的“选项”命令打开“选项”窗口。

图 6-9　**设置快速访问工具栏命令**

图 6-10　**“选项”窗口**

“选项”窗口中使用较多的是“视图”中的“格式标记”（见图 6-11）和“编辑”中的“自动更正”（见图 6-12）。

提示

撤销（快捷键 Ctrl+Z）是非常有用的一个操作，操作失误后可快速回到上一步。

试一试

分别选择和取消对应选项，看看显示和编辑时有什么区别。

格式标记

☑ 空格(S)　　☑ 制表符(T)

☑ 段落标记(M)　　☑ 隐藏文字(I)

☑ 对象位置(J)　　☑ 全部(L)

图 6-11　格式标记

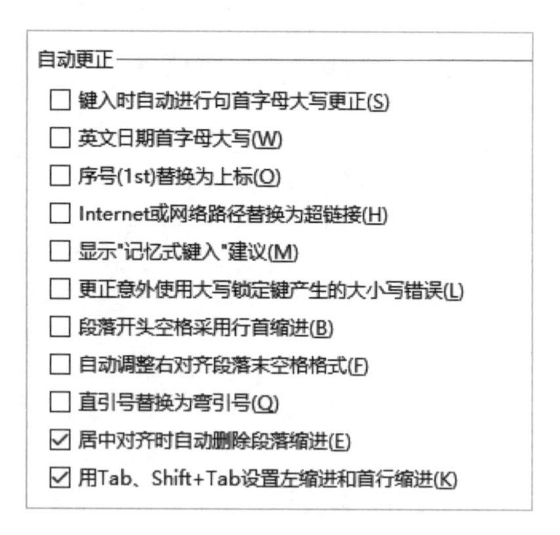

图 6-12　自动更正

6.2.4 “开始”选项卡

“开始”选项卡下有剪贴板、字体、段落、样式、编辑、排版分组，每个分组中都包括多个功能类似的命令，如图 6-13 所示。

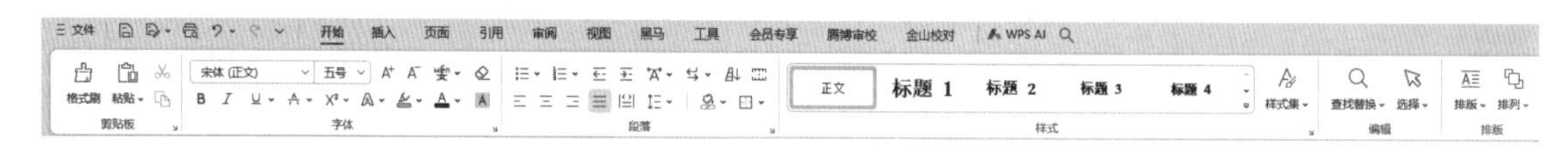

图 6-13　“开始”选项卡

1.格式刷

格式刷是一个非常有用的工具，当想要统一格式时，格式刷就有了用武之地。格式刷是一个复制格式的工具，用于复制选定对象的格式，这些对象主要是指文本和段落标记。格式刷的使用方法：选择要复制的对象（插入点在这一段上即可），单击“开始”选项卡的“剪贴板”分组中的“格式刷”按钮，然后到需要复制格式的内容上拖动即可。如果需要复制多次，可双击“格式刷”复制多次，不使用时按 ESC 键取消。

2.剪切、复制和粘贴

在粘贴时有“保留源格式”粘贴和“只粘贴文本”两个选项，可以根据需要选择。例如，在网上下载了一段文字，该段文字含有底纹，当不想要底纹时，就选择“只粘贴文本”，这样复制过来的文字就不带底纹了。可使用“Ctrl + C”组合键和“Ctrl + V”组合键复制粘贴，或通过拖动鼠标直接复制或移动内容。

3.字符格式设置

设置字符格式时，首先需要选中要设置的区域，然后通过“开始”选项卡的“字体”分组设置字体、字号和颜色等。也可单击“字体”分组中右下角的对话框按钮，在对话框中设置，如图 6-14、图 6-15 所示。

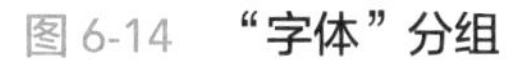

图 6-14 “字体”分组

图 6-15 “字体”对话框

4.段落格式设置

段落格式的设置包括段落间距、行距、缩进及对齐方式等的设置。WPS 文字中的段落是以回车符为标记的，段落标记中存储着该段落的格式。设置段落格式时，只需要将插入点放到这段的任何位置上即可，而不需要选中整个段落。然后通过“开始”选项卡的“段落”分组中的命令设置对齐方式、缩进、行距和段落间距等。也可在“段落”对话框中进行设置。

5.样式设置

对于相同排版表现的内容一般要使用统一的样式，这样做能大大减少出错机会。如果要对排版格式做调整，只需一次性修改相关样式即可，而不用重复进行修改。使用样式的另一个好处是可以自动生成各种目录和索引。

样式是一组格式集合，它集字体、段落、编号和项目符号、多级列表格式于一体。利用样式可以使文档格式随样式同步自动更新，以达到快速改变文字格式，高效统一文档格式的目的。样式分为内置样式和自定义样式。WPS 原先所提供的标题 1、标题 2、正文等样式为内置样式，内置样式在“样式”分组中。可以右击其中的某一项，如“标题 1”，选择“修改样式”菜单项，即可对预定义的样式进行修改。也可以新建样式。

6.查找和替换

这是一个非常有用的功能，可以对同类型的错误进行统一查找和替换。在“查找和替换”窗口（见图 6-16），可以设置替换的规则、格式，对一些段落标记、制表符等可以进行替换。例如，通过替换段落标记，可以把多段内容变为一段。

图 6-16 “查找和替换”窗口

7.排版

WPS 提供了独特的排版功能，其中“删除”命令（见图 6-17）可以统一删除文中多余的空格、空行、空段等，非常方便。

图 6-17 “删除”命令

6.2.5 “插入”选项卡

顾名思义，“插入”选项卡（见图 6-18）的功能就是在文档中插入特定对象，包括表格、图片、图形、图表、形状、符号、公式、超链接、页码等。

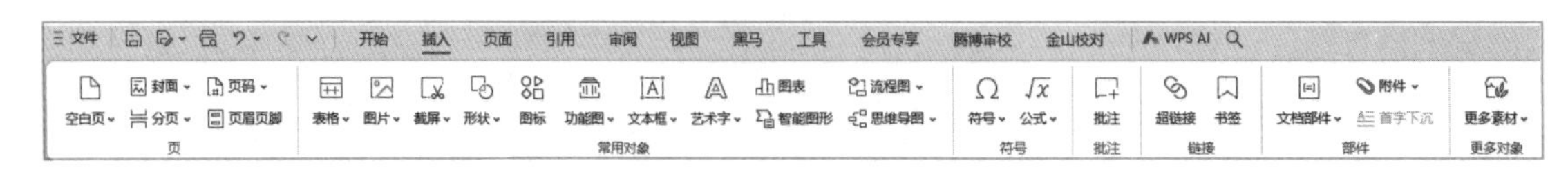

图 6-18 “插入”选项卡

1.插入页面

通过“页”分组，可以插入空白页和页眉、页脚、页码。同时可以设置分页符和分节符。分页符是用来分页的，分页符后的文字将另起一页。论文中各章的标题要求新起一页，放在新页的第一行，这时就可以使用分页符。在前一章的最后放置一个分页符，这样不管前一章的版面有什么变化，后一章的标题总是出现在新的一页上。

常见的输入多个回车把章标题排到新页的方法的缺点是显而易见的。若前一章的版面发生了变化，比如删掉了一行，这时后一章的标题就会跑到前一章的最后一页的末尾；若增加一行，则后一章标题前又多了一个空行。

节是一段连续的文档块，同节的页面拥有同样的边距、纸型或方向、打印机纸张来源、页面边框、垂直对齐方式、页眉和页脚、分栏、页码编排、行号、脚注和尾注。那么在编写论文时，如遇到封面、摘要和目录以及论文主体部分在一篇文档里要求不同的页眉、页脚、页码格式时，就需要插入分节符，并给每一节设置不同的格式。

页眉和页脚是指文档中每个页面的顶部、底部和两侧页边距的区域。在页眉和页脚处可以插入或更改文本或图形，如添入页码、时间和日期、文档标题、公司徽标、文件名等内容。页码与页眉和页脚是相关联的，可以添加到文档的顶部、底部或页边距中。

提示

单击“页眉页脚”命令后会出现“页眉页脚”选项卡，相关设置在该选项卡中操作。选择不同的对象会智能出现不同的选项卡，如果没有找到相关选项卡，请确认是否选择了相关对象。

2.插入常用对象

常用的对象包括表格、图片、形状、文本框、图标、艺术字、图表等，下面以插入表格为例进行说明。

单击“插入”选项卡的“表格”命令，在下拉列表中，可以直接在那些小方格中选择表格的行数和列数，也可以选择下面的“插入表格”命令，在对话框中输入行数和列数，单击“确定”按钮即可完成表格的插入。系统默认会根据文档一行的宽度按表格的列数等分。

选中插入的表格后，会出现“表格工具”和“表格样式”两个选项卡。可以利用“表格工具”下的命令（见图 6-19）编辑表格，利用“表格样式”下的命令（见图 6-20）设置表格样式，美化表格。

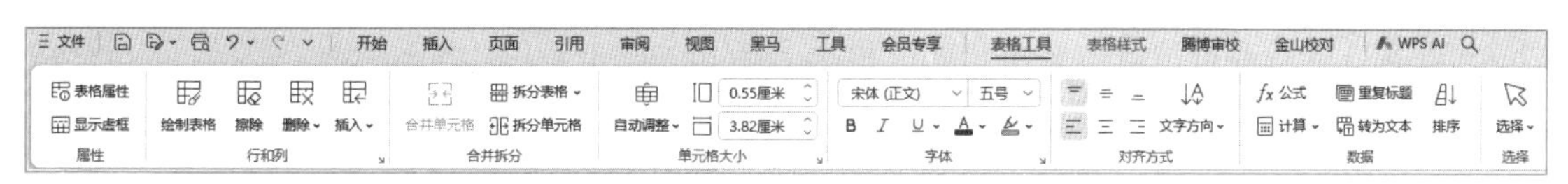

图 6-19 **“表格工具”选项卡**

图 6-20 **“表格样式”选项卡**

3.插入数学公式及特殊符号

WPS 文字可以插入多种公式，并且支持编辑公式 。

将光标定位在需要插入公式的位置，单击“插入”选项卡中的“公式”按钮即可输入数学公式。利用“符号”命令可以输入一些特殊符号。

单击“插入”选项卡中的“公式”命令按钮的向下箭头，可出现“内置”下拉列表，列表中列出了几个常用公式，如第一项就是 $x=\frac{-b\pm\sqrt{b^2-4ac}}{2a}$。

4.插入超链接

通过“超链接”命令可以设置跳转，单击后可以跳转到其他文档、网页，或者跳转到本文档中的其他位置。我们见到比较多的是网页中的超链接，在网页中单击一个超链接后可以跳转到其他页面。

5.插入其他文件中的文字

如果要将多个文档合并到一个文档中，可利用“部件”分组中的“附件”命令，选择“文件中的文字”（见图 6-21），将其他文档的内容插入到当前文档中。

图 6-21　插入其他文档中的文字

6.2.6 “页面”选项卡

“页面”选项卡下包括页面设置、效果、结构、页眉页脚分组，下面主要介绍“页面设置”分组和“水印”命令。

1.页面设置

“页面设置”分组可以设置页边距、纸张方向和纸张大小等，如图 6-22 所示。也可使用“页面设置”对话框进行设置。

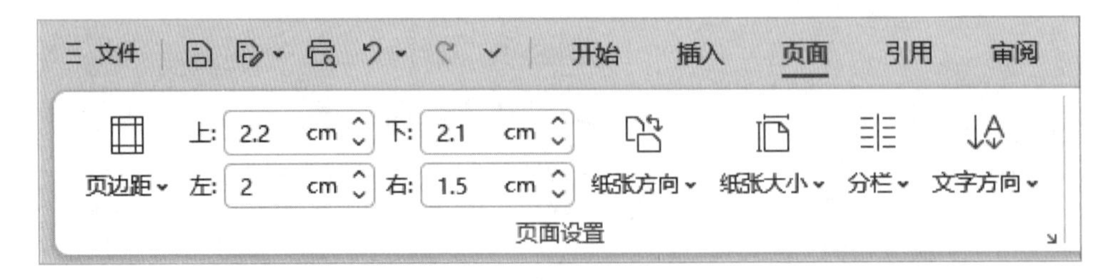

图 6-22　“页面设置”分组

使用 WPS 文字编辑文档时，行数和字数都是默认设定的，但是因为打印需要，有时会对打印出来的页面效果有严格要求，这样就需要重新设置。选择“页面”功能区中的“页面设置”对话框，选择“文档网络”选项卡，单击“指定行和字符网络”单选按钮，然后就可以设置字符数和行数了，如图 6-23 所示。

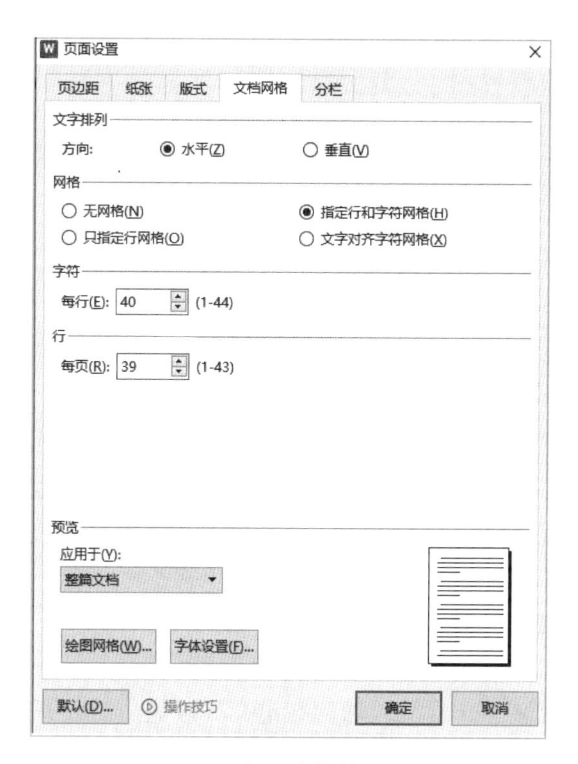

图 6-23 **设置字符数和行数**

分栏编排在排版中很常见，不仅节约纸张，还可以让读者阅读文章时感觉更加新颖。如果选定一部分内容再分栏，则这部分内容分栏，其他部分不分栏。如果没有选定内容，则所有内容都会分栏。

此外还有设置页边距、纸张方向、纸张大小、文字方向等，都是对当前文档的页面属性进行设置。

2.添加水印

很多网页或文档的页面下面都有一些若有若无的文字或图画，却又不能复制出来，这就是水印效果。通过“效果”分组中的“水印”命令可以为文档添加水印，可以用它提供的水印样式，也可以选择“自定义水印”，在这个对话框中可以选择文字水印，也可以选择图片水印。

6.2.7 “引用”选项卡

1.题注与交叉引用

题注与交叉引用是制作长文档带编号的图片、图表最常用的命令，它是域的自动引用。

题注的出现可以使用户不必费心记住当前到底是第几张图片或第十几个表格，也不必担心在中间插入一张图或一个表后，后续图片及表格的序号不产生变化。因为题注会在用户执行“引用”→“题注”命令时，保证在长文档中将图片、表格等按顺序自动编号。这给文档的后期修改和完善提供了很大的便利。“题注”对话框如图 6-24 所示。

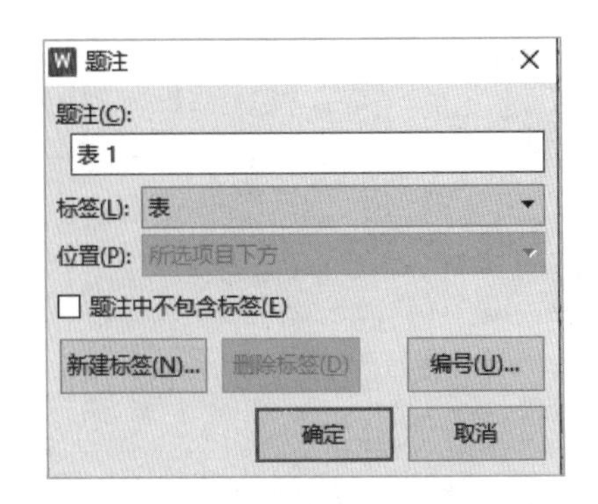

图 6-24　“题注”对话框

交叉引用是对文档中其他位置内容的引用，并用于说明当前内容。引用说明文字与被引用的图片或表格的题注是相互链接的，也就是说，如果有更新，则会一起更新。比如，在文档中写到“请参考图 1-4”，而“图 1-4”因为之前删除了一张图而变成了“图 1-3”，则文档中写到的“请参考图 1-4”会自动更新为“请参考图 1-3”。

2.目录

目录是论文中不可或缺的一部分，通常在论文排版完成后才开始制作目录。WPS 一般是利用标题或者大纲来创建目录的。因此，在创建目录之前，应确保在目录中的标题都应用了内置的标题样式。在“目录”对话框（见图 6-25）中可以设置目录的前导符、显示级别等。

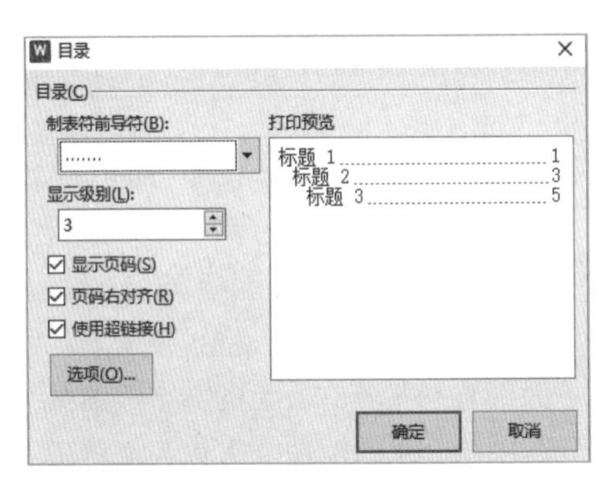

图 6-25　“目录”对话框

 6.2.8 “审阅”和“视图”选项卡

“审阅”选项卡中包括校对、批注、修订、更改、画笔、语言、文档安全等分组，应用较多的是批注和修订功能。

批注即对审阅的稿件进行说明，例如，我们在审阅他人的文档时，可通过批注功能对某些点进行沟通说明。

修订即修改记录，如果打开修订模式，我们对文档所做的修改操作都会进行记录显示，其他人可通过这些记录看到文档都做了哪些修改，如果同意修改，则可以单击“接受修订”。

“视图”选项卡中的功能大部分在状态栏都有显示，用于调整文档的显示效果。其中视图模式有页面视图、大纲视图、阅读版式、Web 版式、写作模式。绝大多数的编辑操作都需要在页面视图下进行，它是集浏览、编辑于一体的视图模式。大纲视图可以方便地对长文档进行查看，并在结构层面上做调整，确定文档的整体结构。阅读板式是为了方便阅读浏览文档而设计的视图模式，适合查阅文档。Web 版式适用于发送电子邮件和创建网页，以网页的形式显示文档。写作模式是专为写作设计的视图，里面有一些素材推荐、随机起名等辅助写作的功能。

导航窗格会显示文档的目录、章节、书签等结构，默认显示在页面左侧，可以通过导航窗格设置在右侧或隐藏。

6.3 WPS演示

演示文稿软件是办公软件系列的重要组件之一。用户可以在投影仪或者计算机上进行演示，也可以将演示文稿打印出来，制作成胶片，以便应用到更广泛的领域中。利用 WPS 不仅可以创建演示文稿，还可以在互联网上召开面对面会议、远程会议或者在网上给观众展示演示文稿。

6.3.1 工作界面认识

WPS 演示的工作界面与 WPS 文字布局基本一致，窗口界面如图 6-26 所示。

图 6-26 WPS 演示工作界面

WPS 演示的很多功能与 WPS 文字类似，相似功能此处不再介绍，下面主要对 WPS 演示特有的一些功能进行介绍。

对于工作界面，主要的区别点就是幻灯片和占位符。

1.幻灯片

WPS 演示文档可以理解为多个幻灯片的组合，一个幻灯片就相当于 WPS 文字中的一页。幻灯片的缩略图显示在工作界面的左侧。中间区域是幻灯片的编辑区域，可以对幻灯片进行编辑。操作基本与 WPS 文字类似，可以输入文字，插入图片、表格等对象。

2.占位符

占位符就是预先显示在幻灯片中的一个虚框，用户可以往里面添加内容。用占位符的好处是更换主题时能跟着主题的变化而变化，并且可以统一各幻灯片的格式。

占位符共有 5 种类型：标题占位符、文本占位符、数字占位符、日期占位符和页脚占位符。用户不仅能在幻灯片中对占位符进行相关设置，还可以在母版中进行格式、显示和隐藏等设置。

6.3.2 幻灯片母版与版式

利用不同的版式可以调整幻灯片的布局，如果没有想要的版式，也可以在幻灯片母版中对版式进行设计。

1.利用版式调整幻灯片布局

用户除了使用模板简便快捷地统一整个演示文稿的风格外，还可以选用版式来调整幻灯片中内容的排列方式。

版式是幻灯片内容在幻灯片上的排列方式，不同的版式中占位符的位置与排列的方式也会不同。用户可以选择需要的版式并运用到相应的幻灯片中。例如，可通过下面的操作将幻灯片的版式修改为两栏内容：在“开始”选项卡下单击“版式”按钮，在展开的库中显示了多种版式，选择两栏内容的版式，如图 6-27 所示。

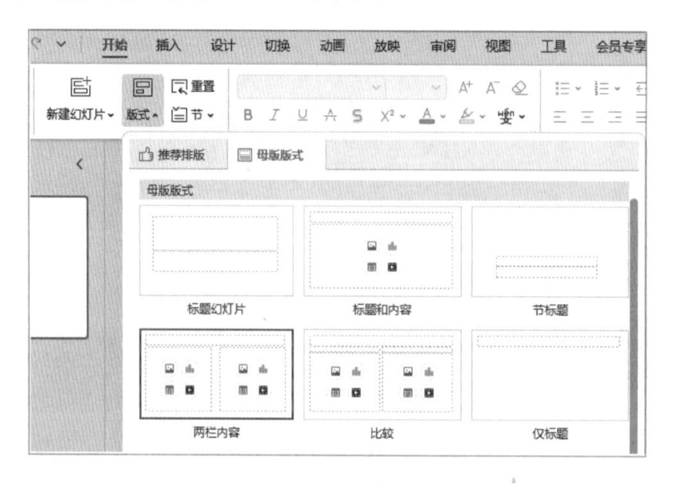

图 6-27　幻灯片版式

2.使用母版设计版式

母版用于设置演示文稿中每张幻灯片的最初格式，这些格式包括每张幻灯片标题及正文文字的位置、字体、字号、颜色、项目符号的样式和背景图案等。

根据幻灯片文字的性质，WPS 演示母版可以分成幻灯片母版、讲义母版和备注母版三类。其中最常用的是幻灯片母版，因为幻灯片母版控制的是除标题幻灯片以外的所有幻灯片的格式。

单击“视图”选项卡中的“幻灯片母版”按钮，可打开幻灯片母版的编辑界面，如图 6-28 所示。

图 6-28 **幻灯片母版编辑界面**

可在幻灯片母版中调整占位符的布局和格式，设置页眉、页脚和幻灯片编号，插入图形、图片对象等。对母版版式进行调整后，使用该版式的所有幻灯片的样式也会同步调整。

提示

幻灯片母版编辑完成后，需要单击图6-28右侧的“关闭”按钮，退出幻灯片母版的编辑界面。

切换和动画

切换和动画是 WPS 演示特有的功能，利用切换效果和动画效果，可以制作动态的演示文稿。

1.切换

切换效果就是指在幻灯片放映过程中，当一张幻灯片转到下一张幻灯片上时所出现的特殊效果，其功能界面如图 6-29 所示。

图 6-29 **“切换”选项卡**

为幻灯片添加切换效果，最好在幻灯片浏览视图中进行，这样可以为选择的一组幻灯片添加同一种切换效果。在“切换”分组可以设置切换的效果，如淡出、百叶窗等。在“速度和声音”分组中，可以设置切换过程的用时和声音。在“换片方式”分组中可以设置单击鼠标换片还是自动换片。如果要将幻灯片切换效果应用到所有幻灯片上则可以执行“应用到全部”命令。

2.动画

幻灯片放映时，可以给某些特定的对象添加动画，这些对象有幻灯片标题、幻灯片字体、文本对象、图形对象、多媒体对象等，如对含有层次小标题的对话框，可以让所有的层次小标题同时出现或逐个显示，或者在显示图片时听到鼓掌的声音。“动画”选项卡如图 6-30 所示。

图 6-30　**“动画”选项卡**

1）添加动画效果

选中要设置动画效果的文本或者对象，单击“动画”选项卡，在“动画”分组中选择要添加的动画。如果要设置的动画效果在当前任务窗格中，则选中它。如果没有出现，可单击动画窗格右侧的下拉列表，弹出如图 6-31 所示的更多动画效果窗口，这些动画效果包括进入效果、强调效果、退出效果和动作路径，从中选择某个动画效果（如“进入”的“出现”效果）。

如果想要对设置好的动画效果更改效果选项，可以在“动画属性”的下拉列表中选择相应的效果选项，如图 6-32 所示。

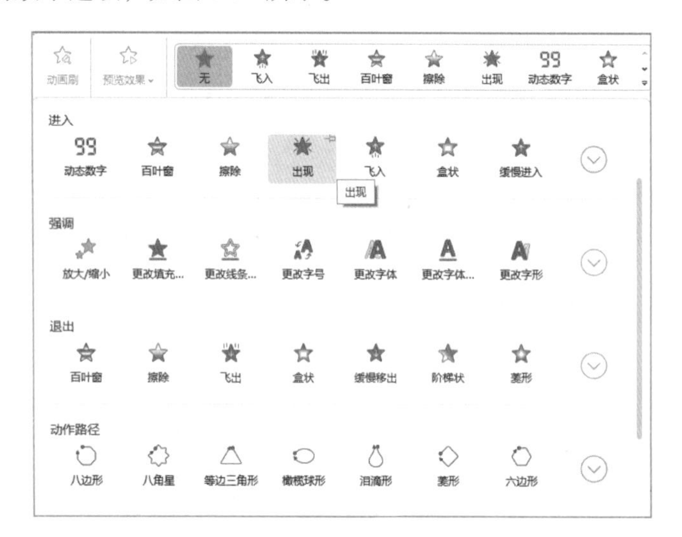

图 6-31　**更多动画效果窗口**

图 6-32　**动画属性**

2）计时

在“计时”分组中可以设置动画的出现方式。如果选择“单击时”，表示鼠标单击时播放该动画效果；如果选择“与上一动画同时”，表示该动画效果和前一个动画效果同时播放；如果选择“在上一动画之后”，表示该动画效果在前一个动画效果之后自动播放。在“持续”框中，可以设置动画的播放持续时间。在“延迟”框中可设置出现该动画之前的等待时间。

如果想要对多个动画进行设置跳转，可通过动画窗格进行调整。

3）动画窗格

动画窗格会显示当前幻灯片中的所有动画，如图 6-33 所示。

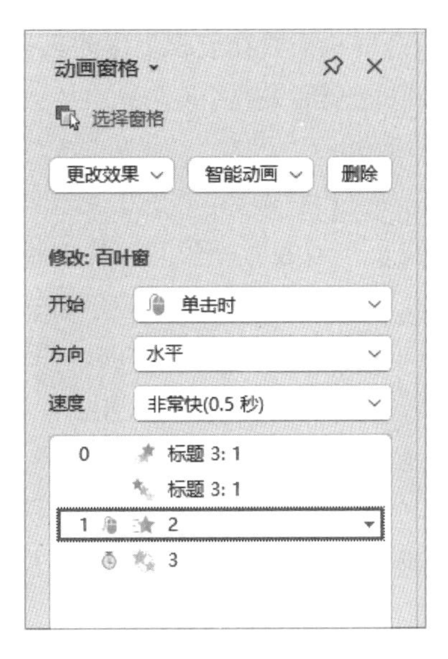

图 6-33　动画窗格

可在动画窗格中为一个对象添加多个动画效果，也可以设置多个动画之间的顺序，是和上一个动画一块播放，还是在上一个动画之后自动播放等，整体形成完整的动画效果。

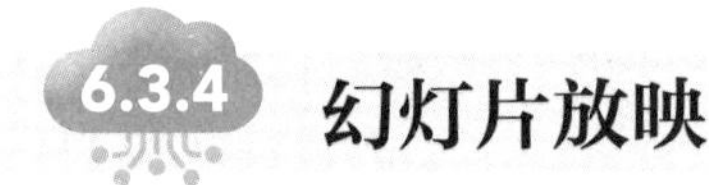

幻灯片放映

制作好演示文稿后，下一步就是要播放给观众观看，放映是设计效果的展示。在幻灯片放映前可以根据使用者的不同，通过设置不同的放映方式满足各自的需要。“放映”选项卡如图 6-34 所示。

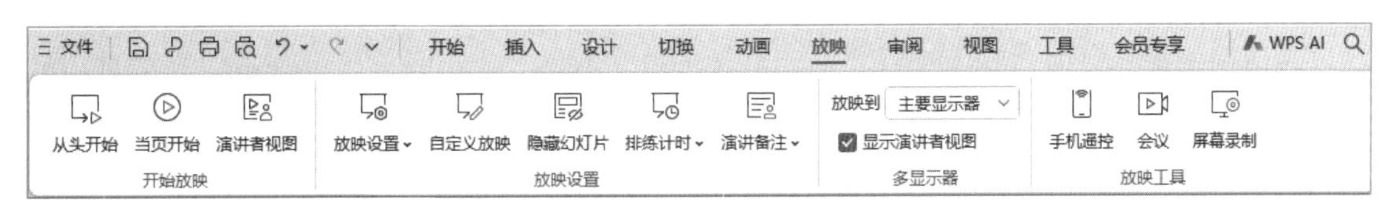

图 6-34　“放映”选项卡

1.设置放映方式

单击“放映设置”下拉列表中的“放映设置”，可打开“设置放映方式”对话框，如图 6-35 所示。

1）设置放映类型

“放映类型”提供了放映的两种方式。

（1）演讲者放映：以全屏幕形式显示，演讲者可以通过 PageUp、PageDown 键显示上一张或下一张幻灯片，也可右击幻灯片从快捷菜单中选择幻灯片放映或用绘图笔进行勾画，就像拿笔在纸上画画一样直观。

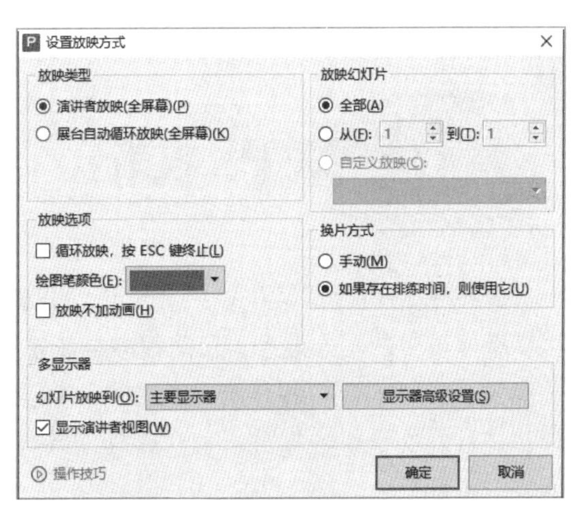

图 6-35　“设置放映方式”对话框

（2）展台自动循环放映：以全屏幕形式在展台上做演示，在放映过程中，除了保留鼠标指针用于选择屏幕对象外，其余功能全部失效（连中止也要按 ESC 键）。

2）设置放映选项

WPS 演示提供了两种放映选项供用户选择。

（1）循环放映，按 ESC 键终止：当最后一张幻灯片放映结束时，自动转到第一张幻灯片进行再次放映。

（2）放映时不加动画：选中该项，则放映幻灯片时，原来设定的动画效果将不起作用。如果取消选择“放映时不加动画”，动画效果又将起作用。

3）设置放映范围

“放映幻灯片”提供了幻灯片放映的三种范围：全部、部分、自定义放映。其中“自定义放映”是指按照在“自定义放映”中设置的条件放映幻灯片。

4）设置换片方式

“换片方式”提供了两种换片方式：手动和自动（即“如果存在排练时间，则使用它”）。

2.执行幻灯片演示

按 F5 键从第一张幻灯片开始放映（同“放映”→“从头开始”），按“ Shift + F5”组合键从当前幻灯片开始放映。在演示过程中，还可单击屏幕左下角的图标按钮，使用快捷菜单选择放映工具。

3.排练计时

打开要设置放映时间的演示文稿，单击“放映”选项卡下的“排练计时”命令，此时开始排练放映幻灯片，同时开始计时。在屏幕上除显示幻灯片外，还有一个“预演”对话框，在该对话框中显示计时过程，记录当前幻灯片的放映时间。当准备放映下一张幻灯片时，单击带有箭头的换页按钮，即开始记录下一张幻灯片的放映时间。如果认为该时间不合适，可以单击“重复”按钮，对当前幻灯片重新计时。放映到最后一张幻灯片时，屏幕上会显示一个确认的对话框，询问是否接受已确定的排练时间。幻灯片的放映时间设置好以后，就可以按照设置的时间进行自动放映。

6.4 WPS表格

WPS 表格可完成数据输入、统计、分析等多项工作，可生成精美直观的图表，能大大提高企业员工的工作效率，目前很多企业使用电子表格进行大量数据的计算分析，为企业相关决策、计划的制订提供有效的参考。如果你正在学校、企业、工厂、银行等单位从事会计、统计、文员、数据分析、仓库管理等与数据有关的工作，WPS 表格一定是你不可多得的好帮手。

6.4.1 工作界面

类似于 WPS 文字，WPS 表格的界面（见图 6-36）同样有“文件”菜单及“开始”“插入”“页面”“审阅”“视图”几个选项卡，而“公式”“数据”选项卡则是 WPS 表格特有的。如果缺少了哪个选项卡，可以单击“文件”菜单中的“选项”命令，选择“自定义功能区”，在右边的主选项卡中查看该选项卡是否被隐藏。

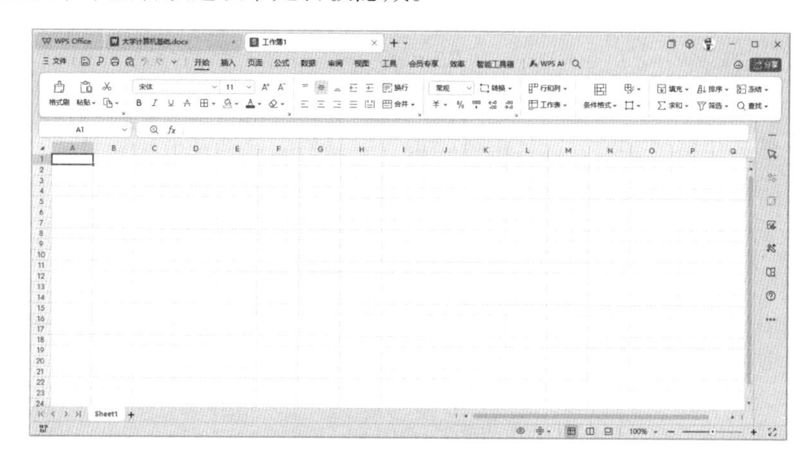

图 6-36　WPS 表格界面

WPS 表格有一些自身独有的术语，下面进行简单介绍。

1.工作簿

工作簿是指 WPS 表格环境中用来存储和运算数据的文件，工作簿内除了可以存放工作表外，还可以存放图表、宏表等，因此可以在单个文件中管理各种类型的相关信息。工作簿文件的扩展名为“.et”，也可以保存为 Excel 的文件类型“.xlsx”。每一个工作簿都可以包含多张工作表，一个工作簿默认只有一张工作表，即 Sheet1。

2.工作表

工作表包含在工作簿中。大部分工作是在工作表中进行的，使用工作表可以对数据进行组织和分析，可在多张工作表上输入并编辑数据，对来自不同工作表的数据进行汇总计算。创建图表后，可以将其置于源数据所在的工作表上，也可以放置在单独的图表工作表上。

每张工作表都有一个工作表标签，位于窗口的底部，显示工作表的名称。工作表默认的名称为 Sheet1、Sheet2、Sheet3……右击表名，在弹出的快捷菜单中选择“重命名”即可更改工作表名称。

3.单元格

单元格是工作表中每行每列的交叉部分，是存放数据的最小单元。用行号和列标来唯一地表示一个单元格。

活动单元格是指用户选中的或正在编辑的单元格，它的地址显示在编辑栏的名称框中。

4.编辑栏

编辑栏用于显示或编辑活动单元格中的数据或公式，如图 6-37 所示。

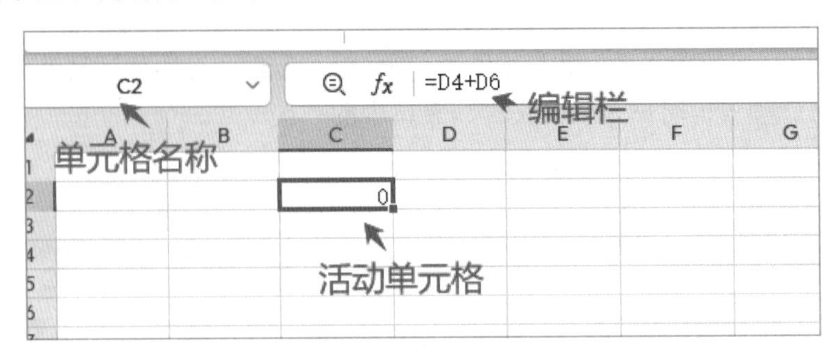

图 6-37 编辑栏

5.填充柄

活动单元格或区域的右下角有一个小黑点，称为填充柄，当用户将鼠标指针指向填充柄时，鼠标指针变成细十字，拖动填充柄，可以将内容复制到相邻单元格中。

6.鼠标指针

在 WPS 表格不同的区域，鼠标指针会有不同的形状，可以进行不同的操作。指针形状有多种，这里仅介绍三种：

（1）粗十字：鼠标指针在单元格中，单击或拖动可以选择一个或多个单元格。

（2）细十字：鼠标指针在填充柄上，拖动鼠标可以填充单元格。

（3）箭头：鼠标指针在已选单元格区域的边框上，拖动鼠标可以移动或复制单元格区域。

6.4.2 数据录入与编辑

1.输入文字和数字

创建工作表的第一步就是在工作表的单元格中输入数据，单元格是存储数据的基本单位。WPS 表格中的数据类型最基本的有三种：文字、数值（数字）、公式。

在 WPS 表格中，数字只可以包含“0，1，2，3，4，5，6，7，8，9，+，-，、，（ ，），/，$，%，E，e”这些字符。对于输入的数字，如果是正数，可以忽略数字前面的正号“ + ”；如果是负数，应在负数前冠以负号（减号）“ - ”，或将其置于括号“（ ）”中。单一的句点将被视作小数点。

默认状态下，输入的数字在单元格中均右对齐，而文本则是左对齐。如果要改变其对齐方式，可以在“开始”选项卡的“对齐方式”分组中选择所需选项。

在 WPS 表格中，文本可以是数字、空格与非数字的组合，例如 WPS 2019、NO1、1231234、35670。当需要把数字当作文字处理时，应在输入的数据前加上英文单引号。例如，要把电话号码的数据作为文字处理，输入的号码前应加单引号，如：’67543088。

输入文字和数字的操作步骤如下。

（1）单击需要输入数据的单元格。

（2）输入数据。输入数据时，数据同时显示在单元格和编辑栏中，并且在编辑栏左边出现“输入（对号）”和“取消（错号）”按钮。

（3）单击“输入”按钮或敲回车键或按方向键或按 Tab 键确认输入。

2.输入时间和日期

WPS 表格将时间或日期视为数字处理，对符合时间或日期格式的数字，WPS 表格会自动转换成时间或日期格式。

时间的输入格式为“时 : 分 : 秒”，如在单元格输入“1:30”，则表示 1 时 30 分 00 秒。日期的输入格式为“年 - 月 - 日”或“年 / 月 / 日”，如在单元格输入“5/3”，则表示 5 月 3 日。

注意

为避免将输入的分数视作日期，需在分数前加上单引号，如键入’1/2。

注意

时间或日期的显示格式取决于所在单元格中的数字格式。

3.自动填充数据

利用 WPS 表格中的自动填充数据功能，可实现快速自动填充序列数据和快速复制数据。

WPS 表格的内置数据序列主要包括数字序列、星期序列、月份序列等，用户也可以创建自定义序列。通过填充柄可以自动填充序列，如图 6-38 所示。

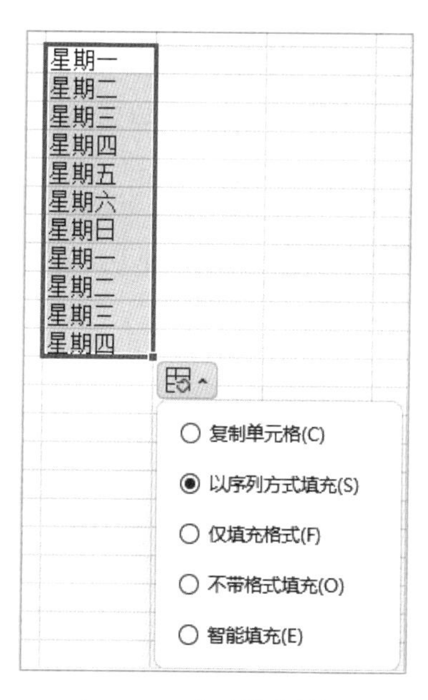

图 6-38　自动填充数据

4.数据有效性验证

在“数据”选项卡中可以进行数据有效性验证，即判断输入的数据是否符合设置的条件。单击“数据”选项卡（见图 6-39）中的“有效性”命令，可打开“数据有效性”对话框（见图 6-40）。在其中可以设置有效数据的范围、单元格的提示信息、出错警告等。

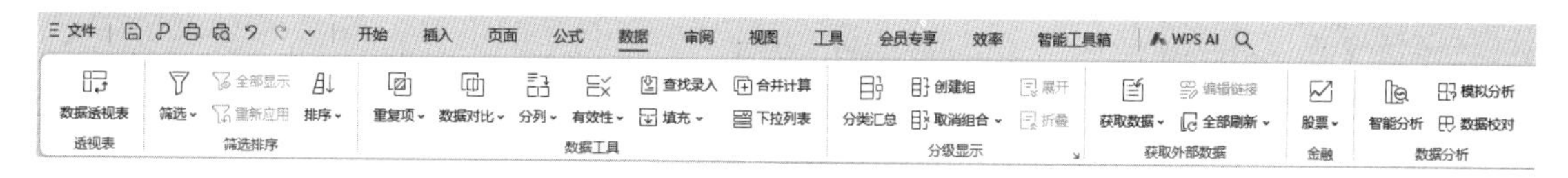

图 6-39　“数据”选项卡

图 6-40 “数据有效性”对话框

此外，还可以设置重复项标红，拒绝录入重复项等，此处不再详述，具体功能可参考实训篇中的内容。

6.4.3 公式与函数

在工作表中输入大量数据后，就要对数据进行运算了。利用公式和函数进行各种运算是WPS 表格工具非常强大的一项功能，可以大大方便数据的统计与分析。

1.公式

公式用以对工作表中的数值进行加法、减法和乘法等运算。公式由运算符、常量、单元格引用值名称及工作表函数等元素构成。

1）公式的输入

操作步骤如下。

（1）选定需输入公式的单元格。

（2）输入“=（等号）”，进入公式输入状态，然后输入所需计算的公式。

（3）如果计算中用到单元格中的数据，可用鼠标单击需引用的单元格，如果输错了，在未输入新的运算符之前，可再次单击正确的单元格。也可使用手动方法引用单元格，即在光标处输入单元格的名称。

（4）公式输入完成后，按回车键，WPS 表格会自动计算并将结果显示在单元格中，公式内容则会显示在编辑栏中。

2）公式的自动填充

在一个单元格输入公式后，若相邻的单元格中需要进行同类型计算，可利用公式的自动填充。如求和运算时，先将放置求和结果的单元格设置为活动单元格，单击“自动求和”按钮，再按 Enter 键，即可求出一行或一列的和，但要求出许多行或列的和，最简便的方法是公式自动填充。

3）引用单元格

在公式中，经常要引用某一单元格或单元格区域中的数据，单元格引用的是工作表中的列标和行号，即单元格的地址。通过引用，可以在公式中使用工作表不同部分的数据，或者在多个公式中使用同一单元格的数值。还可以引用同一工作簿不同工作表的单元格、不同工作簿的单元格或其他应用程序中的数据。引用不同工作簿中的单元格称为外部引用，引用其他程序中的数据称为远程引用。

单元格的引用分三种：相对引用、绝对引用、混合引用。

（1）相对引用表示某一单元格相对于当前单元格的相对位置。公式中引用的单元格地址就是相对引用，在公式复制时单元格地址也会发生改变。

（2）绝对引用表示某一单元格在工作表中的绝对位置。绝对引用要在行号和列标前加一个 $ 符号。例如，在 I4 单元格中输入公式“ = G4 + H4”，自动填充将得到 I5 中“ = G5 + H4”、I6 中“ = G6 + H4”的值。可以看到，在对 I5、I6 单元格填充公式时，由于公式中单元格地址 H4 行号和列标前用了 $ 符号，所以单元格地址 H4 未发生变化。

（3）混合引用是相对地址与绝对地址的混合使用。例如，I$4 中列是相对引用，行是绝对引用。

2.函数

函数是预定义的公式。例如，要把 A1 单元格到 A100 单元格的数据加起来，用公式显然不现实，这时就需要用求和函数了。函数使用一些称为参数的特定数值按特定的顺序或结构进行计算。函数可以单独使用，也可以在公式中使用。

一般情况下，函数由函数名和函数参数组成。在使用函数时，所有的函数都要使用括号“( )”，括号中的内容是函数参数。当函数有多个参数时，要使用英文状态下的逗号“,”进行分隔。

在工作表中输入函数的方法有两种，一种是使用“插入函数”功能输入，另一种是手动输入。如果用户对要使用的函数不是很熟悉，可以使用“插入函数”功能输入，操作如下。

选定需要插入函数的单元格，切换到“公式”选项卡（图 6-41），单击“快速函数”分组中的“插入”按钮，打开“插入函数”对话框，如图 6-42 所示。

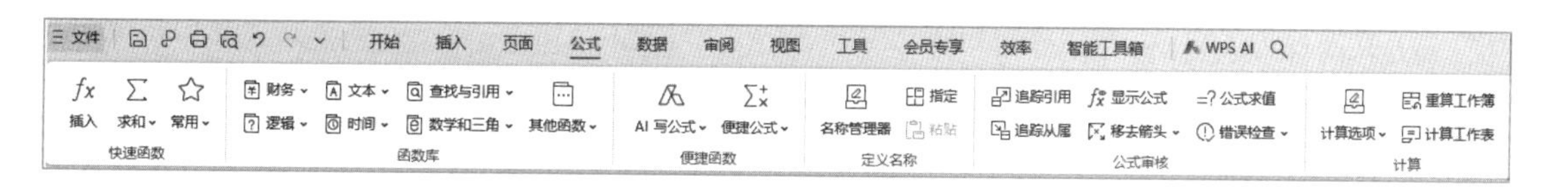

图 6-41 “公式”选项卡

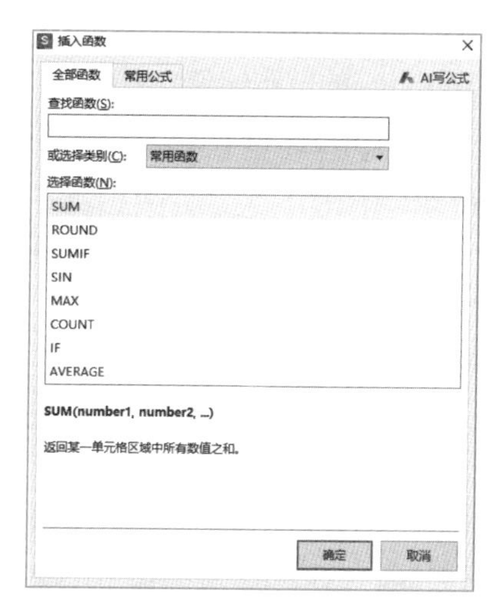

图 6-42 “插入函数”对话框

在对话框中选择函数的类别，之后从“选择函数”的列表框中选择所需的函数，单击“确定”按钮，打开“函数参数”对话框，在对话框中设置函数各项参数，设置完成后单击“确定”按钮即可在单元格中显示出运算结果。

WPS 表格中的基础函数有数学函数、文本函数、逻辑函数和统计函数等，下面介绍常用的一些函数。

1）数学函数

数学函数是指通过数学方法进行简单的计算。

（1）SUM 函数。

函数功能：返回多个数值的求和结果。

语法格式：SUM(number1,number2,…)

参数说明：number1,number2,…为 1 到 255 个待求和的数值。

（2）SUMIF 函数。

函数功能：对满足条件的单元格求和。

语法格式：SUMIF(range,criteria,sum_range)

参数说明：range 为用于条件计算的单元格区域；criteria 用于确定对哪些单元格求和及其他条件；sum_range 为要求和的实际单元格区域。

说明：此外还有 SUMIFS 函数，是对满足多个条件的单元格求和。

（3）ROUND 函数。

函数功能：返回某个数值按指定位数四舍五入的数字。

语法格式：ROUND(number,num_digits)

参数说明：number 为要四舍五入的数字；num_digits 为要执行四舍五入时采用的位数，如果 num_digits 大于零，则将数字四舍五入到指定的小数位，如果 num_digits 等于零，则将数字四舍五入到最接近的整数，如果 num_digits 小于零，则在小数点左侧进行四舍五入。

2）文本函数

文本函数是指可以在公式中处理字符串的函数。

（1）LEFT 函数。

函数功能：从一个文本字符串的第一个字符开始返回指定个数的字符。

语法格式：LEFT(text,num_chars)

参数说明：text 为包含要提取字符的文本字符串；num_chars 为指定要由 LEFT 提取的字符数量，当 num_chars 大于文本长度时，LEFT 函数返回全部文本。

（2）RIGHT 函数。

函数功能：从一个文本字符串的最后一个字符开始返回指定个数的字符。

语法格式：LEFT(text,num_chars)

参数说明：text 为包含要提取字符的文本字符串；num_chars 为指定要由 RIGHT 提取的字符数量。

（3）MID 函数。

函数功能：从文本字符串中指定的起始位置起返回指定长度的字符。

语法格式：MID(text,start_num,num_chars)

参数说明：text 为包含要提取字符的文本字符串；start_num 为文本中要提取的第一个字符的位置；num_chars 为指定 MID 从文本中返回字符的个数。

（4）LEN 函数。

函数功能：返回文本字符串中的字符个数。

语法格式：LEN(text)

参数说明：text 为要查找其长度的文本，空格将作为字符进行计数。

（5）TEXT 函数。

函数功能：根据指定的数字格式将数值转换成文本。

语法格式：TEXT(value,format_text)

参数说明：value 可以是数值、计算结果为数值的公式，或对包含数值的单元格的引用；format_text 为使用双引号括起来作为文本字符串的数字格式。

3）逻辑函数

逻辑函数是一种用于进行真假值判断或复合检验的函数。

（1）IF 函数。

函数功能：判断是否满足条件，然后根据判断结果的真假值返回不同的结果。

语法格式：IF(logical_test,value_if_true,value_if_false)

参数说明：logical_test 是计算结果为 TRUE 或 FALSE 的任意值或表达式；value_if_true 是 logical_test 参数的计算结果为 TRUE 时所要返回的值；value_if_false 是 logical_test 参数的计算结果为 FALSE 时所要返回的值。

（2）AND 函数。

函数功能：其所有参数的逻辑值均为 TRUE 则返回 TRUE，只要有一个参数的逻辑值为 FALSE，则返回 FALSE。

语法格式：AND(logical1,logical2,⋯)

参数说明：logical1,logical2,⋯为 1 到 255 个待检测的条件。

（3）OR 函数。

函数功能：其参数中任何一个参数的逻辑值为 TRUE 则返回 TRUE，否则返回 FALSE。

语法格式：OR(logical1,logical2,⋯)

参数说明：logical1,logical2,⋯为 1 到 255 个待检测的条件。

（4）NOT 函数。

函数功能：对参数值取反，当参数值为 TRUE 时，返回值为 FALSE；当参数值为 FALSE 时，返回值为 TRUE。

语法格式：NOT(logical)

参数说明：logical 为一个可以计算出 TRUE 或 FALSE 的逻辑值或表达式。

4）统计函数

统计函数是用于对数据区域进行统计分析的函数。

（1）RANK 函数。

函数功能：返回查找值在指定数据列表中相对于其他数值的大小排位。

语法格式：RANK(number,ref,order)

参数说明：number 是需要计算排位的一个数字；ref 是包含一组数字或数据系列的引用；

order 指明排位的方式，order 为 0 或忽略，表示按降序排列的数据清单进行排位，如果 order 不为 0，则按升序排列的数据清单进行排位。

（2）COUNTIF 函数。

函数功能：计算区域中满足给定条件的单元格的数目。

语法格式：COUNTIF(range,criteria)

参数说明：range 为需要计算其中满足条件的单元格数目的单元格区域；criteria 为确定哪些单元格将被计算在内的条件。

（3）MAX 函数。

函数功能：返回一组数中的最大值。

语法格式：MAX(number1,number2,…)

参数说明：number1,number2,…为要从中找出最大值的 1 到 255 个数值的参数。

（4）MIN 函数。

函数功能：返回一组数中的最小值。

语法格式：MIN(number1,number2,…)

参数说明：number1,number2,…为要从中找出最小值的 1 到 255 个数值的参数。

拓展阅读

VLOOKUP函数

查找和应用函数中的 VLOOKUP 函数是我们经常会用到的一个函数，也是计算机等级考试要求掌握的函数。

函数功能：在指定区域中查找符合条件的值。

函数语法：VLOOKUP(lookup_value,table_array,col_index_num,[range_lookup])

参数说明：lookup_value 为要查找的值，也被称为查阅值；table_array 为查阅值所在的区域；col_index_num 区域中包含返回值的列号，如果指定 B2：D11 作为区域，那么应该将 B 列算作第 1 列，C 列作为第 2 列；[range_lookup]（可选）的值为 TRUE 或 FALSE，如果需要返回值的近似匹配，可以指定 TRUE，如果需要返回值的精确匹配，则指定 FALSE，如果没有指定任何内容，默认值为 TRUE。

举例：

VLOOKUP(H28,D13:E23,2,FALSE) 表示，在 D13:E23 区域查找第 1 列的值与 H28 单元格的值相等（精确匹配）的行，返回当前行第 2 列的数据。这里要注意，要查找的值必须是所选区域的第 1 列。

在实际应用的过程中，常常会出现两个或多个函数共同使用的情况。在某些情况下，用户可能需要将某个函数作为另一个函数的参数使用，称为函数嵌套。如公式“= IF(SUM(A1:D1)>500,“合格”,“不合格”)”，此公式的含义是如果单元格区域 A1:D1 数值的和大于 500 就显示合格，否则显示不合格。

6.4.4 数据统计与分析

对于表格中的大量数据，我们最终的目的是对其进行统计和分析。例如，对于一个年级的考试数据，统计合格率是多少，分析某个班级的考试成绩在全年级是什么水平，某个人的成绩是进步了还是倒退了，等等。

说明

数据清单中的列是数据库中的字段；数据清单中的列标志是数据库中的字段名称；数据清单中的每一行对应数据库中的一条记录。

1.建立数据清单

WPS 表格所创建的数据清单是用来对大量数据进行管理的。数据清单是包含一行列标题和多行数据的一系列工作表，如工资表、学生成绩表等。

在 WPS 表格中，数据清单可以像数据库一样使用，在执行数据库操作时，如查询、排序或汇总数据时，WPS 表格会自动将数据清单视作数据库。

建立数据清单，应注意下述准则。

（1）避免在一个工作表上建立多个数据清单，因为数据清单的某些处理功能（如筛选），一次只能在同一个工作表的一个数据清单中使用。

（2）在工作表的数据清单与其他数据间至少留出一个空白列和一个空白行。这在执行排序、筛选或自动汇总等操作时，将有利于 WPS 表格检测和选定数据清单。

（3）避免在一个数据清单中放置空白行和列，这将有利于 WPS 表格检测和选定数据清单。

（4）应在数据清单的第一行创建列标志。例如：在第一行中建立列标志“姓名”“性别”“年龄”等。

（5）列标志使用的字体、对齐方式、格式、图案、边框或大小写样式应与数据清单中其他数据的格式有所区别。

（6）如果要将标志和其他数据分开，应使用单元格边框（而不是空格或短划线），在标志行下插入一行直线。

（7）在设计数据清单时，应使同一列中的各行有近似的数据项。

（8）在单元格的开始处不要插入多余的空格，因为多余的空格将影响排序和查找。

（9）不要使用空白行将列标志和第一行数据分开。

2.排序

在日常工作中，我们经常会遇到有关排列顺序的问题，如将学生成绩按总分从高到低排列名次。

新建立的数据清单，它的数据排列顺序一般是杂乱无章的，对于这样一个清单是无法进行数据分析工作的。WPS 表格可以根据一列或多列的内容按升序或降序对数据清单进行排序，如果数据清单是按列建立的，那么也可按行对数据清单排序。

1）快速排序

快速排序的操作步骤如下。

（1）选择要排序的列中的单个单元格。

（2）可以执行升序（从 A 到 Z 或从最小数字到最大数字）或降序排序，如图 6-43 所示。

图 6-43 快速排序

2）按指定条件排序

按指定条件排序的操作步骤如下。

（1）选择要排序的区域中任意位置的一个单元格。

（2）在“数据”选项卡单击“排序”按钮，选择“自定义排序”。

（3）出现“排序”对话框，如图 6-44 所示。

（4）在“列”列表中，选择要排序的主要关键字所在列的第一行的标题。

（5）在“排序依据”列表中，选择“数值”“单元格颜色”“字体颜色”或“条件格式图标”。

（6）在“次序”列表中，选择要对排序操作应用的顺序，字母或数字的升序或降序（对于文本为从 A 到 Z 或从 Z 到 A；对于数字则为从较小数到较大数或从较大数到较小数）。

（7）如果还有其他条件，则单击“添加条件”按钮，再设置“次要关键字”。次要关键字可以设置多项。

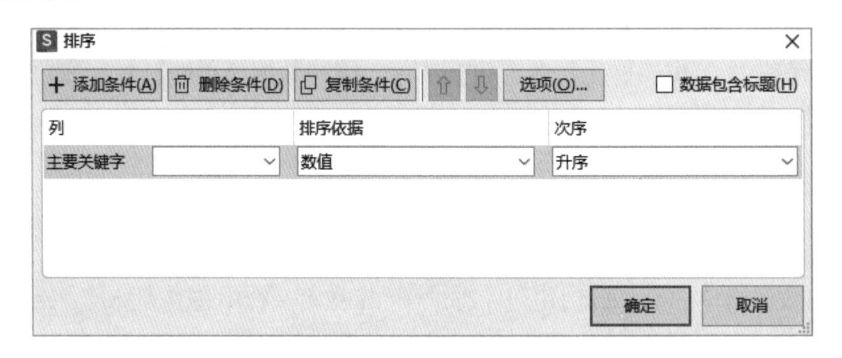

图 6-44　“排序”对话框

3.筛选及分类汇总

在含有大量数据的数据清单中，有时我们只想显示其中的部分内容。例如，只显示学生成绩数据清单中所有总成绩在 240 分以上的数据行。对于这样的要求，可以利用 WPS 表格的数据筛选功能来完成，如图 6-45 所示。

要在 WPS 表格中对数据进行分类计算，除了使用数据透视表外，还可以使用“分类汇总”，它操作起来更为简单，也更明确。并且可以直接在数据区域中插入汇总行，从而可以同时看到数据明细和汇总。WPS 表格提供了对数据清单进行数据分类汇总的功能，这样能够迅速地为数据清单加上统计信息。“分类汇总”对话框如图 6-46 所示。

图 6-45　“筛选”下拉列表

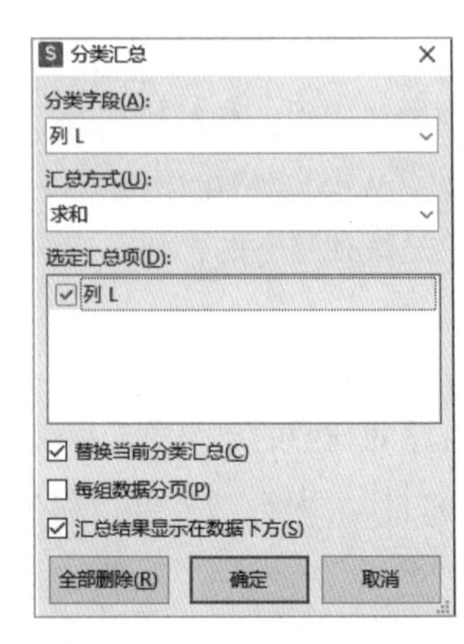

图 6-46　“分类汇总”对话框

“分类字段”即“分类汇总”的关键字。通常，要选定按某个字段对数据清单进行分类汇总，首先要按字段对数据清单排序。“汇总方式”指定了用于实现分类汇总计算的汇总函数。汇总项指明了要对哪些字段给出汇总结果。

4.图表

用户要想直接从工作表上了解数据所能反映出的情况并不是一件很容易的事情。我们可以利用 WPS 表格的“图表”功能，将数据以图形方式显示，因为图比表更直观，更具有说服力。

用户可以将图表创建在工作表的任何地方，可以制作嵌入式图表，也可以将图表移动到新工作表中。图表一般与对应的数据链接，因此，当用户修改数据时，图表会自动更新。

图表是数据的一种可视表示形式，通过使用类似柱形图、折线图等表现形式，按照图形格式显示系列数值数据。

创建图表前应先在工作表中为图表输入数据，操作步骤如下。

（1）选择数据区域。

（2）在“插入”选项卡的“图表”分组中选择相应的图表，或者选择“全部图表”打开“图表”对话框（见图 6-47），其中包括柱形图、折线图、饼图、条形图等。

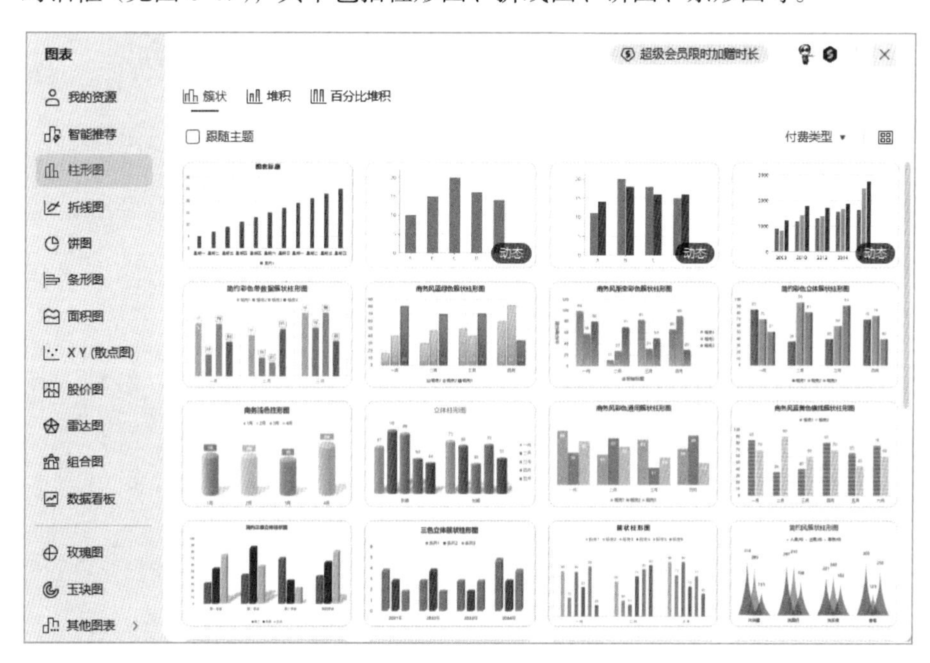

图 6-47 “图表”对话框

在创建图表后，会出现“绘图工具”“文本工具”“图表工具”三个选项卡，以便对图表进行编辑。

“绘图工具”选项卡有“编辑形状”“填充”“轮廓”“效果”等按钮，类似 WPS 文字中的“绘图工具”，可以对图表的线条样式进行调整。

“文本工具”选项卡有“文本填充”“文本轮廓”“文本效果”等按钮，类似 WPS 文字中的“文本工具”，可以对图表的文字样式进行调整。

“图表工具”选项卡有“添加元素”“快速布局”“更改类型”“选择数据”等按钮，可对图表的整体样式和数据来源进行调整。

拓展实践

利用WPS AI辅助文档编辑

AI 大模型技术对软件产品的改变非常大，它不仅影响了产品功能的设计，还可能颠覆很多过去的技术路线，甚至影响到产品的底层技术。在 OpenAI 的 GPT-4 刚发布之时，微软就结合大语言模型 LLM 上线了 Microsoft 365。国内的钉钉斜杠“/”、飞书“My AI”等众多办公协同软件均纷纷接入大语言模型，以 AI+ 垂直细分场景的模式，瓜分逐渐扩大的市场规模。

2023 年，金山办公推出了 WPS AI 和 WPS 365，下线了第三方商业广告，把安全治理提升到了前所未有的高度。金山办公在 2023 年提出“All in AI”战略，推出了具备大语言模型能力的人工智能应用 WPS AI 并开启公测，目前 WPS AI 已接入金山办公全线产品。

下面在 WPS 文字、演示、表格中尝试使用 WPS AI 功能协助编辑。

提示：

（1）在 WPS 文字中，利用 AI 功能写一个主题为“人工智能发展”的报告。

（2）在 WPS 演示中，利用 AI 功能将上一步生成的内容转换为演示文稿。

（3）在 WPS 表格中，利用 AI 功能进行公式计算和数据分析。

实训篇

得益于生成式人工智能（AIGC）在创建文本等方面的表现，人工智能正在重塑办公模式，助力用户提升创新与生产效率，协同办公市场规模逐渐扩大。2023年11月发布的《中国AI大模型创新和专利技术分析报告》显示，软件业、制造业及服务业等是中国AI大模型创新主体专利布局较多的行业，专利布局数量分别为3.6万件、3.4万件、2.8万件。在软件领域，人工智能大模型逐步应用于自然语言处理、计算机视觉、语音识别等领域，相关软件产品的智能化水平得到提升。

实训说明

习近平总书记指出，教育数字化是我国开辟教育发展新赛道和塑造教育发展新优势的重要突破口。教育数字化是赋能教育高质量发展、建设教育强国的重要途径。

本书响应国家教材发展新要求，同时考虑到各院校实训条件不一，以及随着新技术发展，实训要求需要不断更新调整的现实，将实训部分的内容以数字资源的形式展现，以方便实训内容不断更新完善，以及学校根据自身实训条件选择实训内容。

实训内容整体上分为 4 个模块，包括操作系统使用、办公软件应用、低代码开发、题库在线练习。具体内容请读者扫码学习（PC 端可用链接打开）。

模块1 操作系统使用

扫码学习

模块2 办公软件应用

扫码学习

模块3 低代码开发

模块4 在线题库练习

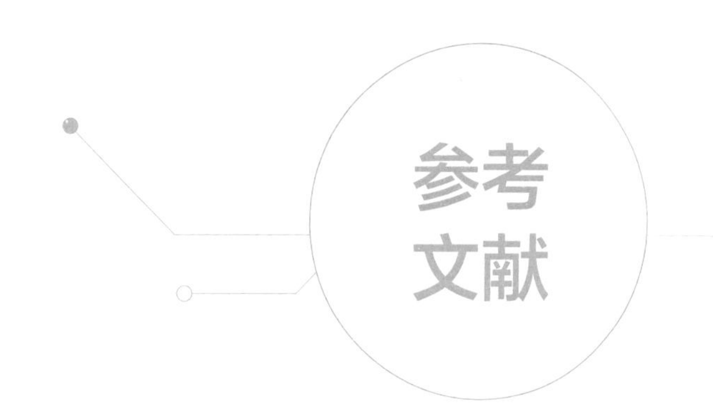

[1] 蒋加伏．大学计算机 [M]．5 版．北京：北京邮电大学出版社，2020.

[2] 敖建华，杨青，叶聪．信息技术基础 [M]．北京：高等教育出版社，2019.

[3] 周鸣争，许斗．大学计算机基础 [M]．成都：电子科技大学出版社，2023.

[4] 王珊，萨师煊．数据库系统概论 [M]．5 版．北京：高等教育出版社，2014.

[5] 刘伟．大学信息技术应用 [M]．北京：人民邮电出版社，2021.

[6] 黑马程序员．MySQL 数据库原理、设计与应用 [M]．北京：清华大学出版社，2019.

[7] 眭碧霞，张静．信息技术基础 [M]．北京：高等教育出版社，2019.

[8] 陈志云，白玥．信息技术基础与实践 [M]．上海：华东师范大学出版社，2022.

[9] 诸葛斌，胡延丰，叶周全，等．钉钉低代码开发零基础入门 [M]．北京：清华大学出版社，2022.

[10] 曾志超，王楠，陈韵巧，等．AI 办公应用实战一本通：用 AIGC 工具成倍提升工作效率 [M]．北京：人民邮电出版社，2023.

[11] 楚天．AI 短视频生成与制作从入门到精通 [M]．北京：清华大学出版社，2023.

[12] 文之易，蔡文青．ChatGPT 实操应用大全：全视频 · 彩色版 [M]．北京：中国水利水电出版社，2023.

[13] 徐越倩，诸葛斌，叶周全，等．数智公益：钉钉低代码开发实战 [M]．北京：清华大学出版社，2023.

[14] 赵岩．人工智能发展报告（2022—2023）[M]．北京：社会科学文献出版社，2023.

[15] 陈军君．中国大数据应用发展报告（2023）[M]．北京：社会科学文献出版社，2023.

[16] 李航．机器学习方法 [M]．北京：清华大学出版社，2022.

[17] 祁述裕，钱蓉，李向民，等．数字时代的文化产业：第三届中国文化产业优秀论文集（2018—2021）[M]．北京：中共中央党校出版社，2022.

[18] 智洋．计算机应用基础 [M]．北京：机械工业出版社，2021.

[19] 兰雨晴．麒麟操作系统应用与实践 [M]．北京：电子工业出版社，2021.